金属非金属尾矿库设计与管理

主 编／代文治

重庆大学出版社

内容提要

本书介绍金属非金属尾矿库设计与管理,内容共分为 9 章,第 1 章是概述,主要介绍尾矿及尾矿库基础知识;第 2 章是金属非金属尾矿库设计前期准备工作;第 3 章是尾矿库库址选择及库容计算;第 4 章是初期坝设计;第 5 章是后期堆积坝设计;第 6 章是坝基处理;第 7 章是尾矿库排洪系统设计及排水构筑物;第 8 章是尾矿输送系统概述;第 9 章是尾矿库安全运行及管理。

本书主要作为矿物加工工程专业的教学参考书,也可作为其他相关专业本科生、研究生或尾矿库从业人员的参考书。

图书在版编目(CIP)数据

金属非金属尾矿库设计与管理/代文治主编.
重庆:重庆大学出版社,2024.6. --ISBN 978-7-5689-4564-6

Ⅰ. TD926.4

中国国家版本馆 CIP 数据核字第 2024AM2163 号

金属非金属尾矿库设计与管理
JINSHU FEIJINSHU WEIKUANGKU SHEJI YU GUANLI

主 编 代文治
策划编辑:杨粮菊

责任编辑:杨育彪 版式设计:杨粮菊
责任校对:王 倩 责任印制:张 策

*

重庆大学出版社出版发行
出版人:陈晓阳
社址:重庆市沙坪坝区大学城西路 21 号
邮编:401331
电话:(023)88617190 88617185(中小学)
传真:(023)88617186 88617166
网址:http://www.cqup.com.cn
邮箱:fxk@cqup.com.cn(营销中心)
全国新华书店经销
重庆永驰印务有限公司印刷

*

开本:787mm×1092mm 1/16 印张:14.25 字数:358 千
2024 年 6 月第 1 版 2024 年 6 月第 1 次印刷
ISBN 978-7-5689-4564-6 定价:48.00 元

前言

　　金属非金属尾矿是一种人为产生的砂土。尾矿产生于矿山在开采时或者选矿厂选矿时。尾矿库是矿山三大控制性工程之一，是除煤矿之外，危险性最大的工程。在各国的矿山工程中，有很多由于尾矿库的失事而造成严重经济损失的案例。截至2019年年底，我国共有尾矿库近8 000座，其中"头顶库"［下游1 km(含)距离内有居民或重要设施的尾矿库］共有1 112座，涉及下游居民40余万人，一旦防控不力发生溃坝，就将对其下游居民和设施安全造成严重威胁，极有可能酿成重特大事故。

　　本书以金属非金属尾矿库工程设计及管理为主线，系统地阐述了尾矿库概论、尾矿库设计的原则及依据、尾矿初期坝体设计、尾矿后期坝体设计、尾矿库排洪系统设计、尾矿输送系统设计、尾矿库管理等。本书主要针对金属非金属矿山尾矿库或尾矿堆场设计问题，从工程控制源头上探讨尾矿库设计的基本内容、要求，以及管理的途径，降低尾矿库安全风险。

　　本书在编写过程中，得到了多家设计单位、科研单位及矿山企业的大力支持，在此一并表示感谢。本书得到了贵州大学矿物加工工程专业国家一流本科专业建设的资助。目前国内矿物加工工程专业尚无专用尾矿库方面的教材，本书可作为矿物加工工程专业的教学参考书，也可作为其他相关专业本科生、研究生或尾矿库从业人员的参考书。

　　本书各章节所引用的有关书籍和论文，一并列在参考文献中，若有遗漏，实属无意，敬请读者指出。

　　由于编者水平有限，书中难免会有错误和疏漏之处，敬请读者指正。

代文治

2024 年 1 月

目录

第1章 概述

1.1 尾矿基础知识

1.1.1 尾矿的定义

尾矿，就是金属非金属矿选矿厂在特定经济技术条件下，将矿石磨细，选取"有用组分"后所排放的废弃物，也就是矿石经选别选出精矿后剩余的固体废料。尾矿一般是选矿厂排放的尾矿矿浆经自然脱水后所形成的固体矿业废料，是固体工业废料的主要组成部分，其中含有一定数量的有用金属和矿物。尾矿通常作为固体废料排入河沟或抛置于矿山附近筑有堤坝的尾矿库中，因此，尾矿是矿业开发过程中造成环境污染的重要来源；同时，因受选矿技术水平、生产设备的制约，也是矿业开发造成资源损失的常见途径。换言之，尾矿具有二次资源与环境污染双重特性。

1.1.2 矿物加工与尾矿

矿体主要是由矿石构成的，而矿石又是由矿石矿物和脉石矿物组成的。

矿石矿物，又称有用矿物，是指可被利用的矿物，如铜矿石中的黄铜矿和斑铜矿；石棉矿石中的石棉；铁矿石中的磁铁矿、赤铁矿、菱铁矿等。

脉石矿物，又称无用矿物，是指矿石中对于主矿而言，目前还不能被利用的矿物。如铜矿石中的石英、绢云母、绿泥石；石棉矿石中的蛇纹石、白云石、方解石等；铜矿石中暂时无法利用的方铅矿、闪锌矿等。

同矿体与围岩一样，矿石矿物和脉石矿物的划分也是相对的和暂时的。随着人们对新矿物原料的需求日益增长和经济技术条件的不断进步，目前被认为无用的脉石矿物，就可能逐渐成为有用的矿石矿物。

在矿石中，矿石矿物和脉石矿物总是相伴存在、密切共生的，是矿业开发过程中可遇见的未来面临的事实。资料显示，目前，仍有90%以上的金属矿石不能开采后直接入炉冶炼，约有50%以上的非金属矿石需经过一定形式的选别和加工后方可使用。随着矿产综合利用程度的提高，虽然脉石矿物的范围不断缩小，但数量仍极为可观。由于我国的金属矿床贫矿较多，每年尾矿的排放量一般远远大于金属矿物的产量,从某些矿区堆积如山的废石堆和星罗棋布的尾矿库,就可以清楚地体会到脉石矿物的无处不在。

矿石经选别后,所得到的有用矿物称为精矿,暂时尚不能被利用或不打算利用的部分即为尾矿。

1.1.3 尾矿的分类

尾矿通常有三种分类方法:一是根据矿物加工的不同工艺来分;二是根据岩石化学类型来分;三是按照尾矿颗粒大小来分。

1)尾矿的选矿工艺类型

不同种类和不同结构构造的矿石,需要不同的选矿工艺流程,而不同的选矿工艺流程所产生的尾矿,在工艺性质上,尤其在颗粒形态和颗粒级配上,往往存在一定的差异,因此按照选矿工艺流程,尾矿可分为如下6种类型。

(1)手选尾矿

手选尾矿主要适用于结构致密、品位高、与脉石界限明显的金属或非金属矿石,因此,手选尾矿一般呈大块的废石状。根据对原矿石加工程度的不同,又可进一步分为块状尾矿和碎石状尾矿。

(2)重选尾矿

重选是利用矿石矿物与脉石矿物的密度差和粒度差选别矿石,一般采用多段磨矿工艺,致使尾矿的粒级范围比较宽,分区存放时可得到单粒级尾矿,混合储存时,可得到符合一定级配要求的连续粒级尾矿。按照重选原理及选矿机械不同,重选尾矿还可进一步分为跳汰选尾矿、重介质选尾矿、摇床选尾矿、溜槽选尾矿等,其中,前两种尾矿粒级较粗,一般大于2 mm;后两种尾矿粒级较细,一般小于2 mm。

(3)磁选尾矿

磁选主要适用于选别磁性较强的铁锰矿石,尾矿一般为含有一定量铁质的造岩矿物,粒度范围比较宽,可从0.05 mm到0.5 mm不等。

(4)浮选尾矿

浮选是金属、非金属矿产的最常用选矿方法,其尾矿的典型特点是粒级较细,通常为0.05~0.5 mm,且小于0.074 mm的极细颗粒占绝大部分。新排尾矿颗粒的表面有时附着选矿药剂,但经过一定存储期的尾矿,选矿药剂的影响一般将自动消失。

(5)化学选尾矿

化学选尾矿一般处理的是物理选尾矿无法处理的"贫、细、杂"矿或者经过物理选矿的中尾矿。但化学药液在浸出有用元素的同时,也会对尾矿颗粒产生一定程度的腐蚀或改变其表面状态。

尾矿的成分和技术特性,主要取决于原矿石的成分和性质。选矿工艺对尾矿的影响,主要体现在颗粒形态、细度和颗粒级配上,其中,磨矿段数又是其中的主要决定因素,一般来说,具有块状、斑状、条带状构造,且矿石矿物又呈粗大的自形晶、半自形晶结构时,磨矿段数可多一些,因而尾矿颗粒相对较粗,颗粒级配良好;而当矿石的结构、构造比较复杂,矿物镶嵌交生,分布又极不均匀时,往往需要单段深度磨矿,这时,尾矿颗粒往往颗粒细小,且呈现较窄的粒级分布。

（6）电选尾矿及光电选尾矿

目前，电选尾矿及光电选尾矿用得较少，通常用于分选砂矿床或尾矿中的贵重矿物，尾矿粒度一般小于 1 mm。

2）尾矿的岩石化学类型

按照尾矿中主要组成矿物的组合搭配情况，可将尾矿分为如下 8 种岩石化学类型。

（1）镁铁硅酸盐型尾矿

该类尾矿的主要组成矿物为 $Mg_2[SiO_4]$-$Fe_2[SiO_4]$ 系列橄榄石和 $Mg_2[Si_2O_6]$-$Fe_2[Si_2O_6]$ 系列辉石，以及它们的含水蚀变矿物：蛇纹石、硅钱石、滑石、镁铁闪石、绿泥石等。

（2）钙铝硅酸盐型尾矿

该类尾矿的主要组成矿物为 $CaMg[Si_2O_6]$-$CaFe[Si_2O_6]$ 系列辉石、闪石、中基性斜长石，以及它们的蚀变、变质矿物：石榴子石、绿帘石、阳起石、绿泥石、绢云母等。

（3）长英岩型尾矿

该类尾矿主要由钾长石、酸性斜长石、石英，以及它们的蚀变矿物：白云母、绢云母、绿泥石、高岭石、方解石等构成。

（4）碱性硅酸盐型尾矿

这类尾矿在矿物成分上以碱性硅酸盐矿物，如碱性长石、似长石、碱性辉石、碱性角闪石、云母，以及它们的蚀变、变质矿物，如绢云母、方钠石、方沸石等为主。

（5）高铝硅酸盐型尾矿

这类尾矿的主要矿物成分为云母类、黏土类、蜡石类等层状硅酸盐矿物，并常含有石英。

（6）高钙硅酸盐型尾矿

这类尾矿的主要矿物成分为透辉石、透闪石、硅灰石、钙铝榴石、绿帘石、绿泥石、阳起石等无水或含水的硅酸钙岩。

（7）硅质岩型尾矿

这类尾矿的主要矿物成分为石英及其二氧化硅变体，包括石英岩、脉石英、石英砂岩、硅质页岩、石英砂、硅藻土，以及二氧化硅含量较高的其他矿物和岩石。

（8）碳酸盐型尾矿

这类尾矿中碳酸盐矿物占绝对多数，主要为方解石或白云石，常见于化学或生物-化学沉积岩型矿石中。

3）尾矿的颗粒大小类型

尾矿按照颗粒大小分为三大类：砂性尾矿、粉性尾矿、黏性尾矿。砂性尾矿分为尾砾砂、尾粗砂、尾中砂、尾细砂、尾粉砂五小类；黏性尾矿分为尾粉质黏土、尾黏土两小类。尾矿定名具体见表1.1.1。

表 1.1.1 尾矿定名表

类　别	名　称	分类标准
砂性尾矿	尾砾砂	粒径大于 2 mm 的颗粒质量占总质量的 25% ~50%
	尾粗砂	粒径大于 0.5 mm 的颗粒质量超过总质量的 50%
	尾中砂	粒径大于 0.25 mm 的颗粒质量超过总质量的 50%
	尾细砂	粒径大于 0.075 mm 的颗粒质量超过总质量的 85%
	尾粉砂	粒径大于 0.075 mm 的颗粒质量超过总质量的 50%

续表

类　　别	名　　称	分类标准
粉性尾矿	尾粉土	粒径大于 0.075 mm 的颗粒质量不超过总质量的 50%，且塑性指数不大于 10
黏性尾矿	尾粉质黏土	塑性指数大于 10，且小于或等于 17
	尾黏土	塑性指数大于 17

注：①定名时，应根据颗粒级配由大到小，以最先符合者确定。

②塑性指数应由相应于 76 g 圆锥仪沉入土中深度 10 mm 时测定的液限计算确定。

1.1.4　尾矿的主要成分

尾矿的主要成分包括化学成分与矿物成分，无论何种类型的尾矿，其主要组成元素不外乎有 O、Si、Ti、Al、Fe、Mn、Mg、Ca、Na、K、P 等几种，但它们在不同类型的尾矿中含量差别很大，且具有不同的结晶化学行为。尾矿的化学成分常用全分析结果表示。

尾矿的矿物成分，一般以各种矿物的质量分数表示，但由于岩矿鉴定多在显微镜下进行，不便于称量，因此，有时也采用镜下统计矿物颗粒数目的办法，间接地推算各矿物的大致含量。

1.1.5　尾矿的工程性质

1) 沉积特性

尾矿的工程性质，一方面是由尾矿的物理性质和状态决定的，另一方面是由尾矿的沉积特性决定的。从工程意义上讲，认识尾矿工程行为的基本点是了解尾矿所经受的沉积过程和特性。

通常，湿排尾矿是以周边排放方式经水力沉积的。这样，靠近尾矿坝则以水力分级机理形成尾矿砂沉积滩，沉淀池中则以沉淀机理形成细粒尾矿泥带，其分异程度取决于全尾矿的级配、排放尾矿浆浓度和排放方法等因素。因此，在尾矿沉积层内，尾矿砂和尾矿泥或以性质不同的两个带交汇，或者高度互层化。尾矿砂和尾矿泥工程性质的差异在于，前者与松散至中密的天然砂土相似，而后者极为复杂，在某些情况下表现出天然砂土性质，在另一些情况下表现出天然黏土性质，或者是以上两种性质的结合。

大多数尾矿类型，沉积滩坡度向尾矿库库尾的澄清区域倾斜，且在前几十米的平均坡度为 0.5% ~2.0%，较陡坡度的范围是由全尾矿排放的较高浓度和(或)较粗粒级决定的；在沉积滩的较远地方，平均坡度可缓达 0.1%；再远的地方，沉积过程则与连续变迁的网状水流通道的沉积相似。

这样的沉积过程产生高度不均匀的沉积滩，在垂直方向上，尾矿砂的沉积是分层的，在厚度几厘米范围内，细粒含量变化一般可高达 10% ~20%，如果排放点或排放管间隔大，在短的垂距上，细粒含量可发生 50% 以上的变化。此外，在尾矿砂沉积滩内，尾矿泥薄层所造成的急剧分层也可能由沉淀池水周期性浸入沉积滩中，而细粒薄层从悬浮液中沉淀下来所致。

水平方向上的变化往往也很大，尾矿浆在沉积滩上迁移过程中，较粗颗粒首先从尾矿浆中沉淀下来，只有当尾矿达到沉淀池的静水中时，较细的悬浮颗粒和胶质颗粒才沉淀下来，形成尾矿泥带。当尾矿从尾矿浆中沉淀时，颗粒通过跳动和滚动沿沉积滩表面传输，水力分级使得沉积滩上的较细颗粒总的趋势是向更远处传送和沉积。

尾矿泥沉积过程与尾矿沉积滩完全不同。尾矿泥从库中悬浮液中沉淀下来,不包含颗粒跳动或滚动的分级,而是比较简单的垂直沉降过程。尾矿泥的沉降速率可能对澄清水所必需的沉淀池尺寸及可用作选矿的循环水量有重大影响。

2）密度

（1）原地密度

尾矿原地密度的估计在尾矿库规划的早期阶段是特别重要的,因为特定选矿厂尾矿生产率所需要的库容通常要根据尾矿的沉积密度来确定。原地密度可以用干密度或孔隙比表示。用孔隙比可以比较好地表示一般趋势,其可以排除比重变化性的隐蔽影响。粒度和黏土含量可控制原地孔隙比。大多数坚硬岩石尾矿,甚至软弱岩石尾矿,其尾矿砂的原地孔隙比一般变化范围为 0.6 ~ 0.9。低至中等塑性的尾矿泥显示出比较高的原地孔隙比,变化范围为 0.7 ~ 1.3。但高塑性黏土或异常组成,特别是磷酸盐黏土、铝矾土的尾矿泥则例外,这类尾矿泥的原地孔隙比很高,变化范围一般为 5 ~ 10。这些材料占据很大的库容,往往产生重大的处置问题。

（2）相对密度

水力沉积尾矿砂的相对密度对动力强度特性有重大影响。相对密度是原地密度的量度,与试验时尾矿可能达到的最致密和最松散状态有关,因此,必须对所研究的尾矿砂进行最小和最大密度的专门测定。

3）渗透性

尾矿的渗透性是比其他任何工程性都难以概括的一个基本特性。平均渗透系数可以跨越 5 个以上数量级,从干净、粗粒尾矿砂的 1×10^{-2} cm/s 到充分固结尾矿泥的 1×10^{-7} cm/s。渗透性的变化是粒度、可塑性、沉积方式和沉积层内深度的函数。尾矿的平均渗透系数范围见表 1.1.2。

表 1.1.2　尾矿的平均渗透系数范围

尾矿类型	平均渗透系数/$(cm \cdot s^{-1})$
干净、粗粒或旋流尾矿砂,细粒含量小于 15%	$1 \times 10^{-2} \sim 1 \times 10^{-3}$
周边排放的沉积滩、尾矿砂	$1 \times 10^{-3} \sim 5 \times 10^{-4}$
无塑性或低塑性尾矿泥	$1 \times 10^{-5} \sim 5 \times 10^{-7}$
高塑性尾矿泥	$1 \times 10^{-4} \sim 1 \times 10^{-8}$

尾矿平均渗透系数随着 -0.075 mm 的细粒含量增加而降低,但是,细粒含量并不完全是渗透系数有效标示。

（1）各向异性的影响

由于尾矿沉积的层状性质,使得沉积层水平方向和垂直方向的渗透性显示出显著差异,对于比较均匀的尾矿砂层和水下沉积的尾矿泥带,水平渗透系数与垂直渗透系数之比 K_h/K_v 一般变化在 2 ~ 10。对于比较干净的尾矿砂与尾矿泥之间的过渡带,由于较细颗粒和较粗颗粒的互层,可能有较高的各向异性比。在排放方法不能得以充分控制的场合,尾矿沉积形成广泛的尾矿砂与尾矿泥的互层,其 K_h/K_v 可能高达 100 以上。

（2）距排放点距离的影响

尾矿渗透性随距排放点距离的变化程度目前尚未有准确的数据定量分析。根据实验室模拟研究,可以形成一个概念模型,即靠近排放点的高渗透性尾矿砂带、中间渗透性带和低渗透性的尾矿泥带,每个带的相对宽度取决于排放尾矿浆中砂质粒级和泥质粒级含量的相对比例,以及沉淀池水相对于排放点的位置。

在尾矿沉积过程中,粒度分级程度和排放方法在一定意义上控制着渗透系数随距离的系统变化程度,变化较大的沉积层很可能是尾矿排放颗粒尺寸范围相当宽的地方;以低浓度排放的地方;为使沉积滩上尾矿泥层沉积最小而非常靠近的间隔排放点和排放管的地方。为了比较准确地估计渗透系数随距离的变化,任何特定的尾矿类型都需要进行专门的沉积层取样试验。

（3）孔隙比的影响

孔隙比（或干密度）对尾矿渗透性的影响已在实验室进行了广泛研究,虽然大多数尾矿砂和低塑性尾矿泥渗透系数相差很大,但随孔隙比降低的变化趋势基本上是一致的。就大多数尾矿沉积层逐深度所达到的孔隙比变化范围而言,尾矿砂渗透系数可降低约1/5,而尾矿泥渗透系数大体可降低1/10,因为尾矿泥具有较高的可压缩性。由于尾矿泥层显示出渗透系数较大降低,在尾矿砂和尾矿泥互层的沉积层中,其总体上控制垂直渗透性,各向异性比 k_h/k_v 往往随深度而增大。

4）变形特性

（1）压缩性

尾矿砂是三相体,在荷载作用下的压缩包括尾矿颗粒的压缩、孔隙中水的压缩和孔隙的减小。在常见的工程压力 100～600 kPa 内,尾矿颗粒和水本身的压缩是可以忽略不计的,因此,尾矿沉积层的压缩变形主要是由水和空气从孔隙中排出引起的。可以说,尾矿的压缩与孔隙中水的排出是同时发生的。粒度越粗,孔隙越大,透水性就越大,因而尾矿中水的排出和尾矿沉积层的压缩越快,颗粒很细的尾矿则需要很长的时间。这个过程叫做渗透固结过程。

由于尾矿的松散沉积状态、高棱角性和级配特性,它们的压缩性都比类似的天然土大。在传统土力学中,一维压缩（固结）试验广泛地用来评价土的压缩性。但是,尾矿试验解释则比较复杂,因为加荷曲线的"原始压缩"段和"再压缩"段之间不总是像天然黏土一样完全明显分开。按照经典土力学理论,有些尾矿泥可能显示出前期固结作用,类似于黏土所表现出来的前期固结。然而,大多数尾矿砂,即使在前期固结之后,孔隙比与压力关系曲线也显示出较大曲率。所以,压缩系数的分析必须说明所施加的压力范围。表 1.1.3 列出了一维压缩试验确定的压缩指数的典型值,以及测定这些值的应力范围和相应的初始孔隙比。

表 1.1.3 尾矿压缩指数 C_c 的典型值

尾矿类型	初始孔隙比 e_0	压缩指数 C_c	应力范围/kPa
铁燧石细粒尾矿	13.7	0.19	24～958
铜尾矿泥	1.3～1.5	0.20～0.27	1～958
铜尾矿砂（旋流）	1.10 ($D_\gamma=0$)	0.28	—
		0.05	10～96
		0.11	96～958
油砂尾矿砂	1.00 ($D_\gamma=0$)	0.09	—
		0.06	10～958
钼沉积滩尾矿砂	0.72～0.84	0.05～0.13	24～958

续表

尾矿类型	初始孔隙比 e_0	压缩指数 C_c	应力范围/kPa
金尾矿泥	1.7	0.35	144 ~ 4 788
铅-锌尾矿泥	0.7 ~ 1.2	0.10 ~ 0.25	48 ~ 575
细煤粉渣	0.6 ~ 1.0	0.06 ~ 0.27	—
磷酸盐尾矿泥	>20	3.0	5 ~ 77
铝矾土尾矿泥	1.6 ~ 1.8	0.26 ~ 0.35①	48 ~ 958
石膏尾矿	1.3	0.07①	24 ~ 239
		0.28	239 ~ 958

注:①压缩性决定于荷载持续时间。

正如表 1.1.3 中数据所说明的,尾矿砂与尾矿泥之间的差异是影响压缩指数的最基本因素,尾矿砂的 C_c 一般变化在 0.05 ~ 0.10,而大多数低塑性的尾矿泥的 C_c 值一般变化在 0.20 ~ 0.30,后者高于前者 3 ~ 4 倍。另一重要因素是尾矿砂和尾矿泥在沉积层中的密度或孔隙比,初始状态越疏松或越软弱,在荷载作用下压缩越大。

（2）固结

尾矿沉积层在荷载作用下,孔隙中自由水逐渐排出,孔隙体积逐渐减小,孔隙压力逐渐转移到尾矿骨架承担,这一过程称为尾矿固结作用。固结使尾矿沉积层产生压缩变形,同时也使尾矿的强度逐渐增长,因此,固结既引起坝体(含基础)沉降,又控制坝体(含基础)稳定性,是尾矿库工程中最重要的工程性质之一。表 1.1.4 列出了一些尾矿砂和尾矿泥固结系数 C_v 的典型值。

表 1.1.4　固结系数 C_v 的典型值

尾矿类型	$C_v/(\mathrm{cm}^2 \cdot \mathrm{s}^{-1})$	尾矿类型	$C_v/(\mathrm{cm}^2 \cdot \mathrm{s}^{-1})$
铜尾矿砂(沉积滩)	3.7×10^{-1}	铅-锌尾矿泥	$1 \times 10^{-4} \sim 1 \times 10^{-2}$
铜尾矿泥	$1 \times 10^{-3} \sim 1 \times 10^{-1}$	细煤粉渣	$3 \times 10^{-3} \sim 1 \times 10^{-2}$
钼尾矿砂(沉积滩)	1×10^{2}	泥土矿尾矿泥	$1 \times 10^{-3} \sim 5 \times 10^{-2}$
金尾矿泥	6.3×10^{-2}	磷酸盐尾矿泥	2×10^{-4}

5）抗剪强度特性

为进行坝体稳定性分析,目前普遍采用三轴剪切试验,在改变排水条件下测定材料的强度特性。最基本的试验方法有固结排水(C_D)和固结不排水(C_u)试验。开始,两者都要把试样固结到固结应力,其相当于剪切之前坝体(或基础)中某一点的初始有效应力。固结之后,或者按排水条件剪切试样,迫使剪切过程产生的全部孔隙压力充分消散;或者按不排水条件剪切试样,阻止剪切过程产生的孔隙压力消散。不同排水条件的试验得到不同的强度包线,应用于不同的孔隙压力环境。

（1）排水抗剪强度

固结排水试验只得到有效应力包线和有效摩擦角,一般适用于不需要考虑剪切作用产生孔隙压力场合的分析。

尾矿常处于松散沉积状态,但因其颗粒具有高度的棱角性,使之仍有较高的排水(有效应力)抗剪强度,在同样密度和应力水平情况下,尾矿的有效摩擦角一般比类似的天然土壤高出3°~5°。尾矿基本上无黏结力,因此,在实验室试验中通常显示出有效黏结力为0。从这个意义上讲,尾矿抗剪强度决定于有效正应力和内摩擦角。

初始密度(或孔隙比)对尾矿的有效应力强度的影响很小,在尾矿沉积层常见的密度范围内,尾矿砂有效摩擦角变化很少超过3°~5°,尾矿泥如果出现超固结,则可对有效摩擦角有较小的影响。

影响尾矿有效摩擦角的最重要因素是测定时的应力范围。即便施加较低的应力水平,在有棱角颗粒的接触点上应力也很高,足以使颗粒压碎,结果往往得到弯曲的强度包线,特别是在低应力水平段尤为明显。

(2)不排水抗剪强度

不排水抗剪强度隐含地考虑快速施加剪应力所产生的孔隙压力,这对评价众多尾矿沉积层破坏所表现的流状性态是非常重要的。普遍采用固结不排水三轴剪切试验测定不排水抗剪强度,其得到总应力强度参数即总应力摩擦角和总应力黏结力。在固结不排水剪切试验中,某些尾矿可能表现出总应力黏结力,它不同于"假象"的有效应力黏结力,它是"真实"现象。但是,它的量测需在试验过程中有足够的反压力,以防孔隙水空化。此外,还需叙及不固结不排水三轴试验,即按不排水方式剪切试样,但剪切前不固结。

确定不排水抗剪强度随有效固结应力或深度变化的试验方法还有不排水直剪试验和现场十字板试验。

某些天然黏土表现出"标准化"的不排水强度特性,这样,最好以直剪试验测定固结不排水抗剪强度,其与三轴试验不同,不因各向异性固结而人为地引起高的不排水抗剪强度,只是快剪不足以产生剪切过程中的真实不排水条件,必须在整个剪切过程中改变正应力,以产生等体积条件。

1.2 尾矿库简介

金属非金属尾矿库是选择有利地形筑坝拦截谷口或围地形成的具有一定容积,用以贮存尾矿和澄清尾矿水的专用场地。尾矿库通常设有尾矿坝、排洪系统、移动式回水泵站、尾矿水澄清系统等设施。

尾矿库设施基本构成示意图如图1.2.1所示。

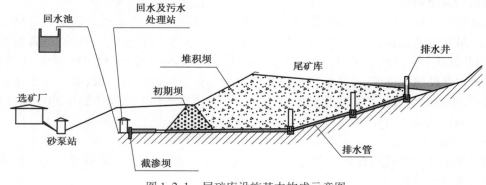

图1.2.1　尾矿库设施基本构成示意图

1.2.1　尾矿库常用术语

尾矿库有以下常用术语:

①库长:由滩顶(初期坝为坝轴线)起,沿垂直坝轴线方向到尾矿库周边水边线的最大距离。

②沉积滩(干滩):向尾矿库内排放尾矿形成的尾矿砂滩,常指露出水面的部分,也叫做沉积干滩。

③滩顶:尾矿沉积滩面与堆积坝外坡面的交线,是沉积滩的最高点。

④滩长:自沉积滩滩顶到库内水边线的距离,也叫做干滩长度。

⑤坝高:初期坝和中线式、下游式筑坝为坝顶与坝轴线处坝底的高差,上游式筑坝则为堆积坝坝顶与初期坝坝轴线处坝底的高差。

⑥总坝高:与总库容相对应的最终堆积标高时的坝高。

⑦堆坝高度(堆积高度):尾矿堆积坝坝顶与初期坝坝顶的高差。

⑧几何库容:初期坝、堆积坝边坡与地形等高线封闭所形成的容积。

⑨总库容:根据总尾矿量、调洪、矿浆水澄清及渗流控制条件所确定的与尾矿库最终堆积标高相应的几何库容,也即设计最终堆积标高时的全库容。

⑩全库容:尾矿坝某标高顶面、下游坡面及库底面所围空间的容积。

⑪有效库容:某坝顶标高时,初期坝内坡面、堆积坝外坡面以里(对下游式尾矿筑坝则为坝内坡面以里),沉积滩面以下,库底以上的空间,即容纳尾矿的库容。

⑫回水库容:正常高水位与控制水位之间水的容积。

⑬死库容:控制水位以下水所占的容积。

⑭尾矿库堆放尾矿时,随着尾矿的不断排入,尾矿坝也逐渐加高。对每一坝高时的库容均可分为有效库容(沉积尾矿所占的库容)和调蓄库容(有效库容以外的库容)两部分。调蓄库容又可分为:

a.空余库容:最终堆积标高与最高洪水位之间未被尾矿充填的容积,所有尾矿库的相应高度应满足安全超高要求;

b.调洪库容:某坝顶标高时,沉积滩面、正常水位以上的库底、正常水位三者以上,最高洪水位以下的空间;

c.蓄水库容:正常水位以下的库容(对于需进行径流调节的尾矿库,还可进一步分为径流调节库容和死水库容)。

尾矿库常用术语对照图如图1.2.2所示。

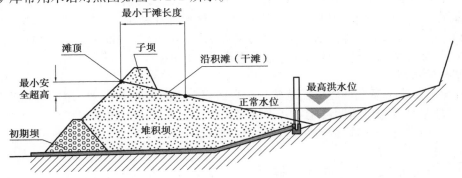

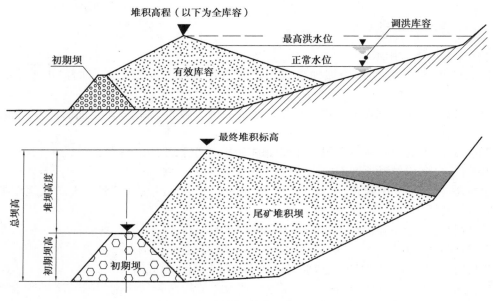

图1.2.2　尾矿库常用术语对照图

1.2.2　尾矿设施

金属和非金属矿山开采出的矿石,经选矿厂破碎和选别,选出大部分有价值的精矿以后,剩下泥砂一样的"剩余物",我们称为尾矿。这些尾矿不仅数量大(每年以亿吨计算),有些尾矿中还含有暂时未能回收的有用成分,若随意排放,不仅会造成资源流失,更重要的是尾矿大面积覆没农田、淤塞河道,造成严重的环境污染,因此,必须将尾矿加以妥善处理。尾矿除一部分可作为建筑材料、充填矿山采空区,以及用于海岸造地等外,绝大部分都需要妥善储存在尾矿库内。一般情况下,在山谷口部或洼地的周围筑成堤坝形成尾矿储存库,将尾矿排入库内沉淀堆存,这种专用储存库我们简称为尾矿库或尾矿场、尾矿池。将选矿厂排出的尾矿送往指定地点进行堆存或使用的过程和方法,称为尾矿处理。从广义上说,为尾矿处理所建造的全部设施系统,均称为尾矿设施。故一般尾矿设施主要包括尾矿输送、尾矿堆存、尾矿库排洪和尾矿库回水四个系统的工程。

目前的尾矿排放方式有两种:湿排和干排。干式选矿后的尾矿或经脱水后的尾矿,可采用带式输送机或其他运输设备运到尾矿库堆存,这种方式称为干式排放方式;湿式选矿的尾矿矿浆一般采用水力输送至尾矿库,再采用水力冲积法筑坝堆存,这种方式称为湿式排放方式。湿排尾矿库尾矿设施一般是由尾矿输送系统、尾矿堆存系统、尾矿库排洪系统、尾矿库回水系统和尾矿水净化系统等几部分组成。干排尾矿库尾矿设施一般是由尾矿输送系统、尾矿堆存系统、尾矿库排洪系统、尾矿水(通常是渗透水)处理系统等几部分组成。

1)尾矿输送系统

湿排尾矿库输送系统一般包括尾矿分级设备、尾矿浓缩池、砂泵站、尾矿输送管道、尾矿自流沟、事故泵站及相应辅助设施等。干排尾矿库输送系统一般包括尾矿分级设备、尾矿浓缩池、尾矿过滤设备、尾矿运输道路(设施)及相应辅助设施等。

(1)干式选矿厂尾矿

尾矿一般用箕斗或矿车、铁路自动翻车、架空索道或皮带运输机等运输。

①用箕斗或矿车沿斜坡轨道提升运输尾矿,然后倾卸在锥形尾矿堆上,这是一种常用的

方法。根据尾矿输送量的大小可采用单轨或双轨运输。地形平坦,尾矿库距选矿厂较近时可采用此法输送。

②用铁路自动翻车运输尾矿向尾矿场倾卸,此方案运输能力大,适用于尾矿库距选矿厂较远,且尾矿库是低于路面的斜坡场地。

③用架空索道运输尾矿,适用于起伏交错的山区,特别是业已采用架空索道输送原矿的条件,可沿索道回线输送尾矿,尾矿场在索道下方。

④用皮带运输机输送尾矿,运至露天扇形底的尾矿堆场,适用于气候暖和的地区,且距选矿厂较近。

(2)湿式选矿厂尾矿

①尾矿湿排:尾矿多以矿浆形式排出,所以必须采用水力输送。常见的尾矿输送方式有自流输送、压力输送和联合输送三种。

自流输送是利用地形高差,使选矿厂的尾矿矿浆沿管道或溜槽自流到尾矿库。自流输送时,管道或溜槽的坡度应保证矿浆内的固体颗粒不沉积下来。这种方式简单可靠,不需动力。

压力输送是借助砂泵用压力强迫扬送矿浆的方式。由于砂泵扬程的限制,往往需设中间砂泵站和压力管道进行分段扬送,故比较复杂。在不能自流输送时,只能用这种方式。

联合输送即自流输送与压力输送相结合的方式。某段若有高差可利用,可采取自流输送;某段不能自流,则采用砂泵扬送。

尾矿输送系统一般应有备用线路。特别是压力输送时应进行定期检修。为避免意外事故,应该在某些地段设事故沉淀池。

②尾矿干排:尾矿一般在选矿厂内浓缩、过滤。若尾矿库与选矿厂距离较近,常采用汽车或者皮带机运输的方式,若尾矿库与选矿厂距离较远,运输方式与干式选矿厂尾矿类似,具体方式常根据尾矿过滤后的含水率确定。

2)尾矿堆存系统

湿排尾矿库尾矿堆存系统一般包括坝上放矿管道、尾矿初期坝、尾矿后期坝、浸润线观测、位移观测及排渗设施等。干排尾矿库尾矿堆存系统一般包括尾矿临时堆场、尾矿转移及摊铺设备、尾矿初期坝、尾矿后期坝、浸润线观测、位移观测及排渗设施等。尾矿坝通常包括初期坝和后期坝(也称尾矿堆积坝)两部分。前者是尾矿坝的支撑棱体,具有支撑后期堆积体的作用和疏干堆积坝的作用;后者是选矿厂投入生产后,在初期坝的基础上利用尾矿本身逐年堆筑而成,是挡住细粒尾矿和尾矿水的支撑体。尾矿坝的作用是使尾矿库形成一定容积,便于尾矿矿浆能堆存其内。排渗设施是汇积并排泄尾矿堆积坝内渗流水的构筑物,起降低堆积坝浸润线的作用。观测设施是监测尾矿库在生产过程中运行情况的设施。

尾矿坝按筑坝材料分为:用选矿厂尾矿作为筑坝材料;用外来材料筑坝并充填尾矿。

3)尾矿库排洪系统

尾矿库排洪系统是排泄尾矿库内澄清水和洪水的构筑物,一般由溢水构筑物和排水构筑物组成,具体包括截洪沟、溢洪道、排水井、排水管、排水隧洞等构筑物。

4)尾矿水处理系统

湿排尾矿库尾矿水处理系统包括尾矿库澄清水的回水设施和尾矿水的净化设施。

湿排尾矿库回水设施大多利用库内排洪井、排水管将澄清水引入下游回水泵站,再扬至高位水池,也可在库内水面边缘设置活动泵站直接抽取澄清水,扬至高位水池。干排尾矿库库尾常无尾矿水,一般不设澄清水的回水设施。

湿排尾矿库尾矿水的净化设施主要指当需要外排的尾矿库澄清水水质含有未能满足排

放标准的物质而必须进行专门净化的处理设施。干排尾矿库尾矿水的净化设施主要也是为了满足环境保护的要求,对尾矿库的渗透水进行处理,满足环境保护要求后方可排放。

尾矿水成分与尾矿的矿物组成及选别方法有关。

(1)回水再用

尾矿水循环再用,并尽量提高废水循环的比例,以达到闭路循环,这是当前国内外废水治理技术的重点。只有在不能做到闭路循环的情况下,才作部分外排。尾矿废水经净化处理后回水再用,既可以解决水源,减少动力消耗,又可以解决对环境的污染问题。尾矿回水一般有下列几种方法。

①浓缩池回水。

由于选矿厂排出的尾矿浓度一般都较低,为节省新水消耗,常在选矿厂内或选矿厂附近修建尾矿浓缩池、倾斜板浓缩池以及过滤机等回水设施进行尾矿脱水,尾矿砂沉淀在浓缩池底部,澄清水由池中溢出,并送回选矿厂再用。

②尾矿库回水。

尾矿排入尾矿库后,尾矿矿浆中所含水分一部分留在沉积尾矿的空隙中,一部分经坝体库底等渗透到库外,一部分在池面蒸发。尾矿库回水就是把余留的这部分澄清水回收,供选矿厂使用。由于尾矿库本身有一定的集水面积,因此尾矿库本身起着径流水的调节作用。

尾矿库排水系统常用的基本形式有:排水管、隧洞、溢洪道和山坡截洪沟等。应根据排水量、地形条件、使用要求及施工条件等因素经过技术经济比较后确定所需要的排水系统。对于小流量多采用排水管排水,中等流量可采用排水管或隧洞,大流量常采用隧洞或溢洪道。排水系统的进水头部可采用排水井或斜槽。对于大中型工程,如果工程地质条件允许,隧洞排洪常较排水管排洪经济而可靠。国内的尾矿库多将库内洪水和尾矿澄清水合用一个排水系统排放。尾矿库排水系统应靠在尾矿库一侧山坡进行布置,选线力求短直,地基均一,无断层、滑坡、破碎带和弱地基。其进水头部的布置应满足在使用过程中任何时候均可以进入尾矿澄清水的要求。当进水设施为排水井时,应认真考虑其数量、高程、距离和位置,如第一井(位置最低的)既能满足初期使用时澄清距离的要求,又能满足尽早地排出澄清水供选矿厂使用的要求,其余各井位置逐步抬高,并使各井筒有一定高度的重叠(重叠高度 $\Delta h = 0.5 \sim 1.0$ m)。澄清距离是确保排水井不跑浑水。当尾矿库受水面积很大时,洪水期在短时间内可能下来大量洪水,为能迅速排出大部分或部分洪水,可靠尾矿库一侧山坡上,应在尾矿坝附近修筑一条溢洪道。所有流经排水系统设施的排水井窗口、管道直径、沟槽断面、隧洞断面等尺寸和泄流量需经计算后再结合实际经验给予确定。

尾矿库回水的优点是回水的水质好,有一部分雨水径流在尾矿库内调节,因此回水量有时会增多。缺点是回水管路长,动力消耗大。

③沉淀池回水。

沉淀池回水的利用,一般只适用于小型选矿厂。由于沉淀在池底的尾矿砂需要经常清除,花费大量人力,故当选矿厂生产规模大、生产的年限长时,不宜采用沉淀池回水。

尾矿库除上述基本设施外,还常常根据实际情况配置其他设施,如有为排泄尾矿库堆积的边坡和排泄坝肩地表水的坝坡、坝肩排水沟;通信及照明设施;管理设施(如值班房、工具房、器材室等);交通设施;筑坝机具等。一些大型尾矿库还有简易的检修设施;距选矿厂比较远的尾矿库,必要时还应设生活福利设施。

（2）尾矿水的净化

尾矿水的净化方法取决于尾矿中有害物质的成分、数量及排入尾矿库内水系的类别，以及对回水水质的要求。常用的方法有：自然沉淀，利用尾矿库（或其他形式沉淀池），将尾矿液中的尾矿颗粒沉淀除去；物理化学净化，利用吸附材料将某种有害物质吸附除去；化学净化，加入适量的化学药剂，促使有害物质转化为无害物质。

①尾矿颗粒及悬浮物的处理。

尾矿颗粒及悬浮物的处理主要是利用尾矿库使尾矿水在库（池）中沉淀，以达到澄清的目的。如尾矿颗粒的粒径极细（如钨锡矿泥重选尾矿，某些浮选尾矿），尾矿水往往呈胶状，为了使尾矿水很快地澄清，可加入凝聚剂（如硫酸铝等），以加速颗粒的沉淀。

②尾矿水的净化方法。

尾矿水中如含有铜、铅、镍等金属离子时，常采用吸附净化的方法予以清除。常用的吸附剂有白云石、焙烧白云石、活性炭、石灰等。净化前，需将吸附剂粉碎到一定的粒度，然后与尾矿水充分混合、反应，达到沉淀净化尾矿水之目的。

铅锌矿石粉末有吸附有机药剂的特性，因此常用以清除浮选药剂等有机药剂。

尾矿水如含有单氰或复氰化合物时，常用漂白粉、硫酸亚铁和石灰作净化剂进行化学净化，也可以用铅锌矿石和活性炭作为吸附剂进行吸附净化。

总之，尾矿水的净化方法主要根据尾矿水中含有的有害物质种类及要求净化的程度来选择。同时应该优先考虑采用净化剂来源广、工艺简单、经济有效的方法。

1.2.3 尾矿库分类

1）按照地形条件及建筑方式分类

尾矿库按照地形条件及建筑方式可分为山谷型、平地型、截河型、傍山型四种，如图1.2.3所示。

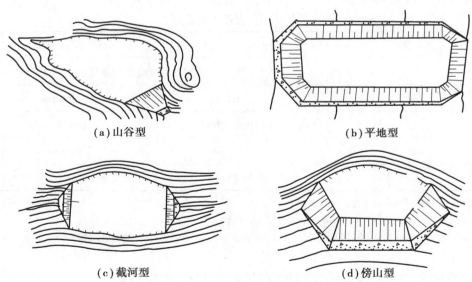

（a）山谷型   （b）平地型

（c）截河型   （d）傍山型

图1.2.3 山谷型、平地型、截河型、傍山型尾矿库示意图

（1）山谷型尾矿库

山谷型尾矿库是封闭河谷口而形成的［图1.2.3（a）］。其优点是坝身短，初期坝工程量

较小,生产期间用尾矿堆坝也容易。缺点是积水面积大,因而流入尾矿库内的洪水量大,排水构筑物复杂。

(2)平地型尾矿库

平地型尾矿库利用平坦地段由四面围坝而成[图1.2.3(b)]。其优点是积水面积小,排水构筑物简单。缺点是四面筑坝,坝身长,初期坝工程量大,生产期间操作管理不便。这类尾矿库通常在当地缺乏适当的河谷、河滩、坡地时采用。

(3)截河型尾矿库

截河型尾矿库是截断河谷在上下游两面筑坝截成的尾矿库[图1.2.3(c)]。它的特点是尾矿堆坝从上、下游两个方向向中间进行,堆坝高度受到限制;尾矿库库内的汇水面积不太大,但库外上游的汇水面积常很大,库内和库上游都要设排洪系统,配置较复杂,规模较大。相对于山谷型尾矿库,截河型尾矿库的管理维护比较复杂。

(4)傍山型尾矿库

傍山型尾矿库是在山坡脚下依傍山坡三面筑坝围成的尾矿库[图1.2.3(d)]。它的特点是初期坝相对较长,堆坝工作量较大,堆坝高度不可能太高;汇水面积较小,排洪问题比较容易解决。但因库内水面面积一般不大,尾矿水的澄清条件较差,管理维护也相对比较复杂。国内尾矿库属于这种类型的较少。

注:有的山谷型尾矿库汇水面积很大,如地形条件合适,也可在上游谷口设置拦洪坝及排洪沟,使洪水不进入库内。

2)按筑坝的方式分类

尾矿库按筑坝的方式可分为一次筑坝型(包括废石筑坝)和尾矿堆坝型两种。

3)按库容和坝高分类

尾矿库的等级根据其总库容的大小和坝高分为五等,具体见表1.2.1。

表1.2.1 尾矿库等级表

等　　别	全库容 $V/万\ m^3$	坝高 H/m
一	二等库具备提高等别条件者	
二	$V \geqslant 10\ 000$	$H \geqslant 100$
三	$1\ 000 \leqslant 10\ 000$	$60 \leqslant H < 100$
四	$100 \leqslant V < 1\ 000$	$30 \leqslant H < 60$
五	$V < 100$	$H < 30$

注:①库容是指校核洪水位以下尾矿的容积。

②坝高是指尾矿堆积标高与初期坝轴线处坝底标高的高差。

③坝高与库容分级指标分属不同的级别时,以其中高的级别为准,当级差大于或等于两级时可降低一级。

有下列情况之一者,按表1.2.1确定的尾矿库等级可提高一级:

①当尾矿库失事将使下游重要城镇、工矿企业、铁路干线遭受严重灾害者;

②当工程地质及水文条件特别复杂时,经地基处理后尚认为不彻底者(洪水标准不予提高)。

4) 按尾矿筑坝方法分类

(1) 上游式尾矿库

上游式尾矿库筑坝法是湿式尾矿库在初期坝上游方向堆积尾矿的筑坝方式,其示意图如图 1.2.4 所示。其特点是堆积坝坝顶轴线逐级向初期坝上游方向推移。

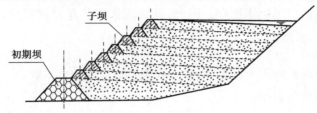

图 1.2.4　上游式尾矿库示意图

(2) 中线式尾矿库

中线式尾矿库筑坝法是湿式尾矿库在初期坝轴线处用旋流器等分离设备所分离出的粗尾砂堆坝的筑坝方式,其示意图如图 1.2.5 所示。其特点是堆积坝坝顶轴线始终不变。

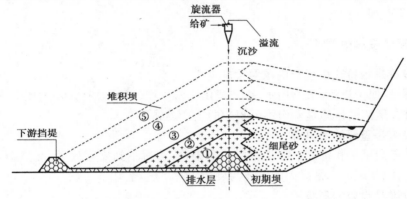

图 1.2.5　中线式尾矿库示意图

(3) 下游式尾矿库

下游式尾矿库筑坝法是湿式尾矿库在初期坝下游方向用旋流器等分离设备所分离出的粗尾砂堆坝的筑坝方式,其示意图如图 1.2.6 所示。其特点是堆积坝坝顶轴线逐级向初期坝下游方向推移。

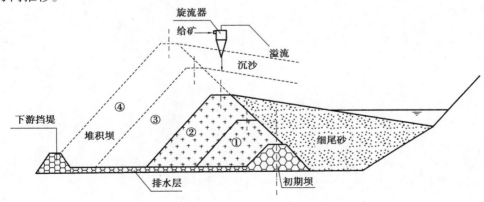

图 1.2.6　下游式尾矿库示意图

1.2.4　金属非金属尾矿及尾矿库的特性

1)尾矿产量高

金属非金属矿山原矿由于金属品位较低或处理量较大,因此尾矿产量很高。目前,处理矿山尾矿的主要措施仍是尾矿库堆存。因此,做好尾矿库的建设和管理,对矿业的发展有着特殊的意义。

2)尾矿库规模小

目前我国中小型尾矿库占大多数,在安全管理上重视的程度不够。

3)尾矿及尾矿水成分复杂

由于多种矿物共生、伴生,选矿工艺流程各异,添加药剂种类繁多,矿山的尾矿和尾矿水中大都含有对生态环境有不利影响的重金属离子和其他化学成分。

因此,保证尾矿库安全运行,防止尾矿库溃坝事故发生,尤为重要。

4)尾矿粒度细

目前矿山贫矿、细矿较多,需要将矿石磨得较细。细尾矿的透水性差,不易固结,力学指标低,不利于尾矿坝的稳定。

1.2.5　尾矿设施重要性

1)尾矿设施是维持矿山生产的重要设施

为保护环境、保护资源、节约用水、维持矿山正常生产,必须设有完善的尾矿库处理设施。尾矿库作为堆存尾矿的设施是矿山不可缺少的生产设施。

2)尾矿设施是重要的污染源

尾矿库堆存的尾矿和尾矿水都是重要的污染物,若得不到妥善处理,必然会对周围环境造成严重污染,因此尾矿库是矿山的重要污染源。

3)尾矿设施是重要的危险源

尾矿库是一个具有高势能的人造泥石流的危险源。在长达十多年甚至数十年的时间里,各种自然的和人为的不利因素都会直接威胁尾矿库的安全。事实一再表明,尾矿库一旦失事,必将对下游人民的生命财产造成严重损失。

第2章
金属非金属尾矿库设计前期准备工作

2.1 尾矿库设计的原则

尾矿库设计的原则：

①积极贯彻执行国家基本建设方针、政策，严格执行标准、规范和规程，认真贯彻土地法、森林法、水资源法，少占农田和林地，节约用水，保护水资源。

②坚持科学态度，重视方案优化，确保工程安全可靠，并尽量降低工程投资及生产成本。

③坚持以人为本，重视环保，避免尾矿库项目的实施再产生新的环境污染。

④从实际出发，因地制宜，就地取材。

⑤易于施工，管理维护方便，易于操作。

⑥设计方案技术可行，经济合理，安全可靠，顺应国际发展趋势，积极、及时采用先进而实用的新工艺、新技术和新材料。

2.2 尾矿库设计需要的基础资料

2.2.1 尾矿资料

按实际需要取得表2.2.1所列的有关资料。

表2.2.1　所需尾矿资料的内容与要求

用途	资料项目	内容与要求
通用资料	尾矿量	①选矿厂日尾矿排出量（对分期达到设计规模的选矿厂，应取得各期的日尾矿排出量）； ②选矿厂生产年限内排出的总尾矿量

续表

用途	资料项目	内容与要求
通用资料	尾矿特性	①密度(当粗细颗粒比重差别显著时,应分别给出); ②干容重; ③颗粒组成(应取得颗粒的逐级颗粒含量,且最大粒径含量不应大于5%,最小粒级应分析到5 μm或其含量不大于10%); ④浓度或稠度
	选矿工艺条件	①选矿厂的工作制度及设计生产年限; ②尾矿排出口的位置与标高(尾矿湿排时); ③选矿生产对尾矿回水水质、水温的要求和最大回水允许量(必要时应做尾矿回水对选矿指标影响程度的试验); ④选矿生产过程中尾矿量和尾矿特性可能的波动幅度
考虑尾矿输送系统冰冻情况	矿浆温度	严寒地区冬季最冷月份选矿厂排出尾矿浆的平均最低温度
考虑尾矿堆积坝的稳定性并做稳定计算时	尾矿的物理力学性质	①尾矿的抗剪强度(根据设计中采用的不同计算方法取得相应的指标;当采用总应力法计算堆积坝的稳定性时,需用总强度指标;当采用有效应力法时,需用有效强度指标); ②安息角(水上和水下); ③尾矿的压缩性(最大试验压力应与尾矿总堆积高度时的尾矿土压力相当); ④尾矿的渗透性(分别给出水平与垂直渗透系数)
考虑浓缩回水	尾矿的沉降特性	对在水中能沉降的一般尾矿: ①尾矿的沉降速度[用量筒进行试验时,其高度不应小于300 mm。对于在沉淀过程中澄清界面明显的尾矿浆,要求确定在不同浓度的矿浆中尾矿的集合沉降速度(不少于5个不同浓度的矿浆试样;最小浓度与设计给矿浓度相当;最大浓度与自由沉降带最浓层矿浆的浓度相当,后者比设计排矿浓度小一些);对于无明显澄清界面的尾矿浆,要求确定设计最小溢流粒径的自由沉降速度]; ②不同历时沉淀尾矿的平均浓度; ③不同历时澄清水的悬浮物含量
	混凝沉降试验	对在水中难以沉降的极细尾矿: ①建议采用的混凝剂种类及投药量; ②絮凝体的沉降速度或澄清界面的沉降速度; ③絮凝沉淀物的浓度
考虑尾矿水净化处理	尾矿水的水质	尾矿水中浮选药剂和有害物质的种类与含量或尾矿水的水质分析资料
	卫生试验	尾矿水中个别有害成分对动植物的危害性
	有害物质净化试验	①建议采用的净化工艺流程; ②采用的净化剂种类及投药比; ③净化效果

2.2.2　水文气象资料

按实际需要取得表2.2.2所列的有关资料。

表2.2.2　所需水文气象资料的内容

工程情况	资料内容	
	第一类(必需资料)	第二类(参考资料)
尾矿库不需径流调节的工程项目	①设计频率的最大 24 h 暴雨量 H_{24P} 或年最大 24 h 暴雨量均值 $\overline{H}_{24}$ 及其变差系数 C_v,偏差系数 C_s,暴雨强度衰减指数 n; ②多年一次最大降雨量及其持续时间或三日、七日最大降雨量; ③径流模量的经验公式; ④典型暴雨的时程分配雨型; ⑤绝对最高、最低气温; ⑥最大积雪深度; ⑦水体的最大结冰厚度及结冰期; ⑧土壤最大冻结深度及冰冻期; ⑨常年主导风向及平均风力,最大风速、风力及风向	①雨力参数 A、B 或暴雨公式; ②邻近地区中、小型水利工程暴雨及洪水计算中所采用的有关数据
尾矿库需进行径流调节的工程项目	尚应补充: ①设计保证率的枯水年年径流深度或平均年径流深度及其变差系数 C_v、偏差系数 C_s; ②典型年年径流量的逐月分配; ③最大年蒸发量及其逐月分配	①设计保证率的枯水年年降雨量或多年平均降雨量及其变差系数 C_v、偏差系数 C_s; ②典型年年降雨量的逐月分配
需向地面水中排放有害尾矿水的工程项目	尚应补充: 保证率为95%的枯水年河水流量、流速、水位、含砂量、水质分析资料	①河水的多年平均流量及其变差系数 C_v、偏差系数 C_s; ②河水的最低水位,最低流速

注:水文资料最好取得当地的水文计算手册。

2.2.3　调查资料

1) 当地自然经济调查

①尾矿库淹没范围内及管道沿线地带内的耕地种类、亩数、单产量、征购价格及赔偿费用。

②上述范围内的林木种类、面积或株数、经济价值、征购价格及赔偿费用。

③尾矿库内及尾矿库下游附近房屋间数、居民户数、人数,居民可迁往的去向、搬迁费用及房屋拆建费用。

④尾矿库内水井、坟墓等的数量及其赔偿费用。

⑤下游农田种类、灌溉用水情况及需水量。

⑥民用井的供水量及使用情况。

2）水文地貌调查

①尾矿库坝址附近河道的最大洪水痕迹调查。

②拟建构筑物(泵站、浓缩池、管道等)场地能否被洪水淹没及最大洪水淹没边界位置。

③尾矿库汇水面积内的地貌,植被情况,山坡与河槽之糙率情况,土壤性质的野外描述。

④尾矿库内泉水数量、涌水量、用途以及是否发生过竭流现象,有无落水洞。

3）其他调查

①当地材料设备的生产供应情况及价格。

②交通运输条件。

③施工单位的技术力量及机械设备配备情况。

④改建、扩建工程原有的尾矿设施情况及必要的现状实测图,建(构)筑物及设备的折旧情况,原尾矿设施的使用经验等。

⑤尾矿库淹没范围内是否压矿及矿藏情况。

⑥当地的地震情况。

⑦拟建坝址附近筑坝土石料可能的取料场地、运输距离,土石料的种类。

⑧尾矿库建成后对下游工农业的生产及人民生活可能带来的影响或损害。

⑨向地面水中排放含有有害物质的尾矿水时,还应调查下游河水的开发利用情况,上下游工业企业排放工业污水的种类、有害物质的含量等。

⑩尾矿设施距采矿场较近时,应查明采矿崩落区或地表塌陷区的界限。

2.2.4　测量资料

不同设计阶段所需的地形测量资料见表2.2.3。

表2.2.3　所需地形测量资料的内容与要求

设计阶段	资料名称	要　求
厂址选择	企业区域地形图	比例 1:50 000 ~ 1:25 000
初步设计	尾矿设施地形图	比例 1:5 000 ~ 1:1 000,测量范围应包括尾矿库全部汇雨面积和筑坝材料取材场
	洪水痕迹图	包括三个以上的河道横断面(间距 50 ~ 150 m),一个纵断面,标明历史最高洪水位
施工图设计	坝址地形图	比例 1:1 000 ~ 1:500,测量范围至坝址外 30 ~ 50 m,标高至坝顶以上 10 ~ 20 m
	排水构筑物现状地形图	比例 1:1 000 ~ 1:500,宽 100 ~ 200 m
	管道现状地形图	比例 1:2 000 ~ 1:1 000,宽 100 ~ 200 m
	个别建(构)筑物地形图	比例 1:1 000 ~ 1:500

说明:

①测量范围如包括不了尾矿库全部汇雨面积和筑坝材料取材场,则需另测汇雨面积图(图上标明分水岭的分水线及标高,山谷主道走向及标高,以及库周山坡若干个代表性断面的地形标高)和取材场地形图。

②施工图阶段所需各部分地形图应采用统一的坐标、标高系统,并尽可能采用同一比例尺连成一片。

2.2.5　工程水文地质勘测资料

1)勘测资料的一般内容

勘测资料包括勘察报告和勘察测绘图,其内容详见表2.2.4—表2.2.6。

表 2.2.4　勘测细目一览表

	资料内容	编号		资料内容	编号
地貌条件	山谷类型	1	自然地质现象	溶洞的类型、分布情况及延伸方向	20
	地貌特征	2		溶洞的大小、分布具体位置及充填情况	21
地质构造	各地层的时代、成因、岩性及分布	3		上覆土层及风化层的分布厚度与性质	22
	各地层的含水性及浸水软化性	4		岩石的风化程度及风化深度	23
	可致滑动的软弱土层的分布	5		人工洞穴的分布位置与大小	24
	可致滑动的软弱结构带(面)的分布	6		地震等级	25
	地质构造的类型、产状与展布规律	7	水文地质条件	透水层的分布情况、性质及埋藏条件	26
	地质岩性构成	8		透水层的透水性	27
	岩层产状、厚度	9		岩层含水性、含水层的位置、涌水量及补给条件	28
	节理、裂隙构造发育情况	10		地下水的类型和动态	29
	有无岩石破碎带	11		泉水的位置,涌水量及建库后可能的变化	30
	断裂破碎带的宽度及其岩性特征	12		地下水对混凝土的侵蚀性	31
	断裂、裂隙系统的发育程度,结构面的产状与力学性质	13		地下通道的走向、出口	32
自然地质现象	滑坡、崩坍等不良地质现象对场地的影响程度	14	实验与分析	土的抗水性	33
	泥石流对场地的影响程度	15		稳定性	34
	泥石流的成因、发育程度、活动规律、类型、固体量、最大平均粒径、今后的速度变化、对工程的危害程度	16		地基土的压缩均匀性	35
				地基标准承载能力	36
	流砂对场地的影响程度	17		湿陷性黄土的湿陷性类型及湿陷起始压力	37
	岩溶发育规律,构造与岩溶的关系,特别是控制岩溶发育的构造带的渗透和塌陷对场地的影响程度	18		岩土的物理力学性质	38
				对场地的工程水文评价	39
				防治和处理措施的建议	40
	各种可溶岩的溶化程度	19		预测工程建成后所引起的稳定性变化	41

表 2.2.5　建（构）筑物基础岩土的分析和试验项目

建(构)筑物 \ 基础土壤	坝基			排水管			隧洞				桥涵基础			挡土墙			路基 深挖		路基 高填基底		工业、民用建筑		
	黏土类	砂类土	黄土	黏土类	砂类土	黄土	黏土类	砂类土	黄土	岩石	黏土类	砂类土	黄土	黏土类	砂类土	黄土	黏土类	砂类土	黏土类	砂类土	黏土类	砂类土	黄土
密度	+	+	+	+	+	+	+	+	+		+	+	+	+	+	+	+	+	+	+	+	+	+
天然容重	+	+	+	+	+	+	+	+	+		+	+	+	+	+	+	+	+	+	+	+	+	+
孔隙比	+	+	+	+	+	+	+	+	+		+	+	+	+	+	+	+	+	+	+	+	+	+
天然含水量	+	+	+	+	+	+	+	+	+		+	+	+	+	+	+	+	+	+	+	+	+	+
饱和度	+			+			+				+			+			+		+		+		
可塑性	+		+			+			+		+		+	+		+							+
稠度	+		+			+			+		+		+	+		+	+						+
相对密度		+			+			+				+			+							+	
稠分		+			+			+				+			+			+		+		+	
收缩											+[1]		+[1]	+[1]		+[1]							
剪力	+[2]		+[2]				+		+	+	+		+	+			+		+	+			+
压缩	+		+	+		+			+		+		+			+			+	+			+
干、湿休止角		+[3]							+			+				+		+[3]		+[3]			+
湿化	+		+																				
可溶盐含量	+		+																				
有机质含量	+		+								+[4]										+[4]		
渗透系数	+		+					+[5]				+[5]						+[5]				+[5]	
临界孔隙比		+																					
孔隙水压力系数	+		+																				
软化系数										+													

续表

建(构)筑物	坝基	排水管	隧洞	桥涵基础	挡土墙	路基 深挖	路基 高填基底	工业、民用建筑
相对湿陷系数	+	+	+	+	+			+
饱和自重压力下湿陷系数	+	+	+		+			+
湿陷起始压力					+			+
干湿状态极限抗压强度			+					
弹性模量			+					
泊桑比			+					
弹性抗力系数			+					
坚固系数			+					

注:(1)表内"+"号为需要者,其右上数标为:
　①仅对多年冻土区黏性土和非湿陷性土,其天然含水量小于塑限时才需要;
　②浸水剪切;
　③有地下水的深挖或浸水填方时才需要湿休止角;
　④经现场鉴定含有机质时才做;
　⑤考虑基坑排水时才需要。
(2)砂类土的试验项目是指能采取原状土样时的项目,如只能采取扰动样,则只进行颗粒粒度分析和干湿休止角试验。
(3)红土(西南地区)试验项目,一般可参照黏性土栏确定,但应按工程具体情况适当增加膨胀、收缩等项目。

表 2.2.6　筑坝材料的分析和试验项目

项　目	材　料			
	石料	砾石	砂土	黏质土
颗粒组成	−	+	+	+[①]
岩石成分	+	+	+	−
可溶盐及亚硫酸化合物含量	+			+

续表

项 目	材 料			
	石料	砾石	砂土	黏质土
密度	+	+	+	+
容重（干）	+	+	+	+
吸水性	+	−	−	−
渗透性	−	−	+	+
有机物含量	−	+	+	+
干湿状态下的极限抗压强度	+	+	−	−
抗冻性	+	+	−	−
天然含水量	+	−	+	+
击实	−	−	−	+
孔隙比	−	−	+	+
可塑性（塑限、液限）	−	−	−	+
剪力	−	−	+	+[②]
压缩	−	−	−	+[②]
软化系数	+	−	−	−
孔隙水压力系数	−	−	−	+
临界孔隙比	−	−	+	−
安息角（水下及干的）	−	−	+	−
膨胀及崩解	−	−	−	+
最大分子吸水量	−	−	+	−

注:表内"+"号为需要者,其右上数标为:

①包括比重计颗分或水析。

②为在最佳含水量时的试验。

2）各设计阶段所需的勘测资料

初步设计阶段要求取得对几个方案的尾矿库主要的工程地质条件进行评价的资料,对能影响场地取舍的不良地质问题作出明确的结论,以作为选定场地的依据。

施工图阶段要求取得建（构）筑物地基的稳定性、渗透性、压缩均匀性等方面的资料,以作为建（构）筑物设计的依据。

2.2.6 地震资料

地震又称地动、地振动,是地壳快速释放能量过程中造成振动,其间会产生地震波的一种自然现象。地球上板块与板块之间相互挤压碰撞,造成板块边沿及板块内部产生错动和破裂,是引起地震的主要原因。地震常常造成严重人员伤亡,能引起火灾、水灾、有毒气体泄漏、细菌及放射性物质扩散,还可能造成海啸、滑坡、崩塌、地裂缝等次生灾害。地震应力是影响边坡和尾矿坝稳定性的重要因素,它的破坏力极强,历史上曾有许多起地震引起滑坡、破坝、振动液化的事故案例,尤其是地震烈度超过Ⅵ的区域。

尾矿库在设计前应收集地震地质资料,分析场地地震效应,并提供抗震设计有关参数。

2.2.7　勘察要求

根据《尾矿库安全规程》(GB 39496—2020),尾矿库岩土工程勘察应符合有关国家标准要求,按工程建设各勘察阶段的要求,正确反映工程地质和水文地质条件,查明不良地质作用、地质灾害及影响尾矿库和各构筑物安全的不利因素,提出工程措施建议,形成资料完整、评价正确、建议合理的勘察报告。

①新建、改建和扩建尾矿库工程详细勘察应符合下列要求:

a. 查明坝址、坝肩、库区、库岸的工程地质和水文地质条件;

b. 提供区域地质构造、地震地质资料,分析场地地震效应,并提供抗震设计有关参数;

c. 查明可能威胁尾矿库、尾矿坝及排洪设施安全的滑坡、潜在不稳定岸坡、泥石流等不良地质作用的分布范围并提出治理措施建议;

d. 查明坝基、坝肩以及各拟建构筑物地段的岩土组成、分布特征、工程特性,并提供岩土的强度和变形参数;

e. 分析和评价坝基、坝肩、库岸、排洪设施场地等的稳定性,并对潜在不稳定因素提出治理措施建议;

f. 分析和评价坝基、坝肩、库区的渗漏及其对安全的影响,并提出防治渗漏的措施建议;

g. 分析和评价排洪隧洞、排水井、排水斜槽、排水管和截洪沟等排洪构筑物地基(围岩)的强度、变形特征,当围岩强度不足、地基不均匀或存在软弱地基时,应提出地基处理措施建议;

h. 判定水和土对建筑材料的腐蚀性;

i. 确定筑坝材料的产地,并查明筑坝材料的性质和储量。

②改建和扩建尾矿库工程还应对尾矿堆积坝进行岩土工程勘察,勘察应符合下列要求:

a. 查明尾矿堆积坝的成分、颗粒组成、密实程度、沉(堆)积规律、渗透特性;

b. 查明堆积尾矿的工程特性;

c. 查明尾矿坝坝体内的浸润线位置及变化规律;

d. 分析已运行尾矿坝坝体的稳定性;

e. 分析尾矿坝在地震作用下的稳定性和尾矿的地震液化可能性。

2.2.8　设计基础资料的主要参数

①尾矿日产量、设计服务年限内的尾矿总量;

②尾矿颗粒分析及其加权平均粒径;

③尾矿浆的流量及其浓度;

④尾矿沉积滩的坡度;

⑤尾矿浆的最小澄清距离;

⑥尾矿库内平均堆积干密度;

⑦尾矿库地区的地震设防烈度及气象资料;

⑧尾矿库址工程水文地质条件。

以上各参数及资料是尾矿库设计必不可少的。一般应由企业提供,随着今后生产工艺的改进,若上述参数有变化,须及时将新的参数提供给设计部门,以便对原设计做必要的修改。

2.3 尾矿库设计思路及设计成品需要完成的基本内容

2.3.1 设计思路

在收集的上述资料基础上,下一步需要考虑如何进行尾矿库设计了。尾矿库设计要考虑的问题包括:

①尾矿排放系统的选择;

②尾矿库库址的选择;

③尾矿输送系统的选择(如有无预先浓密、重力、压力及重力-压力结合;干排运输道路等);

④尾矿坝构筑方法选择;

⑤根据容积和澄清水质量要求进行沉淀池选择;

⑥尾矿水处理流程的选择;

⑦其他辅助设施的布置(如供电系统、通信、监测、值班房、应急库房等)。

以上7个方面各自拥有不同的辅助系统和支持系统,但在设计思想上、在总成本控制上,彼此相互影响,构成一个有机整体。

尾矿库设计和建设需要了解尾矿的物理力学性质,如抗剪强度、固结、渗透、沉降特性;需要分析尾矿固料和废水的矿物、化学组分;需要确定尾矿库场地条件,包括地质、水文、地形和土壤剖面等资料。

由于经济上的原因,尾矿库一般尽可能靠近矿区建设,所以,库址选择是尾矿库设计的首要及强制性约束条件,必须精心选择。首先,备选尾矿库区必须具有良好的地质、工程地质条件,以保证坝体的长期稳定性;其次,尾矿库区要有适宜的地形条件,以使地表径流绕过坝体或穿经尾矿排出;最后,必须考虑适宜的排放方法。

如果尾矿需要远距离泵送,则须在总体设计中应考虑以下几个技术问题:

①尾矿浆浓度尽可能高,最好为40% ~65%,不仅使之容易泵送,也使泵的规格和管路直径最小。如果要循环用水,较高的浆体浓度则意味要泵回选矿厂的水量减少。

②排放速度至关重要,如果排放速度低,则容易造成粗粒尾矿析出,从而需要大直径输送管路;如果速度太高,则将磨损管路并增加动力消耗。

③泵型选择:对于短距离输送,最好采用离心泵,而长距离输送,最好采用正排量泵。

④为了减少泵和管路的磨蚀,必须考虑制造材料的耐磨性能。

2.3.2 设计成品的主要参数

①总库容及总坝高。

②各运行期尾矿库的等别(设计规范规定同一个尾矿库在运行期间,库容由小到大,坝高

由矮到高,库的等别也可随之变化,这样可大大节省基建投资)。

③各运行期的防洪标准。

④初期坝坝型、坝高和上、下游坝坡。

⑤后期坝坝型、坝高和下游坝坡及堆积坝逐年上升速度。

⑥坝体稳定安全系数。

⑦子坝堆筑方式。

⑧浸润线控制深度。

⑨尾矿库汇水面积。

⑩各运行期的所需调洪深度及所需排洪流量。

⑪设计洪水位时的最小安全超高和最小安全干滩长度。

⑫排洪构筑物的型式及尺寸。

一个完善的尾矿库设计对以上主要参数不仅要求数据明确,而且都要有详细确切的论证。

第**3**章
尾矿库库址选择及库容计算

3.1 尾矿库的库址选择

3.1.1 尾矿库库址选择的一般原则

尾矿库的库址选择在很大程度上决定了尾矿设施基建费和运营费的多少以及日常管理工作的便利。因此,在选择尾矿库时应综合考虑下列原则:

①不占或少占耕地,不拆迁或少拆迁居民住宅。

②距选矿厂近,尽可能自流输送尾矿或者运输距离短。

③有足够的库容(一般应满足储存选矿厂在设计年限内排出的尾矿量,当一个尾矿库不能满足要求时,应分选几个,每个尾矿库使用年限不应少于 5 年)。

④汇水面积小(如较大时,坝址附近或库岸要有适宜开挖溢洪道的有利地形)。

⑤坝址及库区工程地质条件好。

⑥处于工矿企业、军事设施、风景名胜区、重要水源地、交通要道和居民点的下游,并最好位于下风向。

⑦库区附近有足够的筑坝材料。

⑧库区附近交通条件尽量好。

注:有的山谷型尾矿库汇水面积很大,如地形条件合适,也可在上游谷口设置拦洪坝及排洪沟,排洪沟接入环库截洪沟或者单独开挖直接接入库外泄洪沟,使洪水不进入库内。

3.1.2 库址选择方案比较

根据现场调查,经多库址方案比较推荐理想的库址,其比较项目见表 3.1.1。

表 3.1.1 库址方案比较

项　目	内　容		库址方案			
			1	2	3	4
自然条件	汇水面积、 流域长度、 平均坡降、 与选矿厂距离及高差					
初期坝	坝型及高度、 主工程量、 基建投资					
尾矿堆坝	堆坝方式、 堆坝高度、 上升速度、 库容服务年限					
排水	管	断面、长度				
	井	井径、高度				
	投资					
尾矿输送	输送条件、 基建投资、 年经营费					
回水	基建投资、 年经营费					
占地	占用农田、 迁移住户及人口、 占地面积					
经济	基建投资、 经营费					
优缺点	优点					
	缺点					

3.2 尾矿库的库容计算

3.2.1 尾矿库库容的计算

总库容计算方法有断面法、方格网法、等高线法,常采用等高线法。

1）断面法

断面法计算库容,一般是根据地形图资料操作完成,少量的也有直接测量断面图及面积曲线进行计算。断面法计算库容的方法就是在某一高程范围内,以一定的间距将计算区域划分成多个相互平行的横截面,根据计算高程与地形线所组成的断面图,计算每个断面所围成的面积;根据相邻两断面的面积及距离,按照微积分学的数学方法,计算出每相邻两断面间的体积;然后将各相邻断面的体积求和,得出该高程面的库容总量。断面法作为传统的体积计算方法,计算公式简单,技术思路和操作方法明了,但绘制断面的工作量较大,适用于地形较复杂的地域或狭长、带状的地域。大、中型尾矿库不宜采用此法。为提高库容计算精度和减少工作量,应根据工程的需求合理确定断面的取向及间距。

2）方格网法

方格网法计算体积的公式和方法很多,计算库容一般是在地形图的基础上完成,其基本方法就是在地形图上将所求区域划分为若干方格的正方形,先根据每个方格网角点的高程及要求计算区域的高程,再计算出方格网各角点的高度 H 及格网面积 S,最后采用算术平均法或加权平均法计算区域的库容 Q。

①算术平均法就是将格网 4 个角点的高度值相加求和,除以点的总数即为平均高度 $H_{平均}$,平均高度与面积 S 相乘则为库容。其计算库容的数学模型为:

$$Q = S \cdot H_{平均} \tag{3.2.1}$$

②加权平均法就是将每个方格的 4 个角点高程取平均得出该方格的平均高度,各方格的平均高度又加在一起,除以方格数,求得该方格网的加权平均高度 $H_{加权平均}$。加权平均高度等于各网点的权乘以该点的高度的总和,除以各点权的总和,其数学模型为:

$$H_{加权平均} = \frac{\sum_{i=1}^{n} H_i P_i}{\sum_{i=1}^{n}} P_i \tag{3.2.2}$$

方格网法作为传统的体积计算方法之一,技术思路清晰,计算方法简单,一般利用现有的地形图设置方格网,根据等高线确定各方格顶点的高程,因此,地形图的精度及格网的密度直接影响库容计算的精度。根据实践经验,1∶1 000 以上的大比例地形图,宜采用 15 m 以下的格网距,计算的相对误差可达到 2% 以内。此方法一般适用于地形起伏不大、坡度均匀变化、有规律的中小地域。计算过程中要特别注意非完整方格的库容量计算问题,不能轻易舍去,此问题处理不当会给库容计算带来较大的误差。

3）等高线法

等高线法一般适用于地形起伏不太复杂,等高线变化有规律的中小比例尺的大中地域。等高线法计算库容的精度主要依赖于等高线形成的精度。因此,等高线法计算库容时应注意:第一,地形测量时需要对外业数据点进行粗差剔除,以满足相应比例尺成图要求;第二,现有图纸进行矢量化时,所有等高线均需赋值,岛上部分可根据需要适当内插一定数量的高程点,由于数据建模的要求,等高线均需连接闭合;第三,等高线在计算面积时一般要拟合,采用二次拟合的效果较好,通过实例计算比较,等高线二次拟合的面积与不拟合时的面积误差达 2% ~5% 。

等高线法计算过程为:在地形图上圈定地形等高线,然后量出各等高线与相应坝高线所围的面积,以相邻两等高线的面积平均值乘以等高距得两等线之间的容积,各层容积累加即可得到不同堆积高程时的库容以及最终堆积坝高时的总库容。总库容计算表见表 3.2.1。

表 3.2.1　总库容计算表

等高线标高	等高线面积	相邻两等高线面积平均值	相邻两等高线的高差	相邻两等高线间的容积	累加容积
H_1	F_1				0
		$\frac{1}{2}(F_1+F_2)$	H_2-H_1	$V_{1,2}$	
H_2	F_2				$V_{1,2}$
		$\frac{1}{2}(F_2+F_3)$	H_3-H_2	$V_{2,3}$	
H_3	F_3				$V_{1,2}+V_{2,3}$
		$\frac{1}{2}(F_3+F_4)$	H_4-H_3	$V_{3,4}$	
H_4	F_4				$V_{1,2}+V_{2,3}+V_{3,4}$
		$\frac{1}{2}(F_4+F_5)$	H_5-H_4	$V_{4,5}$	
H_5	F_5				$V_{1,2}+V_{2,3}+V_{3,4}+V_{4,5}$
…	…	…	…	…	…

有效库容计算:按尾矿沉积规律和调洪需求,首先根据不同堆高时库容利用系数的不同选取不同的值,然后再用相应的总库容乘以利用系数即可得出有效库容。

尾矿库库容利用系数:η_z=尾矿库的有效库容 V_r/尾矿库的总库容,在缺少尾矿沉积滩水上、水下纵坡资料时,可按表 3.2.2 确定。

表 3.2.2　尾矿库库容利用系数参考表

尾矿库形状及放矿方法	初　期	终　期
狭长曲折的山谷,坝上放矿	0.30	0.60 ~ 0.70
较宽阔的山谷,单面或两面放矿	0.40	0.70 ~ 0.80
平地型或傍山型尾矿库,三面或四周放矿	0.50	0.80 ~ 0.90

尾矿库库容大小在地形已定的情况下随堆坝高度而变。为了清楚地表示出不同堆坝高度时的库容具体数值,可绘制出尾矿库面积—容积曲线。

3.2.2　尾矿库所需库容的计算

尾矿库的库容应满足选矿厂服务年限的要求。其所需库容与选矿厂每年排出的尾矿量和服务年限有关,可按式(3.2.3)计算:

$$V_z = \frac{WN}{\rho_d \eta_z} \qquad (3.2.3)$$

式中 V_z——选矿厂在生产服务年限内所需尾矿库的容积,m^3;

$\qquad$ W——选矿厂每年排入尾矿库的尾矿量,t/a;

$\qquad$ ρ_d——尾矿的松散密度(即平均堆积干容重),t/m^3;

$\qquad$ N——选矿厂生产服务年限,a;

$\qquad$ η_z——尾矿库库容利用系数。

ρ_d 的确定一般参考类似尾矿的勘察资料或实验室的试验资料确定;在无上述资料时,可参考表3.2.3确定。

表3.2.3 尾矿平均堆积干容重参考表

原尾矿名称	尾粗砂	尾中砂	尾细砂	尾粉砂	尾粉土	尾粉质土	尾黏土
平均堆积 干容重/$(t \cdot m^{-3})$	1.45 ~ 1.55	1.4 ~ 1.5	1.35 ~ 1.45	1.3 ~ 1.4	1.2 ~ 1.3	1.1 ~ 1.2	1.05 ~ 1.1

尾矿库的有效库容和调洪库容应按尾矿不同坡度的沉积滩面和库底地形分别计算确定。

尾矿沉积滩面的坡度可按尾矿物理性质、尾矿库地形及放矿条件类似的其他尾矿库实测资料或由试验确定。当缺少资料时,可按《尾矿设施设计规范》(GB 50863—2013)附录B计算。计算有效库容时可取较大值,计算调洪库容时可取较小值。

3.3 尾矿澄清距离的计算

尾矿澄清距离是尾矿库内回收取水点距离尾矿沉积滩水边线的距离。在尾矿水力冲积过程中,细粒尾矿随矿浆水进入尾矿库,并需在水中停留一定时间(流过一定距离——澄清距离),细颗粒才能下沉,使尾矿水得以澄清而达到一定的水质标准。尾矿库运行期间必须保证尾矿的最小澄清距离。澄清距离的计算参考示意图如图3.3.1所示,采用式(3.3.1)计算。

$$L = \frac{h_1}{\mu} v = \frac{h_1}{h_2} \cdot \frac{Q}{na\mu} \qquad (3.3.1)$$

式中 L——所需澄清距离,m;

$\qquad$ h_1——颗粒在静水中下沉深度(即澄清水层的厚度),一般不小于 0.5 ~ 1.0 m,视溢水口的溢水深度而定,要求 h_1 大于溢水口的溢水水头,m;

$\qquad$ v——平均流速,m/s;

$\qquad$ Q——矿浆流量,m^3/s;

$\qquad$ h_2——矿浆流动平均深度,一般取 0.5 ~ 1.0 m;

$\qquad$ n——同时工作的放矿口个数,根据放矿管和分散管(主管)直径而定,要求同时工作的放矿管断面面积之和等于分散管断面面积的两倍,参考表3.3.1;

$\qquad$ a——放矿管间距,一般取 5 ~ 15 m;

$\qquad$ μ——颗粒在静水中的沉降速度,m/s,可参考有关专业资料按公式计算。

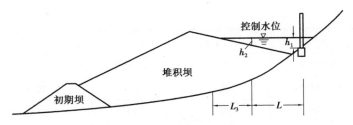

图 3.3.1　澄清距离计算示意图

表 3.3.1　分散管直径和放矿管直径参考表

分散管直径/mm	100	150	200	250	300	350	400	450	500	600	700	800
放矿管直径/mm	50	50	75	100	100	125	150	150	200	200	250	300

这里介绍公式计算法,首先应判别所属流态,再按公式进行计算。

当 $d<0.726\sqrt[3]{\dfrac{\nu^2}{\rho_g-1}}$ 时,属层流区,

$$\mu = 0.408(\rho_g - 1)\frac{d^2}{\nu} \tag{3.3.2}$$

当 $d>28.8\sqrt[3]{\dfrac{\nu^2}{\rho_g-1}}$ 时,属紊流区,

$$\mu = 3.58\sqrt{(\rho_g - 1)d} \tag{3.3.3}$$

当 $0.726\sqrt[3]{\dfrac{\nu^2}{\rho_g-1}} \leqslant d \leqslant 28.8\sqrt[3]{\dfrac{\nu^2}{\rho_g-1}}$ 时,属介流区,

$$\left[\lg\frac{\mu}{\sqrt[3]{(\rho_g - 1)\nu}} + 3.46\right]^2 + \left[\lg\frac{d\sqrt[3]{\rho_g - 1}}{\sqrt[3]{\nu^2}}\right]^2 = 39 \tag{3.3.4}$$

式中　μ——颗粒沉降速度,m/s;

ρ_g——固体颗粒密度,t/m³;

d——截流的最小颗粒直径,m;

ν——清水运动黏滞系数,m²/s,由表3.3.2查得。

表 3.3.2　清水运动黏滞系数表

温度 t/℃	ν/(cm²·s⁻¹)	温度 t/℃	ν/(cm²·s⁻¹)	温度 t/℃	ν/(cm²·s⁻¹)
0	0.017 9	7	0.014 3	14	0.011 7
1	0.017 3	8	0.013 9	15	0.011 4
2	0.016 7	9	0.013 5	16	0.011 1
3	0.016 2	10	0.013 1	17	0.010 8
4	0.015 7	11	0.012 7	18	0.010 6
5	0.015 2	12	0.012 5	19	0.010 3
6	0.014 7	13	0.012 0	20	0.010 1

续表

温度 t/℃	ν/(cm²·s⁻¹)	温度 t/℃	ν/(cm²·s⁻¹)	温度 t/℃	ν/(cm²·s⁻¹)
21	0.009 8	35	0.007 2	49	0.005 6
22	0.009 6	36	0.007 1	50	0.005 5
23	0.009 4	37	0.006 9	55	0.005 1
24	0.009 1	38	0.006 8	60	0.004 7
25	0.008 9	39	0.006 7	65	0.004 4
26	0.008 7	40	0.006 6	70	0.004 1
27	0.008 5	41	0.006 4	75	0.003 8
28	0.008 4	42	0.006 3	80	0.003 6
29	0.008 2	43	0.006 2	85	0.003 4
30	0.008 0	44	0.006 1	90	0.003 2
31	0.007 8	45	0.006 0	95	0.003 0
32	0.007 7	46	0.005 9	100	0.002 8
33	0.007 5	47	0.005 8		
34	0.007 4	48	0.005 7		

注：ν 代入公式时应进行单位换算，即乘以 10^{-3} 得 m²/s。

3.4　最终堆积标高的确定

确定尾矿库最终堆积标高最主要的影响因素是选矿厂在生产服务年限内排出的总尾矿量，或按矿山原矿储量计算的总尾矿量（现有生产工艺条件下）所需要的库容。由几何库容曲线初定尾矿库的最终堆积标高，并给出堆积平面图，如图 3.4.1 所示，随后进行调洪计算、渗流计算和澄清距离计算，若满足下述 3 个条件的要求，初定标高满足要求。

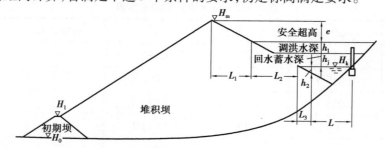

图 3.4.1　尾矿库最终堆积标高示意图

①满足回水蓄水水深 h_j 调洪水深 h_1 安全超高 e 的要求：

$$(H_m - H_k) \geqslant (h_j + h_1 + e) \tag{3.4.1}$$

式中　H_m——尾矿库最终堆积标高,m;

　　　H_k——尾矿池控制水位,m;

　　　h_j——回水蓄水水深,m;

　　　h_1——调洪水深,m;

　　　e——尾矿库防洪安全超高,m,见表 3.4.1。

表 3.4.1　安全超高 e 值表

运行条件	坝的级别				
	Ⅰ	Ⅱ	Ⅲ	Ⅳ	Ⅴ
正常/m	1.0	0.7	0.5	0.4	0.3
非常/m	0.7	0.5	0.4	0.3	0.2

②满足尾矿水澄清距离要求。控制水位时,沉积滩水边线至溢水口的最小距离 L_k 应为:

$$L_k \geqslant (L + L_3) \tag{3.4.2}$$

式中　L——澄清距离,m;

　　　L_3——达到尾矿矿浆平均流动水层厚度 h_2(图 3.4.1)的水面距离,m。

③满足渗流控制的最小沉积滩长度 L_1 的要求。为了确保尾矿堆积坝的稳定,应控制堆积坝的浸润线高度和渗流坡降,满足此渗流控制条件的最高洪水位时沉积滩长度应大于设计提出的最小沉积滩长度 L_1 的要求。

上述 3 个条件,若其中之一不满足要求,应提高最终堆积标高,直至满足要求为止。

例:

某铅锌矿尾矿库库容计算:

按照 3.2.1 节库容计算方法及表 3.2.1,由此计算出的库内各堆积标高的库容见表 3.4.2。

表 3.4.2　尾矿库库容计算表

标高 H/m	S/m²	S_p/m²	高差 H/m	V_i/m³	$\sum V_i$/m³	系数 η	有效库容/m³
1 945	290.58	—	—	0.0	0.0	—	—
1 950	4 386.98	2 338.8	5.00	11 693.9	11 693.9	0.60	7 016.3
1 955	9 909.21	7 148.1	5.00	35 740.5	47 434.4	0.70	33 204.1
1 960	23 138.25	16 523.7	5.00	82 618.7	130 053.0	0.70	91 037.1
1 965	39 813.27	31 475.8	5.00	157 378.8	287 431.8	0.75	215 573.9
1 970	56 375.94	48 094.6	5.00	240 473.0	527 904.9	0.75	395 928.6
1 975	71 209.92	63 792.9	5.00	318 964.7	846 869.5	0.75	635 152.1
1 980	80 573.93	75 891.9	5.00	379 459.6	1 226 329.1	0.75	919 746.8
1 985	90 075.03	85 324.5	5.00	426 622.4	1 652 951.5	0.85	1 405 008.8
1 990	101 247.50	95 661.3	5.00	478 306.3	2 131 257.9	0.85	1 811 569.2
1 995	115 891.84	108 569.7	5.00	542 848.4	2 674 106.2	0.85	2 272 990.3
2 000	130 527.52	123 209.7	5.00	616 048.4	3 290 154.6	0.85	2 796 631.4

续表

标高 H/m	S/m²	S_p/m²	高差 H/m	V_i/m³	∑V_i/m³	系数 η	有效库容/m³
2 005	146 607.53	138 567.5	5.00	692 837.6	3 982 992.2	0.85	3 385 543.4
2 010	164 658.65	155 633.1	5.00	778 165.5	4 761 157.7	0.90	4 285 041.9
2 015	205 153.38	184 906.0	5.00	924 530.1	5 685 687.8	0.90	5 117 119.0
2 020	233 433.39	219 293.4	5.00	1 096 466.9	6 782 154.7	0.95	6 443 046.9
2 025	269 307.53	251 370.5	5.00	1 256 852.3	8 039 007.0	0.95	7 637 056.6

从表 3.4.2 可知,库底标高 1 945 m,当尾矿堆积至最终标高 2 025.0 m 时,全库容为 803.90 万 m³,有效库容为 763.71 万 m³。

根据表 3.4.2 画出坝高-库容曲线图,如图 3.4.2 所示。

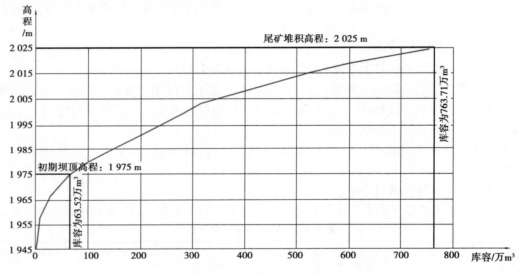

图 3.4.2　坝高-库容曲线图

图中纵坐标轴代表堆坝标高,横坐标轴代表有效库容。已知堆坝标高,在纵坐标轴上从该标高作水平线,交 H-V 曲线上某点,再从该点向下作垂线,交横坐标轴上某点,即可由横坐标轴上查出此堆坝高度时的有效库容大小,从这条曲线上可直接查出某坝顶标高时尾矿库能堆存多少尾矿。反之,如已知有效库容大小,按相反的步骤也可查出坝顶标高。

也可以根据表 3.4.2 中全库容与坝高的数据画出对应的高程-全库容曲线,从这条曲线上可直接查出某坝顶标高时尾矿库全库容,反之亦然。

3.5　尾矿库的等级确定

尾矿库的等级决定防洪标准及库内构筑物的级别,而构筑物的级别决定结构安全度。

尾矿库的等级根据总库容或总坝高及重要性等因素,参照表 1.2.1 确定。

确定尾矿库的等级后,根据表 3.5.1 尾矿库构筑物级别。

表 3.5.1　尾矿库构筑物级别

尾矿库等别	构筑物级别		
	主要构筑物	次要构筑物	临时构筑物
一	1	3	4
二	2	3	4
三	3	5	5
四	4	5	5
五	5	5	5

注:①主要构筑物系指尾矿坝、排水构筑物等失事后将造成下游灾害的构筑物。

　　②次要构筑物系指除主要构筑物外的永久性构筑物。

　　③临时构筑物系指施工期临时使用的构筑物。

第 **4** 章
初期坝设计

4.1　尾矿坝坝型

尾矿坝是尾矿库的主要建筑物，由初期坝和堆积坝组成。尾矿坝坝型可分为以下三大类：

第一类是初期坝用当地土、石材料筑成，后期坝用尾矿筑成。

初期坝可做成透水坝（有利于尾矿排水固结），也可做成不透水坝。后期坝一般采用上游法筑坝，在地震较多的地区常采用下游法筑坝或中间加高法筑坝。

第二类是整个坝体全用当地土、石材料筑成。为了延缓投资，此类坝型也可分期修筑。这一类坝型仅用于尾矿颗粒很细不能用于筑坝的情况，或附近有大量的废石可用尾矿库作废石堆场的情况，前一类坝型采用较广。

第三类是整个坝体全用钢筋混凝土材料筑成，参照水坝标准建造，如铜仁万山汞矿采用此种类型坝体。

初期坝是在基建时期由施工单位负责修筑的，而后期坝通常是由生产单位在整个生产过程中逐年修筑的。因此，尾矿坝的设计不但要选择合理的初期坝坝型，做好初期坝的设计，更重要的是根据尾矿特性、坝址地形地质条件、地震烈度、气候条件、施工条件和生产特点等因素选好尾矿坝的整体坝型，做好整体坝的设计，确保整体坝的稳定与安全。

4.2　初期坝

4.2.1　坝址选择原则与软土地基的处理方法

1）坝址选择原则

①坝轴线短，土石方工程量少，后期尾矿堆坝工作量小。

②坝基处理简单，两岸山坡稳定，尽量避开溶洞、泉眼、淤泥、活断层、滑坡等不良地质构造。

③最小的坝高能获得较大的库容。

2）软土地基的处理方法

尾矿坝建在软土层上的实例至今还不太多。如果必须在软土地层上筑坝,应对地层情况进行详细的勘探,并采取必要的处理措施。现将国内在软土地基上修筑尾矿坝和水坝所采取的一些处理措施简介如下。

（1）换土法

换土法是指全部挖除软土,换填以强度较高的土料。它可从根本上改善地基,不留任何后患,是最彻底的处理方法。但换土法只适用于软土层位于地表、厚度较薄且便于施工等情况。

（2）反压法

反压法就是在坝体两侧填筑重力平台,在此附加荷载作用下,坝侧地基被挤出和隆起之势得到平衡,从而增强地基的稳定性。反压平台一般采用单阶形式,其高度及宽度应通过稳定计算确定。此法虽然施工简便,但土方量大,适用于较低的初期坝。

4.2.2 坝高确定

确定初期坝坝高(图4.2.1)的最主要因素是初期尾矿量。一般以选矿厂初期生产半年到一年的尾矿量为初期尾矿量,以此按式(3.2.3)计算初期坝所需形成的库容,由库容曲线查得初期坝坝顶标高。与堆积坝一样,初期坝坝顶标高也应用以下3个条件进行校核:

①满足回水蓄水水深 h_j、调洪水深 h_1、安全超高 e 的要求:

$$(H_1 - H_k) \geqslant (h_j + h_1 + e) \tag{4.2.1}$$

式中　H_1——初期坝坝顶标高,m;

　　　H_k——控制水位标高,m;

　　　其余符号意义同式(3.4.1)。

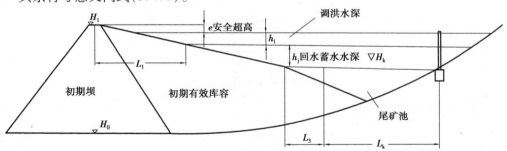

图4.2.1　确定初期坝坝高示意图

②满足尾矿水澄清距离要求。按式(3.3.1)计算。

③满足堆积坝渗流控制的要求。有些尾矿库采取增加沉积滩长度达到渗流控制的要求受到限制,或排渗设施不经济,只能增加初期坝的高度来实现渗流控制,此时初期坝坝顶标高应满足此要求。

如上述3个条件均能满足,由库容曲线查得的初期坝坝顶标高为所确定的标高,否则应提高初期坝坝顶标高直至满足要求为止。

初期坝坝顶标高 H_1 减去初期坝坝轴线下的最低地面标高即为初期坝的高度。

④对坝前有积水区的尾矿库(如坝后放矿的尾矿库),式(4.2.1)还应考虑风浪爬高

h_{BB},即

$$(H_1 - H_k) \geq (h_j + h_1 + e + h_{BB}) \tag{4.2.2}$$

式中 h_{BB} 与坝的上游边坡坡比、水面长度及风力级别有关,其计算参考有关专业书籍。

下游法和中游法堆坝的尾矿库,初期尾矿量以生产初期坝上旋流器溢流部分的尾矿量和旋流器非工作时间的全尾矿量之和作为确定初期坝坝高的主要依据。这种情况下的初期坝坝高只需用式(3.4.2)和式(4.2.2)进行校核,而其下游滤水坝应满足堆积坝渗流控制要求。

根据《尾矿库安全规程》(GB 39496—2020),初期坝坝高的基本要求如下:

①能贮存选矿厂投产后6个月以上的尾矿量;

②使尾矿水得以澄清;

③当初期放矿沉积滩顶与初期坝顶齐平时,应满足相应等别尾矿库防洪要求;

④在冰冻地区应满足冬季放矿的要求;

⑤满足后期堆积坝上升速度的要求;

⑥上游式尾矿坝的初期坝坝高与总坝高的比值应不小于1/8。

4.2.3 坝体工程量估算

先将河谷断面形状简化为抛物线形或梯形(图4.2.2),然后按式(4.2.3)或式(4.2.4)计算。

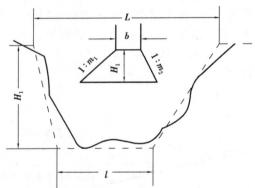

图4.2.2 河谷横断面简图

对于抛物线形河谷:

$$V = \frac{2}{3}LH_1(b + 0.8mH_1) \tag{4.2.3}$$

对于梯形河谷:

$$V = \frac{1}{2}(l + L)H_1(b + mKH_1) \tag{4.2.4}$$

式中 V——坝体工程量,m^3;

L、l——河谷横断面上、下底宽,m;

H_1——坝高,m;

b——坝顶宽度,m;

m——内外坝坡系数的平均值,$m = \frac{m_1 + m_2}{2}$;

K——系数,查表4.2.1。

表 4.2.1　系数 K 值表

l/L	0	0.1	0.2	0.3	0.4	0.5	0.6	0.7	0.8	0.9	1.0
K	0.67	0.73	0.78	0.82	0.86	0.89	0.92	0.94	0.96	0.98	1.00

4.3　透水堆石坝

透水堆石坝由堆石体及其上游面的反滤层和保护层构成,因其透水性能好,故可降低尾矿坝的浸润线,加快尾矿固结,有利于尾矿坝的稳定。

透水堆石坝示意图如图4.3.1所示。

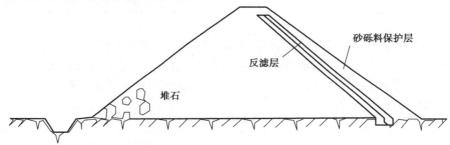

图 4.3.1　透水堆石坝示意图

4.3.1　坝体构造

1)坝顶宽度

上游式尾矿库坝顶宽度当有交通要求时,可按行车需要确定;无交通要求时,可按尾矿工艺操作条件决定,但不应小于表4.3.1的数值。

表 4.3.1　坝顶最小宽度表

坝高/m	<10	10~20	20~30	>30
坝顶最小宽度/m	2.5	3.0	3.5	4.0

注:①当无行车要求时,初期坝坝顶最小宽度宜符合表4.3.1的规定;当有行车要求时,坝顶宽度及路面构造应符合国家标准《厂矿道路设计规范》的规定。

②下游式、中线式尾矿筑坝坝顶宽度应满足分级设备和管道安装及交通的需要,不宜小于20 m。最终下游坝坡应设置维护平台和排水设施,维护平台的宽度不宜小于3 m。

2)坝坡

坝坡与坝身构造、坝高、材料性质、施工方法、坝基地质情况及地震烈度等有关,一般取小于堆石的自然安息角,并通过计算确定。

堆石的自然安息角取决于石块的尺寸、形状、级配及其堆筑方法,可通过试验确定。初估时可参考表4.3.2选取。

表 4.3.2　岩堆安息角参考表

岩石类型	岩堆安息角/(°)		
	最大	最小	平均
砂质片岩(角砾碎石)与砂黏土	42	25	35
砂岩(块石、碎石、角砾)	40	26	32
片岩(角砾、碎石)与砂黏土	43	36	38
片岩	43	29	38
石灰岩(碎石)与砂黏土	45	27	34
花岗岩	—	—	37
钙质砂岩	—	—	34.5
致密石灰岩	—	—	32 ~ 36.5
片麻岩	—	—	34
云母片岩	—	—	30

坝下游坡面应用大块石堆筑平整,每隔 10 ~ 15 m 高度设置马道。

坝的上游坡应不陡于反滤层或保护层的自然安息角,并应考虑反滤层施工条件,透水堆石坝堆石体上游坡坡比不宜陡于 1∶1.6;土坝上游坡坡比可略陡于下游坡。初期坝下游坡坡比在初定时可按表 4.3.3 确定。

表 4.3.3　初期坝下游坡坡比

坝高/m	土坝下游坡坡比	透水堆石坝下游坡坡比	
		岩基	非岩基(软基除外)
5 ~ 10	1∶1.75 ~ 1∶2.0	1∶1.6 ~ 1∶1.75	1∶1.75 ~ 1∶2.0
10 ~ 20	1∶2.0 ~ 1∶2.5		
20 ~ 30	1∶2.5 ~ 1∶3.0		1∶1.6 ~ 1∶1.75

中线式及下游式尾矿坝的下游坝坡应经稳定计算确定,在初步估算时,下游坝坡比不宜陡于 1∶3。

透水初期坝上游坡面采用土工布组合反滤层时,宜设置嵌固平台,高差宜为 10 ~ 15 m,宽度不宜小于 1.5 m。土工布嵌入坝基及坝肩的深度不应小于 0.5 m,并应填塞密实。

上游式尾矿坝的初期坝下游坡面应沿标高每隔 10 ~ 15 m 设一条马道,宽度不宜小于 1.5 m。尾矿堆积坝有行车要求时,下游坡面应沿标高每隔 10 ~ 15 m 设一条马道,宽度不宜小于 5 m。

尾矿坝下游坡与两岸山坡结合处应设置坝肩截水沟,并宜在初期坝设置踏步,踏步宽度不宜小于 1.0 m。

上游式尾矿坝的堆积下游坡面土,应结合排渗设施每隔 5 ~ 10 m 高差设置排水沟。

初期坝上游坡面应有防止初期放矿直接冲刷初期坝的措施。

尾矿堆积坝下游坡与两岸山坡结合处应设置截水沟。

尾矿堆积坝下游坡面维护宜采用下列措施:

①采用碎石、废石或山坡土覆盖坡面;

②坡面植草或灌木类植物；

③坡面修筑人字沟或网状排水沟；

④沿坝轴线方向每隔 500 m 设踏步一道。

3）反滤层

为防止渗透水将尾矿带出，在堆石坝的上游面必须设置反滤层。在堆石与非岩石地基间，为了防止渗透水流的冲刷，也需设反滤层或过渡层。

堆石坝的反滤层一般由砂、砾、卵石或碎石等三层组成，粒径沿渗流方向由细到粗，并应确保每一层的颗粒不能穿过另一层的孔隙。

堆石坝的沉陷较大，为避免反滤层断裂造成尾矿外流失事，并便于机械化施工，可适当加大反滤层厚度，减少反滤层层数。反滤层每层平均厚度以不小于 40 cm 为宜，坝高低于 25 m 时的反滤层各层厚度可参考表 4.3.4 选用。

表 4.3.4　反滤层厚度表

反滤层		坝高/m									
		7～8	9～10	11～12	13～14	15～16	17～18	19～20	21～22	23～24	25
第一层粗砂（粒径 2 mm 以下）	顶部	0.6	0.6	0.6	0.6	0.6	0.6	0.6	0.6	0.6	0.6
	底部	1.0	1.2	1.4	1.6	1.8	2.0	2.2	2.4	2.6	2.8
第二层小砾石（粒径 3～10 mm）	顶部	0.5	0.5	0.5	0.5	0.5	0.5	0.5	0.5	0.5	0.5
	底部	0.8	0.9	1.0	1.1	1.2	1.3	1.4	1.5	1.6	1.7
第三层小卵石（粒径 10～50 mm）	顶部	0.5	0.5	0.5	0.5	0.5	0.5	0.5	0.5	0.5	0.5
	底部	0.8	0.9	1.0	1.1	1.2	1.3	1.4	1.5	1.6	1.7

注：①表中数字是指反滤层在水平方向的厚度。

②为防止尾矿浆及雨水对内坡反滤层的冲刷，在反滤层表面应铺设保护层，其厚度应由稳定计算决定。

③保护层可用干砌块石、砂卵石、碎石、大卵石或采矿废石铺筑，以就地取材、施工简单为原则。

4.3.2　渗透计算

尾矿堆石坝的渗透计算，目前尚无成熟的计算方法。当堆石的渗透系数比反滤层的渗透系数大 100 倍以上时，可参照塑性斜墙堆石坝的渗透计算公式计算。

不透水地基上堆石坝渗透计算示意图如图 4.3.2 所示。

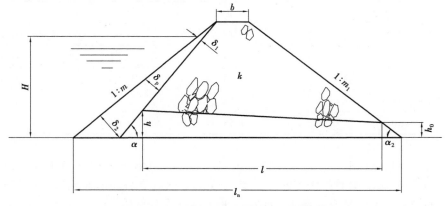

图 4.3.2　不透水地基上堆石坝渗透计算示意图

斜墙渗透计算公式:

$$\frac{q}{k} = \frac{H^2 - h^2 - Z^2}{2\delta_p n_1 \sin \alpha} \tag{4.3.1}$$

经过堆石体紊流的渗透计算公式:

$$\frac{q}{k^2} = \frac{h^3 - h_0^3}{3l} \tag{4.3.2}$$

式中　q——坝的单宽渗流量,$\mathrm{m^3/(s \cdot m)}$;

$\quad\quad k$——堆石的渗透系数,$\mathrm{m/s}$,参见表4.3.5;

$\quad\quad n_1$——堆石的渗透系数 k 和斜墙的渗透系数 k_1 之比,$n_1 = \dfrac{k}{k_1}$;

$\quad\quad Z$——斜墙平均厚度 δ_p 在垂直方向上的投影,m;

$$Z = \delta_p \cos \alpha$$

$\quad\quad l$——$l = l_m - \dfrac{\delta_2}{\sin \alpha_1} - h \cot \alpha - h_0 \cot \alpha_2$; $\tag{4.3.3}$

其余符号见图4.3.2。

采用试算法求 h:

假设 h 值,按式(4.3.1)求得 $\dfrac{q}{k}$ 值,将其代入式(4.3.2)求得 h 值,当假设值等于计算值时即为所求。

以上是按最不利的情况(即库内全部装水的情况)计算的。

表4.3.5　堆石的渗透系数 k　　　　　　　　　　　　　单位:m/s

堆石的平均粒径/cm	石块的形状		
	圆的、无棱角的	介于圆的和锐角之间的	不规则的、锐角的
	孔隙率 $n = 0.4$	孔隙率 $n = 0.45$	孔隙率 $n = 0.50$
5	0.15	0.17	0.19
10	0.23	0.26	0.29
15	0.30	0.33	0.37
20	0.35	0.39	0.43
25	0.39	0.44	0.49
30	0.43	0.48	0.53
35	0.46	0.52	0.58
40	0.50	0.56	0.62
45	0.53	0.60	0.66
50	0.56	0.63	0.70

例:某尾矿初期坝(图4.3.3)坝顶宽4 m,上、下游边坡分别为1:1.5和1:2.0;其上游面过渡层依次为砌块石护面厚0.5 m,$d_{50} = 30 \sim 50$ mm 碎石垫层厚0.3 m,$d_{50} = 0.4$ mm 粗砂层平均厚0.5 m,$d_{50} = 4$ mm 砾石层厚0.5 m,$d_{50} = 40$ mm 碎石层厚0.5 m;上游水深 $H = 21$ m,下游水深 $h_0 = 0$,$l_n = 81$ m,堆石体 $d_n = 100$ mm,$n = 0.4$,试求其浸润线。

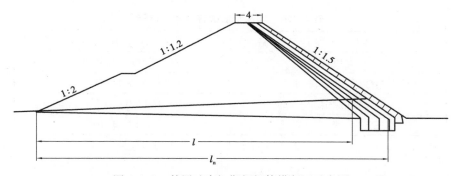

图4.3.3 某尾矿库初期坝坝体横断面示意图

解：由表4.3.5查得堆石渗透系数 $k = 0.23$ m/s，已知粗砂渗透系数 $k_1 = 0.014\,4$ cm/s，

$$n = \frac{23}{0.014\,4} \approx 1\,597 > 100$$

故可按黏土斜墙堆石坝进行渗透计算。

$$\lg \alpha = \frac{1}{m} = \frac{1}{1.5} \approx 0.667, \qquad \alpha = 33°40'$$

$$Z = 0.5 \cos 33°40'' = 0.5 \times 0.832 = 0.416 \text{ m}$$

设 $h = 3.7$ m，代入式（4.3.3）得：

$$l = l_n - \frac{\partial_2}{\sin \alpha_1} - h \cot \alpha$$

$$= 81 - \frac{0.6}{0.832} - 3.7 \times 1.5$$

$$= 74.75 \text{ m}$$

$$h = \sqrt[3]{3 \times 74.75 \times 0.23} \approx 3.7 \text{ m}$$

（与原假设相符，即为所求）

单宽渗流量：

$$q = 0.476 \times 0.23 \approx 0.11 \text{ m}^3/(\text{s} \cdot \text{m})$$

4.3.3 透水堆石坝的渗透稳定性

当渗流量增大到某一数值时，下游坡面上个别不牢固的石块开始被渗流冲出滚落，这时的渗流量即为临界渗流量 q_1。临界渗流量与下游水深 h_0、下游边坡 m 和石块大小有关。

允许通过堆石的渗透流量 q_y 应小于临界渗流量 q_1，通常取 $q_y = 0.8q_1$，但对施工期的允许渗透流量可取等于临界渗流量。

当坝基为第四纪土层时，还应当验算坝基是否会被冲刷，通常使沿坝基面的渗透水力坡降小于表4.3.6中的容许值。

$$I = \frac{H}{S} \qquad\qquad (4.3.4)$$

式中 I——沿坝基面的渗透水力坡降；

H——水头，m；

S——渗径，m。

表 4.3.6　坝基土层的容许水力坡降

坝基土的种类	容许的 I 值
大块石	$1/4 \sim 1/3$
粗砂砾、砾石,黏土	$1/5 \sim 1/4$
砂黏土	$1/10 \sim 1/5$
砂	$1/12 \sim 1/10$

4.3.4　稳定计算

堆石坝的破坏可能有沿地基表面的整体滑动、坝坡坍滑,以及坝坡与地基一起滑动。

1) 整体抗滑稳定计算

岩石地基上的堆石坝,一般无须进行整体抗滑稳定计算。建在松散覆盖层或软弱地基上的堆石坝,应校核沿薄弱层滑动的稳定性,可按一般重力式挡土墙的计算方法进行计算。

2) 坝坡稳定计算

坝坡稳定计算可按瑞典圆弧法或简化毕肖普法进行。具体见本章稳定性计算章节。

例:某尾矿坝横断面如图 4.3.4 所示。坝体任意料的湿容重 $\gamma_s = 1.97$ t/m³,内摩擦角 $\varphi = 32°$,凝聚力 $c = 0$;堆石体的比重 $\Delta = 2.6$,孔隙率 $n = 40\%$,干容重 $\gamma_g = 1.56$ t/m³,饱和容重 $\gamma_b = 1.96$ t/m³,浮容重 $\gamma_f = 0.96$ t/m³,水上部分内摩擦角 $\varphi = 33°$,水下部分内摩擦角 $\varphi = 30°$;坝基的天然容重 $\gamma_n = 2.25$ t/m³,干容重 $\gamma_g = 1.99$ t/m³,浮容重 $\gamma_f = 1.39$ t/m³,含水量 $w = 13\%$,内摩擦角 $\varphi = 30°$。试用圆弧滑动法进行下游坝坡稳定计算。

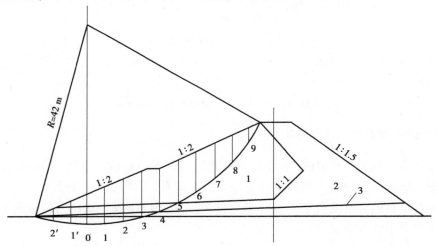

图 4.3.4　某尾矿坝稳定计算示意图

1—任意料;2—堆石;3—浸润线

解:浸润线以下部分,滑动力按饱和容重计算,抗滑力按浮容重计算。

计算结果:

$$K = \frac{N}{T} = \frac{\sum W_2 \cos \alpha \lg \varphi}{\sum W_1 \sin \alpha} = \frac{81.61}{63.5} = 1.28$$

同此可试算不同的滑弧半径,求得相应的安全系数,见表4.3.7。

表4.3.7 不同滑弧半径时的安全系数计算成果表

滑弧半径 R/m	42	38.5	45.5	39	33.5
安全系数	1.28	1.66	1.41	1.46	1.31

滑弧半径 R=42 m 时的安全系数最小为1.28。

4.4 不透水堆石坝

4.4.1 适用条件

①尾矿不能堆坝,并由尾矿库后部放矿经济时;
②尾矿水含有有毒物质,须防止尾矿水对下游产生危害时;
③要求尾矿库回水,而坝下回水不经济时。

4.4.2 黏土斜墙

尾矿不透水堆石坝的防渗斜墙可用黏土斜墙和沥青混凝土斜墙。前者的优点是具有良好的塑性,较能适应坝的不均匀沉陷,便于就地取材,节省投资。

黏土斜墙的构造要求如下:

①在上游坡产生变形时,斜墙应保持不透水。

②斜墙与堆石体之间,应铺设由砾石、碎石或细石铺成的过渡层。

③斜墙断面应自上而下逐渐加厚,当用壤土或重壤土修筑斜墙时,其顶部厚度(垂直于上游坡面方向的厚度)应不小于表4.4.1中所列数值;底部厚度不得小于水头的1/10,并不得小于2 m。斜墙厚度初步选定后应根据允许渗流量和渗透坡降计算确定。

表4.4.1 斜墙顶部厚度

坝体材料	坝高>50 m	坝高 30~50 m	坝高<30 m
砂土	1.0	0.75	0.5
砾石或块石	3.0	2.5	2.0

④在正常运用条件下,斜墙顶在静水位以上的超高,应不小于表4.4.2中规定的数值,在非常运用条件下,斜墙顶不得低于非常洪水位。

表4.4.2 斜墙顶超高表

坝的级别	Ⅰ	Ⅱ	Ⅲ	Ⅳ—Ⅴ
超高/m	0.8	0.7	0.6	0.5

⑤土质斜墙上游必须设置砂土或砂砾石的保护层,保护层的外坡坡度应根据稳定计算确

定,一般可取为 1:2.5 ~ 1:3.0。

⑥当地基为透水层时,斜墙应嵌入不透水层或做铺盖延长渗径。

⑦斜墙应放在用大石块精细地干砌起来的块石层上面,块石间的大孔隙用碎石填充,其孔隙率不大于20%。

4.5　土坝

土坝造价低、施工方便,在缺少砂石料地区是常用的坝型。由于土料的透水性较尾矿差,当尾矿堆积坝达一定高度时,浸润线往往从堆积坝坡逸出,易造成管涌,导致垮坝事故。为此必须切实做好土坝的排渗设施,以降低尾矿坝的浸润线。

4.5.1　筑坝土料物理力学指标的选用和计算

1)颗粒组成(级配)

筑坝土料应选用颗粒级配好的土料。土的级配良好,则压实性能好,可得到较高的干容重、较小的渗透系数、较大的抗剪强度。

通常认为不均匀系数$\left(\eta = \dfrac{d_{60}}{d_{10}} \right)$达到3 ~ 100的土料就是级配好的土料。

2)最优含水量和最大干容重(表4.5.1)

表4.5.1　土壤的最优含水量及最大干容重参考值

土壤名称	最优含水量/%	最大干容重/(t·m⁻³)	土壤压实性
砂质壤土	10 ~ 17	1.76 ~ 2.00	很好
壤土	17 ~ 23	1.60 ~ 1.76	尚好
重砂质壤土	23 ~ 29	1.45 ~ 1.60	普通
黏土	>29	<1.45	不好

在一定的压实条件下,土料的含水量不同,所能达到的干容重也不同,与其中最大干容重相应的含水量即为最优含水量。

土坝设计中常采用最大干容重作为控制填土密实度的指标,而土坝施工则只有在最优含水量下,才能将填土压实到设计所要求的标准。筑坝土料设计填筑干容重(等于或接近于最大干容重)的确定方法如下。

①对于无击实试验资料或高度不大的土坝。

a.黏性土设计填筑干容重可按式(4.5.1)确定:

$$\gamma_{\mathrm{g}} = \frac{G \cdot \Delta}{G + w\Delta} \qquad\qquad (4.5.1)$$

式中　γ_{g}——设计填土干容重,g/cm³;

　　　Δ——土粒比重;

　　　G——填土饱和度,其值为0.8 ~ 0.9;

　　　w——填土含水量,其值可按式(4.5.2)确定:

$$w = w_p + BI_p \tag{4.5.2}$$

其中　w_p——塑限含水量;

　　　I_p——塑性指数;

　　　B——稠度,对高坝可采用-0.1 ~ 0.1;低坝可采用0.1 ~ 0.2。

b. 砂砾料设计填筑干容重:应根据其粗颗粒含量来规定,对连续级配的砂砾料,当粗颗粒含量为10% ~ 70%时,干容重 $\gamma_g = 17 ~ 2.05 \text{ g/cm}^3$。

褥垫层每层材料的最小厚度,应满足反滤层最小厚度的规定。

②根据击实试验资料确定。

土的抗剪强度、渗透系数等指标的选取由土工试验资料确定。

尾矿坝坝体材料及坝基土的抗剪强度指标类别,应根据强度计算方法与土的类别按表4.5.2取得。

表4.5.2　尾矿坝坝体材料及坝基土的抗剪强度指标试验方法

强度计算方法	土的类别		使用仪器	试验方法及代号	强度指标	试样起始状态
总应力法	无黏性土		三轴仪	固结不排水剪(CU)	c_{cu}, φ_{cu}	(1)坝体材料①含水量及密度与原状一致;②浸润线以下和水下应预先饱和;③试验应力与坝体实际应力一致。(2)坝基土用原状土
	少黏性土		直剪仪	固结快剪(CQ)		
			三轴仪	固结不排水剪(CU)		
	黏性土		直剪仪	固结快剪(CQ)		
			三轴仪	固结不排水剪(CU)		
有效应力法	无黏性土		直剪仪	慢剪(S)	c', φ'	
			三轴仪	固结排水剪(CD)		
	黏性土	饱和度小于80%	直剪仪	慢剪(S)		
			三轴仪	不排水剪测孔压($\overline{U}$ U)		
		饱和度大于80%	直剪仪	慢剪(S)		
			三轴仪	固结不排水剪测孔压($\overline{C}$ U)		

注:①无黏性土是指黏粒含量小于5%的尾矿或坝基土;少黏性土是指黏粒含量小于15%的尾矿或坝基土。

②软弱黏土类黏性土采用固结快剪指标时,应根据其固结程度确定;当采用十字板抗剪强度指标时,应根据固结程度修正强度指标。

4.5.2　坝身构造

(1)坝顶

当无行车要求时,坝顶宽度一般不小于3 m。为了排除雨水,坝顶面宜向外坡倾斜,坡度建议采用2% ~ 3%。

(2)坝坡

坝坡坡度取决于坝型、坝高,土壤种类、地基性质及渗透条件,设计中应通过边坡静力稳定计算确定,初步确定可参考表4.5.3选取。该表适用于水坝坝坡,由于尾矿初期坝上游坡堆压尾矿,有利于内坡的稳定,因此尾矿初期坝的内坡可取略陡于外坡或等于外坡。

表4.5.3　坝坡初估参考表

坝高/m	边　坡	
	上游	下游
5~10	1:2~1:2.5	1:1.75~1:2.0
10~20	1:2.5~1:2.75	1:2.0~1:2.5
20~30	1:3.0~1:3.5	1:2.5

4.5.3　排渗设施

尾矿初期坝可采用下列形式的综合排渗设施:

斜卧层+褥垫层(或网形排渗带);

排渗管(或网形排渗带)+排渗管(或网形排渗带);

棱体+褥垫层(或网形排渗带);

当坝下游有水时,坝脚应加设棱体或斜卧层排渗。

1)排水褥垫层

其厚度应根据所用材料的渗透系数及排渗量决定。砂卵石褥垫层厚度可按式(4.5.3)确定。

$$t = \frac{nq}{k \cdot i} \tag{4.5.3}$$

式中　t——褥垫层厚度,m;

n——安全系数,应大于2;

q——坝基单位宽度的渗流量,$m^3/(s \cdot m)$;

k——褥垫层的渗透系数,m/s;

i——褥垫层中的水力坡降,当褥垫层的出口未被下游水位淹没时,即为其底的坡度。

褥垫层每层材料的最小厚度,应满足反滤层最小厚度的规定。

2)网形排渗带

主排渗带(平行坝轴线)的断面积,按式(4.5.4)确定。

$$A = \frac{nql}{ki} \tag{4.5.4}$$

式中　A——主排渗带的断面积,m^2;

q——单位坝长的渗流量,$m^3/(s \cdot m)$;

l——两横向排渗带间距的一半或从主排渗带末端到接入横向排渗带处的距离,m;

n——安全系数,应大于2;

k——主排渗带的渗透系数,m/s;

i——主排渗带中的水力坡降,当主排渗带出口未被下游水位淹没时,即为其基底坡度。

主排渗带的最小宽度,根据坝体浸润线情况确定,并比理论计算值大1.5~2.0 m;当排渗设施未被淹没时,应不小于0.1H;当排渗设施被淹没时,应不小于0.2H(H为水头)。横向排渗带的宽度(顶面或底面)应不小于0.5 m,坡度宜小于0.01。

3)排渗管

当渗流量很大时可采用,其直径由计算确定。为了防止淤塞失效,管径不应小于20 cm,管内流速不应小于0.25 m/s。

排渗管坡度应不大于0.05,否则需要有充分的论证。

排渗管上开孔的面积应为管表面积的0.1%~0.3%,排渗管应埋设在反滤料中。

4)下游排水棱体

其顶部高程应超出下游最高水位0.5 m以上,宽度不应小于1 m。

5)反滤层

①反滤层的透水性应大于被保护土的透水性。

②被保护土层的颗粒不应被冲过反滤层。

③反滤层细粒层的颗粒不应穿过相邻颗粒较大一层的孔隙,且每一层内的颗粒不应发生移动,各层的堵塞量不应超过5%。

④反滤料的砂,石料应未经风化与溶蚀,抗冻以及不为水流所溶解。

6)护面

坝内坡一般不设护面,但为防止投产初期放矿时在坝面上冲成小沟,可采取适当措施(如将坝上分散管延长等)。

对于坝顶和外坡,建议采用下列方法设置护面:

①铺盖厚0.1~0.15 m的密实砾石或碎石层。

②铺种草皮或种植茅草。

③在坝肩与坡脚设计截水沟和排水沟。

④为了排除雨水,下游坡的马道在横向(向上游坡)、纵向都应有一定的坡度。

7)土坝与坝基及岸坡的连接

土坝与坝基及岸坡的连接,应使连接面处不产生集中渗流和存在软弱夹层,连接面的坡度及形式也应妥善处理,以防不均匀沉降时坝体产生裂缝。当土坝与岸坡连接处存在渗透性大、稳定性差的坡积物时,如厚度较小,建议全部清除,如厚度较大全部清除有困难时,则应采取适当的措施进行处理。

在任何情况下,坝体与岸坡结合均应采用斜面连接,不得将岸坡清理成台阶式,更不允许有反坡,岸坡清理坡度建议岩石不陡于1:0.75,一般黏性土不陡于1:1.5。

4.5.4 稳定计算

稳定计算的目的在于校核土坝边坡的稳定性,并使其满足表4.5.4中安全系数的要求。

表4.5.4 最小安全系数表

计算方法	运行条件	坝的级别			
		1	2	3	4、5
简化毕肖普法	正常运行	1.50	1.35	1.30	1.25
	洪水运行	1.30	1.25	1.20	1.15
	特殊运行	1.20	1.15	1.15	1.10

续表

计算方法	运行条件	坝的级别			
		1	2	3	4、5
瑞典圆弧法	正常运行	1.30	1.25	1.20	1.15
	洪水运行	1.20	1.15	1.10	1.05
	特殊运行	1.10	1.05	1.05	1.00

尾矿初期土坝高度一般不高,通常采用瑞典圆弧法(极限平衡法)进行坝坡稳定计算。

1)坝坡稳定计算

按总应力圆弧法进行坝坡稳定分析时,把滑动土体分为若干条宽度为 $b = 0.1R$ 的土条,如图 4.5.1 所示,R 为滑弧半径,0 号土条中线应与过滑弧圆心的垂线重合。求出各土条的质量、滑动力、抗滑力,则坝坡稳定安全系数可按式(4.5.5)计算:

$$K = \frac{\sum W_i \cos \alpha_i \tan \varphi + cl}{\sum W_i \sin \alpha_i} \tag{4.5.5}$$

式中　W_i——各土条质量。稳定渗流期坝体浸润线以下,下游水位以上土体质量,对于滑动力按饱和容重计算,对于抗滑力按浮容重计算;浸润线以上则不论滑动力或抗滑力均用湿容重(或最大干容重)计算;下游水位以下则都用浮容重计算。

　　α_i——过各土条中线的滑弧半径与过滑弧圆心的法线间的夹角,(°)。

　　l——滑弧长度,m。

　　c、φ——总应力抗剪强度指标。

按式(4.5.5)计算时可列表进行。

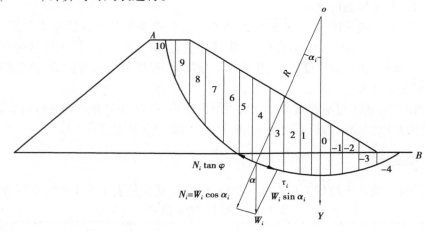

图 4.5.1　圆弧稳定分析示意图

2)寻找最危险滑弧的方法

(1)确定最危险滑弧圆心的范围

①如图 4.5.2 所示,过坝坡中点 D 作铅垂线,并由该点作另一直线与坝面成85°角(倾向坡脚)。

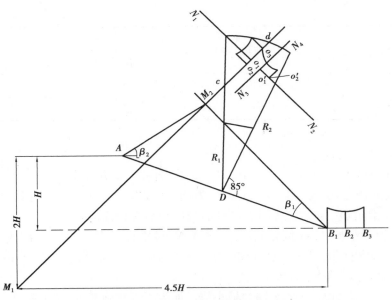

图 4.5.2　最危险滑弧圆心范围示意图

②以 D 点为圆心,用 R_1 及 R_2 为半径,分别作弧,交以上两直线成扇形。R_1、R_2 之值随坡度而变,可由表4.5.5查得。

表 4.5.5　R_1、R_2 值

坝坡坡度	1:1	1:2	1:3	1:4	1:5	1:6
内半径 R_1	0.75H	0.75H	1.0H	1.5H	2.2H	3.0H
外半径 R_2	1.5H	1.75H	2.3H	3.75H	4.8H	5.5H

一般情况下,最危险滑弧圆心位置即在扇形面积内。

③作 AM_2 和 B_1M_2 两直线,其交点为 M_2,此两线的方向按角 β_2 和 β_1 确定,两角之值随坡度而变,可由表4.5.6查得。

④将距坝顶以下 $2H$,距坝脚以内 $4.5H$ 之点定为 M_1 点,连接 M_1M_2 并延长,则 cd 即为所寻找的最危险滑弧圆心的大概范围。

当坝坡为折线时,可用一条平均的直线代替该折线。

表 4.5.6　β_1、β_2 角

坝坡坡度	坝坡坡角	角度/(°)	
		β_1	β_2
1:0.58	60°	29	40
1:1	45°	28	37
1:1.5	33°40′	26	35
1:2	26°34′	25	35
1:3	18°26′	25	35

续表

坝坡坡度	坝坡坡角	角度/(°)	
		β_1	β_2
1:4	14°03′	25	36
1:5	11°19′	25	37

（2）最危险滑弧试算

①在坡脚附近定出一些 B 点（B_1、B_2、B_3…），如图4.5.2所示。

②在 cd 线上任选几个点，以 o_1、o_2、o_3…为圆心，过 B_1 点作圆弧，求得各滑弧的稳定 o_1、o_2、o_3 系数 K 标于 o_1、o_2、o_3 之上方，连成曲线，找出较小 K 值点。

③通过 K 值较小的一点（例如 o_1 点），作 N_1N_2 线垂直于 M_1M_2 线，在此线上再任选几个点 o_1'、o_2'…为圆心，也可通过 B_1 点作圆弧，求各滑弧的稳定系数，将其值标于 o_1'、o_2' 的上方，连成曲线，找出最小的 K 值点（例如 o_1' 点）。

④在多数情况下，此 o_1' 点之 K 即为最小值。如为了更精确起见，还可通过 o_1' 点再作 N_3N_4 线垂直于 N_1N_2 线，在 N_3N_4 线上定几点为圆心，做几个滑弧的 K 值计算，求得最小值即为通过 B_1 点滑弧的最小安全系数。

⑤对 B_2、B_3…各点作类似的试算，可求得各点的最小 K 值，分别标在 B_1、B_2、B_3…的上方，画 K 曲线，曲线上的最小值即为所求坝坡的最小安全系数（B_2、B_3…点也可以选在坝坡上）。

（3）黄河设计院最危险滑弧圆心的简单寻找方法

①画 M_1M_2 线，方法同前述，如图4.5.3所示。

②在 AB 线上由 B 点量 $BC=0.4L$，$BD=0.35L$。

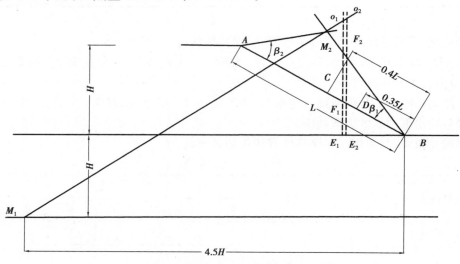

图4.5.3 简单寻找危险滑弧圆心位置图

③在 CD 区间作若干条垂线与线相交于这些点即为所求之最危险滑弧的圆心。

此法根据大量计算资料统计而得，可大大减少计算工作量。

4.6 土工膜防渗

4.6.1 土工薄膜防渗

1)发展概况

用薄膜做防渗斜墙简而易行,施工快。在渠道上用得较多,最近在堆石坝上也开始应用。以往担心的问题是老化和施工期间局部破损,目前一般认为在坝高 50 m 以下,寿命在 50 年之内是没有问题的,甚至认为即使应用年限超过 50 年,由于坝的变形已经终止,也不会给薄膜斜墙造成损害。

国外最早是用薄膜修复漏水的坝,例如,美国在高 23 m 的马斯特坝设置总厚度为 0.8 ～ 0.45 mm(三层)的聚乙烯薄膜防渗,加拿大铁尔察格坝用厚 0.75 mm 的聚氯乙烯薄膜防止漏水,意大利康达大萨比塔坝用厚 2 mm 的聚异丁烯橡胶薄板铺设在厚 10 cm 的无砂混凝土上作防渗斜墙,捷克多布琴堆石坝用两层预制的波浪形钢筋混凝土板把厚 1.1 mm 的聚氯乙烯薄膜夹在中间,用锚筋将混凝板锚固在堆石中,高 73 m 的阿特巴欣堆石坝的上部 42.5 m 采用聚乙烯薄膜作心墙,混凝土基垫以上设置三层厚 0.6 mm 的聚乙烯薄膜防渗。

薄膜防渗体的堆石坝在我国金属矿山尾矿工程也获得了应用,如安庆铜矿尾矿库就用了土工薄膜,它由不透水和滤水薄膜复合而成,作为斜墙使用;甘肃省厂坝铅锌矿七架沟尾矿库定向爆破初期坝用土工薄膜两层,中间夹 20 cm 黏土防渗;郑州铝厂在灰渣库上采用了两层三元橡胶防渗层,沿 1:2 的内坡漏铺,表面编织袋装土护面 50 cm 厚。

常用的薄膜材料有聚乙烯、聚氯乙烯、聚异丁烯。我国多用聚氯乙烯薄膜。

2)土工薄膜的地基和过渡层

铺设于库盘或坝的上游河床作防渗铺盖的土工薄膜,地基应修整平顺,碾压密实,如果是砂壤土或砂土,即可在其上铺设土工薄膜;如果是含卵石较多的砂卵石地面应铺填砂土或中粗砂过渡层,碾压密实,然后在其上铺设土工薄膜,以免薄膜被卵石顶破。薄膜上面均应铺筑厚 30 cm 以上的保护层,该层也应先铺砂土或中粗砂,然后铺砂卵石。

砂卵石坝壳的中央防渗薄膜,随着坝壳砂卵石的填筑上升,应在土工薄膜的两面填筑壤土或中粗砂过渡层,两面过渡层厚度各为 0.5～1.0 m。

砂卵石坝壳的上游倾斜防渗薄膜,可待砂卵石填筑高达 5～10 m,把上游坝坡修整平顺,铺填壤土或中粗砂过渡层,用斜坡碾碾压密实,然后铺设土工薄膜,在薄膜上面铺填壤土或中粗砂过渡层,再铺筑砂卵石保护层或块石护坡垫层及块石。往上继续填筑砂卵石,坝壳高过 5～10 m,重复上述步骤,铺设土工薄膜。垫层、整平层与堆石间必须符合反滤原理。垫层的厚度一般不小于 40 cm,不均匀系数不大于 50,最大粒径不超过 6 mm,土壤级配应满足下列条件:

$$\frac{d_3}{d_{17}} \geqslant (0.32 + 0.016\eta) \sqrt[6]{\eta} \frac{n}{1-n} \tag{4.6.1}$$

式中　n——土的孔隙率;

　　　η——土的不均匀系数。

在薄膜斜墙上面也回填与垫层一样的土层作保护层,厚 40~50 cm。此外应考虑波浪、冰冻以及放矿时冲刷的影响,适当加厚保护层和加设块石护坡。如果斜墙上游还要填筑石料,为了避免薄膜受损,可在斜墙上加厚设置 1.5~2 m 土保护层。

塑料薄膜与基岩的连接一般都靠混凝土座垫。薄膜嵌在混凝土中应有足够长度以维持足够的渗径。嵌固长度 L 可用下式计算,且不小于 80 cm:

$$L = \frac{\sigma_{\mathrm{P}}^2 \delta}{4 P f E} \tag{4.6.2}$$

式中 σ_{P}——薄膜抗拉强度,MPa;

  δ——薄膜厚度,cm;

  P——嵌固处薄膜上的垂直压力,MPa;

  f——薄膜和嵌固它的材料间的摩擦系数;

  E——在薄膜的计算温度下,应力为 $0 \sim \sigma_{\mathrm{P}}$ 的薄膜平均弹性模量,MPa。

3)土工薄膜铺设

为使土工薄膜更好地适应土石坝的变形,薄膜应铺设成折皱状(宽度为 10~50 cm),以便坝体变形时薄膜有伸展余地。由于薄膜与过渡层砂土的摩擦系数小于坝体砂土或砂卵石的内摩擦系数,上游倾斜薄膜将不利于上游保护层的抗滑稳定;将薄膜铺成折皱状,可以增加保护层的抗滑稳定。图 4.6.1(a)为上游倾斜防渗薄膜,图 4.6.1(b)为中央防渗薄膜。铺设时要防止日光暴晒,铺设后尽快铺过渡料或土砂保护。

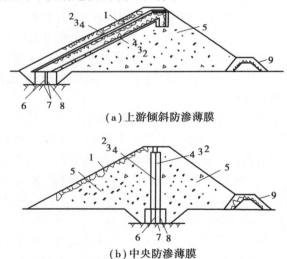

(a)上游倾斜防渗薄膜

(b)中央防渗薄膜

图 4.6.1 土工薄膜的铺设方式

1—砌石护坡;2—砾石;3—中粗砂;4,6—土工薄膜;5—砂卵石或堆石;
7—水泥砂浆;8—混凝土座垫;9—滤水坝趾

混凝土坝常因施工时温控不合要求或受突然寒潮袭击而产生裂缝,施工浇筑缝也会因处理不好而漏水。因此,在上游面用土工薄膜防渗作为补救措施,已有很多实例。坝体裂缝如不补救,则库内有水渗入裂缝多使缝壁受到水压力,产生劈裂作用,使裂缝扩展,导致坝体发生险情。上游面铺设土工薄膜可防止库水渗入裂缝,对消除渗透压力,改善坝体应力十分有效。对新设计的混凝土坝,如采用土工薄膜防渗,以简化温控措施,也是合理的,也适用于碾压混凝土坝。

土工薄膜可用沥青马蹄脂或胶液粘贴在混凝土面上,并以锚栓和扁钢压紧加固,然后在上游面浇筑厚 50 cm 左右的混凝土保护层,以防紫外线照射老化和防冰冻损坏以及搬移放矿管道时撞坏或碰伤薄膜。

4) 组合式土工薄膜

为了取消土工薄膜的中粗砂过渡层,简化施工,可用土工织物代替过渡层。把土工织物与土工薄膜叠合,用热焊法或黏结法贴合在一起,成为组合式土工薄膜。这种组合一般在工厂进行,组合好后卷成卷材运至工地。组合所用土工薄膜一般为非纺织针刺压制毡,因为这种土工织物较厚,抗顶破能力强,沿层面方向透水性好。根据工程需要,土工薄膜可用单面组合土工织物,也可用两面组合土工织物。如果土工薄膜一面接触的是砂或壤土,另一面接触的为砾石,则只有与砾石接触的一面需要组合土工织物,故采用单面组合式土工薄膜。如果土工薄膜的背水面需要设置排水带,可采用两面组合式土工薄膜,图 4.6.2 为两面组合式土工薄膜。组合式土工薄膜不但可以直接与砾石接触,而且在运输和施工时,薄膜受织物保护,不易损坏。土工织物还可起排水带的作用,使坝体保持干燥,有利于坝坡稳定。

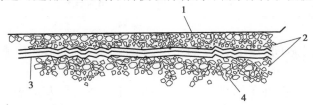

图 4.6.2　两面组合式土工膜
1—块石护坡;2—砾石;3—组合式土工膜;4—堆石

5) 土工薄膜的黏接

工厂最好能生产幅宽 5～10 m 的土工薄膜,以减少黏接缝。如生产的是窄幅,应在工厂黏接成宽幅,然后运往工地。铺设时各幅之间接缝在现场黏接。各种薄膜黏接方法如下。

①热敏感薄膜,如热塑料、结晶热塑塑料、热塑塑料-合成橡胶,采用加热法焊接。焊接时将薄膜搭接 20～30 cm,用双电极法、高频加热法、热刀片法加热,或把热空气吹入两搭接片之间焊接。双电极法和高频加热法设备笨重,不适用于工地现场焊接。

②沥青薄膜及沥青-聚合物薄膜,也为热敏感材料,可用加热法黏接。将薄膜搭接 20～50 cm,在表面加热,使搭接的两片黏接。加热的方法有火焰法、热刀片法,或把热空气吹入两片之间黏接。也可用热沥青直接黏接。如加热沥青涂布在两片之间,表面再用热刀片加热,则黏接质量更好。

③橡胶布的黏接方法,在工厂用热压硫化工艺黏合,将橡胶布搭接 5 cm,中间夹胶片,在温度 150 ℃条件下硫化 25 min,搭接 5～7 cm 的两片之间涂布氯丁橡胶冷胶液,压紧 24～48 h 黏合牢固,但黏合力比热压硫化法低 30%～40%。

薄膜黏接以后,应检查接缝质量,检查方法有:a. 用超声波反射检查仪检查,可在阴极射线屏幕上显示其质量,或由发声指示器表示其质量;b. 用负压检查仪检查,可检查接合缝的严密性和黏合强度。

4.6.2　坝坡稳定验算

土工薄膜两面组合土工织物与坝的土石接触,接触面抗剪强度比土石抗剪强度降低不多。单面土工织物组合的土工薄膜或非组合的土工薄膜,薄膜与土砂的接触面抗剪强度低于土砂的抗剪强度。因此,土石坝的倾斜土工薄膜防渗层,对坝坡稳定不利,需验算沿薄膜的滑裂面稳定性。为此需了解薄膜与土砂的摩擦系数。该摩擦系数随土砂粒径的减小而增大,随薄膜厚度的减小而增大。聚乙烯薄膜与土砂的摩擦系数参见表4.6.1。

表4.6.1　聚乙烯薄膜与土砂的摩擦系数

土　类	薄膜厚度/mm	摩擦系数	环　境
细砂	0.2	0.545~0.577	干燥
	2.0	0.408	干燥
	2.0	0.457	水下
粗砂	0.2	0.489	干燥
	2.0	0.331	干燥
	2.0	0.203	水下
黏土	0.2	0.547	干燥

为了提高薄膜与土砂间的摩擦系数,工厂生产薄膜时可在薄膜面压成纹理,纹理深0.05~0.1 mm。

校核沿接触面的稳定,在干燥状态,卵石和砾石土摩擦系数为0.30~0.45,砂摩擦系数为0.30~0.50,壤土和黏土摩擦系数为0.40~0.55。聚乙烯薄膜间的摩擦系数不低于0.40。

第 **5** 章
后期堆积坝设计

5.1 后期坝的堆筑

尾矿库应尽量利用尾矿冲积筑坝。如果尾矿库距采矿场较近,利用采矿废石筑坝并兼作废石堆场也是可行的。当尾矿不能堆坝而用废石筑坝又不经济时,也可采用当地其他材料加高后期坝。

5.1.1 尾矿水力冲积坝

1)尾矿筑坝的基本要求

为使尾矿冲积坝(尤其是边棱体)有较高的抗剪强度,要求各放矿口冲积粒度一致,并使冲积滩上无矿泥夹层。为此应做到:

①筑坝期间一般采用分散放矿:矿浆管沿坝轴线敷设,放矿支管沿坝坡敷设,随筑坝增高而加长。在库内设集中放矿口,以便在不筑坝期间、冰冻期和汛期向库内排放尾矿。

②在冰冻期一般采用库内冰下集中放矿,以避免在尾矿冲积坝内(特别是边棱体)有冰夹层或尾矿冰冻层存在而影响坝体强度。

③每年筑坝高度要适应库容的要求,充分利用筑坝季节,严格控制干滩长度,以保证边棱体强度。

④尾矿冲积坝的高程,除满足调洪、回水和冰下放矿要求外,还应有必要的安全超高与最小干滩长度(表5.1.1)。

表5.1.1 上游式尾矿堆积坝的最小安全超高与最小干滩长度/m

坝的级别	1	2	3	4	5
最小安全超高/m	1.5	1.0	0.7	0.5	0.4
最小干滩长度/m	150	100	70	50	40

2）筑坝方法

（1）冲积法

一般用斜管分散放矿（小厂矿可用轮流集中放矿），用人工或机械筑子坝向坝内冲填（图5.1.1）。冲积法筑坝一般可分为冲积段、准备段、干燥段交替进行。

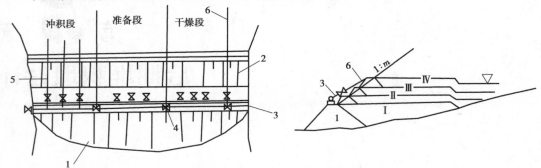

图 5.1.1　冲积法筑坝示意图

1—初期坝；2—子坝；3—矿浆管；4—闸阀；5—放矿支管；

6—集中放矿管；Ⅰ—Ⅳ为冲积顺序

某铅锌尾矿库冲积法筑坝示意图如图5.1.2所示。

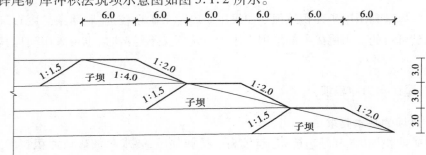

图 5.1.2　某铅锌尾矿库冲积法筑坝示意图

（2）池填法

由尾矿量决定一次筑坝长度，根据上升速度和调洪要求确定子坝高度，内外坡应根据稳定及渗流稳定计算确定。筑子坝步骤如下：

①在一次筑坝区段上分几个小池，近方形，池边长 30～50 m。

②用人工或机械筑围墙，墙高 0.5～1.0 m，顶宽 0.5～0.8 m，边坡 1∶1 左右（也可用挡板代替筑围墙）。

③安设溢流管，溢流管一般用陶土管（不回收）或钢管（回收），溢流口可设在子坝中心（双向冲填时）或靠近里侧围墙 2～3 m 处设置（单向冲填时），钢管多设在坝外 2～3 m，便于回收，溢流管顶口低于墙顶 0.1～0.2 m。

④采用分散放矿向池内冲填，粗粒于池内沉积，细粒随水一起由溢流管排往库内。当冲填至墙顶时，停止放矿，干燥一段时间，再筑围墙，重复上述作业直至达到要求的子坝高度。

（3）渠槽法

渠槽法是在尾矿冲积坝体上，平行坝轴线用尾矿堆筑二道小堤高 0.5～1.0 m 形成渠槽，根据矿浆量、放矿方法和子坝的断面尺寸可选择单渠槽、双渠槽、多渠槽等。由一端分散放矿（尾矿量小也可集中放矿），粗砂沉积于槽内，细泥由渠槽另一端随水排入尾矿库内。当冲积至小堤顶时,停止放矿,使其干燥一段时间,再重新筑两边小堤,放矿、冲积直至达到要求的断面。

(4)采用水力旋流器分级的上游法筑坝

对于细颗粒尾矿,为提高坝壳粒度常采用此法。

(5)尾矿分级下游法筑坝

用旋流器或其他分级设备将尾矿分级,高浓度粗砂用于下游筑坝,溢流部分可形成冲积滩和充填尾矿库。

3)筑坝方法选择

尾矿冲积坝筑坝方法的选择,主要应根据尾矿排出量大小、尾矿粒度组成、矿浆浓度、坝长、坝高、年上升速度以及当地气候条件(冰冻期及汛期)等因素决定。各种筑坝方法的适用范围见表5.1.2。

表 5.1.2　各种筑坝方法的适用范围

筑坝方法	特　点	适用范围
冲积法	操作较简便,便于用机械筑子坝,管理方便,尾矿冲积较均匀	适用于中、粗颗粒的尾矿堆坝
池填法	人工筑围捻的工作量大,上升速度快	适用于尾矿粒度细、坝较长,上升速度快且要求有较大调洪库容的情况
渠槽法	人工筑小堤工作量大,渠槽末端易沉积细拉,影响边棱体强度	适用于坝体短、尾矿粒度细的情况
尾矿分级上游法	可提高粗粒尾矿上坝率,增强堆坝边棱体的稳定性	适用于细粒尾矿筑坝
尾矿分级下游法	坝型合理,较上游法安全可靠	费用高,目前经验尚少

4)细颗粒尾矿筑坝

(1)细颗粒尾矿

通常认为大致符合下述条件者为细颗粒尾矿:

①平均粒径 $d_p \leq 0.03$ mm;

②-19 μm 含量多,一般$>50\%$;

③$+74$ μm 含量少,一般$<10\%$;

④可用于筑坝的粒径$+37$ μm 含量$\leq 30\%$。

(2)细粒尾矿的水力特性

云南锡业公司大多数尾矿属于细粒尾矿,该公司已经堆积了一批尾矿库(见表5.1.3),根据云南锡业公司细粒尾矿筑坝的实践经验,当其$+0.019$ mm 的颗粒含量大于30%时就可以考虑用尾矿筑坝。

表 5.1.3　云南锡业公司细粒尾矿特性及堆坝主要参数

尾矿库名称	原尾矿粒度分析/mm					初期坝		尾矿堆坝		
	+0.074	0.037	0.019	-0.019	平均粒径	坝高/m	坝体结构	设计堆高/m	实际堆高/m	筑坝方法
老厂背阴山冲	12.35	7.91	9.88	69.86	0.027 2	14	浆砌石坝	25	28	渠槽法

续表

| 尾矿库名称 | 原尾矿粒度分析/mm | | | | | 初期坝 | | 尾矿堆坝 | | |
	+0.074	0.037	0.019	-0.019	平均粒径	坝高/m	坝体结构	设计堆高/m	实际堆高/m	筑坝方法
期六寨	9.59	15.16	11.2	64.03	0.027		堆石坝	20	20.07	渠槽法
黄选背阴山冲	14.64	10.31	9.56	65.49	0.028 9		贴皮土坝	10	18.33	旋流器分段
卡房爆牛塘	13.11	10.85	9.18	66.86	0.028 2		均质土坝	0	17.35	旋流器分段
古山广街	13.4	9.54	8.58	68.46	0.028 1		土坝	10	17.95	池填法
火谷都	3.52	12.82	8.2	65.46	0.028 7		均质土坝			

根据细粒尾矿堆坝的实际勘察成果可以看出,细粒尾矿的沉积规律和粉砂类尾矿的沉积规律基本上是一致的或相似的。但有其特点,主要表现在以下几个方面:

①沉积滩的坡度比较缓,不用旋流器分级时为 0.3% ~ 0.8%,一般不超过 1%。

②沉积"千层饼"的现象更为突出,从试验取的原状土样就看出,分层明显,粉砂中夹黏泥,黏土中夹粉砂,紊乱沉积的规律更为明显。

③尾矿沉积结构比较松散,标贯击数比较低,一般为 2.7 ~ 3.9,最高的仅为 8.33。

④云南锡业公司下属尾矿库坝体尾矿的物理力学指标见表 5.1.4。由该表可以看出,孔隙比都大于 1.0,换算的干容重平均数为 13.3 kN/m³,抗剪强度 φ 角不算太低,C 值较大,这主要是由于黏粒含量较高所致。

⑤尾矿沉积滩下的黏土、亚黏土夹层,其饱和度、含水量、孔隙比。抗剪强度等更具有软土的性质,见表 5.1.5。

由以上这些特点看,细粒尾矿堆坝的安全度较低,管理困难,应特别加强管理。

表 5.1.4 云锡细尾矿沉积砂类土的主要物理力学指标

| 尾矿库名称 | 尾矿沉积土名称 | 密度(g·cm⁻³) | 饱和度/% | 含水量/% | 天然容量/(g·cm⁻³) | 孔隙比 | 平均粒径/mm | 标贯击数(No.3.5)/击 | 压缩系数 | 渗透参数 K/(cm·s⁻¹) | 抗剪强度(饱和快剪) | | 备注 |
											φ	C/MPa	
火谷都	粉砂	3.12	91	30	2.04	1.04	0.140	3.6		$1.16×10^{-3}$	28°03′	0.016 6	细粒尾矿
	轻亚黏土	3.06	98	35	1.98	1.09	0.036		0.084	$7.0×10^{-4}$	20°33′	0.021 5	细粒尾矿
黄茅山背阴山冲	粉砂	3.68	77	34	1.89	1.64	0.105	8.33		$3.67×10^{-3}$	32°13′	0.020 8	细粒尾矿
	轻亚黏土	3.54	78	44	1.84	1.77	0.054				30°0′	0.019 0	细粒尾矿

续表

尾矿库名称	尾矿沉积土名称	密度(g·cm⁻³)	饱和度/%	含水量/%	天然容量/(g·cm⁻³)	孔隙比	平均粒径/mm	标贯击数(No.3.5)/击	压缩系数	渗透参数K/(cm·s⁻¹)	抗剪强度(饱和快剪) φ	C/MPa	备注
牛坝荒南坝	粉砂	3.51	81	36	1.87	1.56	1.147	2.7		1.0×10^{-3}	32°06′	0.0025	细粒尾矿
	轻亚黏土	3.43	89	42	1.68	1.61	0.072			5.1×10^{-4}	15°0′	0.010	细粒尾矿
古山广街	粉砂	3.07	79	25	1.95	1.10	0.213	3.9		2.1×10^{-4}	33°24′	0.0014	细粒尾矿
	轻亚黏土	3.05	90	33	1.93	1.08	0.085		0.025	1.4×10^{-4}	29°55′	0.0021	细粒尾矿

注:云锡火谷都等尾矿沉积土的物理力学指标是根据"尾矿勘察试验结果报告书"整理后的算术平均值。

表 5.1.5 云锡细粒尾矿沉积土(亚黏土、黏土类)与软土地基指标对比

库名	尾矿沉积土名称		饱和度/%	含水量/%	孔隙比	抗剪强度 φ	C/MPa	压缩系数	渗透系数K/(cm·s⁻¹)	备注
火谷都	黏土	算术平均值	99	53	1.70	9°10′	0.044	0.142	9.75×10^{-8}	
		小值平均值	98	49	1.47	5°51	0.0134	0.082	6.40×10^{-8}	
	亚黏土	算术平均值	98	37	1.16	9°47′	0.0212	0.088	5.20×10^{-8}	
		小值平均值	96	33	1.04	5°30′	0.0135	0.055	1.32×10^{-7}	
黄茅山背阴山冲	黏土	算术平均值	95	60	2.04	8°56′	0.0269	0.133	3.45×10^{-8}	
		小值平均值	81	47	1.84	6°16′	0.0169	0.068	1.81×10^{-8}	
	亚黏土	算术平均值	96	53	1.84	15°16′	0.0329	0.052	6.2×10^{-5}	
		小值平均值	93	49	1.77	11°33′	0.0216	0.050	5.3×10^{-5}	
牛坝荒南坝	黏土	算术平均值	96	55	1.64	10°48′	0.0073	0.095	不透水	
		小值平均值				6°18′	0.0396	0.061	不透水	
	亚黏土	算术平均值	95	50	1.66	6°18′	0.0181	0.088	不透水	
		小值平均值				3°09′	0.0145	0.068	不透水	
古山广街	黏土	算术平均值	96	55	1.64	6°35′	0.0212	0.095	不透水	
		小值平均值				3°16′	0.0124		不透水	
	亚黏土	算术平均值	96	45	1.42	17°13′	0.0132	0.064	不透水	
		小值平均值				5°50′	0.0066		不透水	
软土地基指标	黏土		95	>40	>1.0	<5°	<0.02	0.05	$<1\times10^{-8}$	
	亚黏土		95	>30	>0.8	<16°	<0.012	0.035	$<1\times10^{-6}$	

注:本表数据是根据各库尾矿勘察报告书整理后得出的;软土地基指标是根据《尾矿设施设计参考资料》得出的。

为了提高细粒尾矿堆坝的安全度,应特别注意以下几点:

①切实保证滩长,改善堆积坝的固结条件和沉积条件。

②加强坝体排水,改进堆坝方法。背阴山冲尾矿库从 1980 年起采用旋流器分级法堆坝,并在其下游加固堆积坝,起到了很好的效果。它的标贯击数是用同样原尾矿堆坝的尾矿坝的 3 倍。采取多种排水方法,降低坝体浸润线,加速坝体固结。

③加强放矿管理,采用间断放矿、分段放矿等多种办法,加快坝体固结的速度。

5.1.2 废石筑坝

1)废石的物理力学性质

废石是由各种岩石成分组成的,且块度极不均匀。

废石的堆积容重与岩性、级配有关,一般平均为 $2.0 \ t/m^3$。

废石的自然堆积角,是设计采用废石内摩擦角的依据,与岩性、颗粒组成等因素有关,一般由实地测量取得。

2)废石筑坝的优点

①稳定性好,特别是抗震稳定性比尾矿堆坝好得多。

②排渗条件好,使尾矿沉积体加快固结。

③便于机械化施工,可大量减少劳动力。

④废石筑坝可兼作废石堆场,并可增加尾矿库利用系数。

⑤外坡被废石覆盖,库内可缩短干滩长度,从而可减轻尘害。

3)筑坝方法

大型矿山的废石筑坝,采用电机车运料,电铲倒运,平土犁平土,移道机移道,同时还有检修车,随时检修各种机械设备。对于小型矿山,可采用汽车运输,电铲装车,推土机平整压实的筑坝方法。

4)废石筑坝易出现的问题及处理

(1)塌陷

塌陷因废石松散,块度不均,内边压在尾矿沉积体上而造成。可采取边陷边填边压实的方法处理。

(2)坍坡

坍坡因废石松散、机车荷重和雨水等造成。局部坍坡无碍整体稳定,坍塌后趋于稳定。台阶高度不宜过大,在 15 m 以内较好。机车不要太靠近边坡。坍滑处注意修补,雨季注意巡视。

(3)渗漏

由于尾矿与废石间无过渡层,易流失尾矿,集中放矿也易发生渗漏。防止办法是利用较细废石(砂砾料)做过渡层,堆在内侧。

5.2 尾矿堆积坝的构造

5.2.1 尾矿堆积坝坝体构造

1)子坝

尾矿堆积坝子坝的作用,主要是阻止未固结的矿浆向外流淌,同时为放矿作业创造一个工作条件。子坝坝顶可以安装放矿管道。子坝坝顶的宽度视放矿管的直径不同,一般为 2 ~ 3 m。子坝的断面形式目前有两种,内外坡均为 1 : 1 ~ 1 : 1.5,对于外坡,一种是按堆积坝的外坡设计,另一种是和内坡相同,如图 5.2.1 所示(虚线表示和堆积坝设计一致的外坡)。子坝的材料最好用粗粒尾矿堆积,或用其他土、石材料。根据坝的上升速度确定子坝的高度,一般为 1 ~ 5 m。

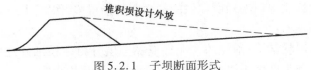

图 5.2.1 子坝断面形式

2)排水及护坡

为防止山坡和坝坡雨水对坝肩及坝面的冲刷,应设截排水沟。

(1)坝肩排水沟

为防止尾矿库两坝肩以上山坡的洪水冲刷坝坡,需在坝肩坚实地基上修建浆砌片石或混凝土排水沟,其断面尺寸一般应通过洪水计算及水力计算确定。

(2)坝坡排水沟

为防止暴雨径流冲刷尾矿库的边坡,不仅要采取护坡措施,还应设置坝坡排水沟。一般每隔 10 ~ 15 m 高设一条水平排水沟,向两坝肩流入坝肩排水沟;当堆积坝轴线较长时,宜设人字形排水沟。

为防止雨水、渗流冲蚀以及粉尘飞扬,可在坝坡上覆盖废石或山坡土厚 0.2 ~ 0.3 m,也可种植草或灌木(当尾矿较粗时,应先铺 0.2 ~ 0.3 m 厚的腐殖土层)。

某锌矿尾矿库堆积坝外坡、马道示意图如图 5.2.2 所示。

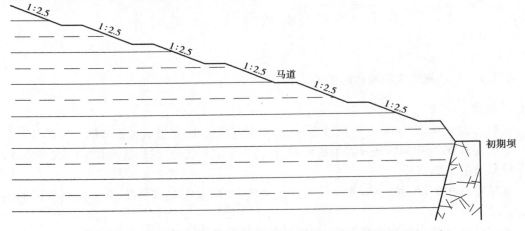

图 5.2.2 某锌矿尾矿库堆积坝外坡、马道示意图(初期坝为重力挡土墙)

3)上坝交通

坝面应有上坝的交通道路,当坝较高时可设置公路,公路通过坝面时必须做排水边沟,以免雨水沿公路流淌,冲刷坝体。公路应进行专门设计。

4)副坝

当一个尾矿库有几个副坝时,应分析坝前放矿的相互影响。当副坝无坝前放矿的条件时,或者坝前放矿不经济时,应按尾矿库挡水坝设计副坝;当副坝可以进行坝前放矿并用尾矿堆坝时,应对放矿的时间和放矿的地方作出规定。

5.2.2 坝体结构特点

通过对上游法尾矿堆积坝的勘察结果表明,尾矿坝的理想剖面和实际有些差别。尾矿坝的实际结构是在理想结构中加上了许多透镜体,这些透镜体规模有大有小,从一个剖面来看尾矿坝是由多种尾矿砂类和土类组成的复杂的互层结构,层面一般近乎水平。

坝体的实际结构远比地质勘探所提供的剖面要复杂得多,像"千层饼"一样。木子沟尾矿坝剖面可以得出以下现象:

①坝体基本上是层状结构,细粒的含泥轻亚黏土层分布在粉细砂之中,因此地质勘探上所划分的层理面还可分为许多小层,细砂、粉砂、轻亚黏层互相交错。

②在浸润线以下的坝体结构中不都是饱和体,而是饱和非饱和相间出现的,饱和的条带也不很厚。

③土体黏性大的,粒度细,透水性差,饱和度也高;土体黏性小的,粒度粗,透水性强,饱和度也低。

造成上述结构的原因主要是沉积环境异常复杂和流量不稳定。沉积滩面的矿浆流不是均匀的平面流,而是交叉众多,随时演变的小溪在滩面来回移动,使实际的滩面坡度不断变化,沉积和矿浆流互相影响,从而引起沉积颗粒粒径的变化。由于沉积环境的复杂,粗细颗粒和层面相互交叉,这就使得沉积滩的尾矿土(砂)的渗透系数表现出明显的各向异性。

以上情况说明,在上游法尾矿堆积坝中不仅存在着具有不同物理力学性质的尾矿层,而且在同一层里又存在着垂直方向和水平方向渗透系数相差数倍的现象。

5.3 尾矿在库内特性及渗流计算

5.3.1 影响尾矿沉积特性的因素

1)粒度

①粒径大于 0.037 mm 者称沉砂质,在动水中沉积较快,是形成冲积滩的主要部分。

②粒径 0.037 ~ 0.019 mm 者为推移质,在动水中沉积较慢,是形成冲积滩的次要部分,是水下沉积坡的主要部分。

③粒径 0.019 ~ 0.005 mm 者可认为是流动质,在静水中沉积很慢,为矿泥沉积区的主要部分。

④粒径<0.005 mm 则为悬浮质,在静水中也很不容易沉积,形成水中悬浮物。

2）流速

当粒度、浓度等条件不变时，流速小易沉积，流速大则不易沉积。

3）浓度

当尾矿粒度不变时，浓度越大沉积越快。

4）流量

当浓度、粒度等条件不变时，流量越小沉积越快。

5）药剂

某些选矿药剂和尾矿水的 pH 值会对尾矿沉积有影响，如水玻璃使尾矿不易沉积。为了加速细颗粒的沉积，通常加入某些化学药剂。

5.3.2　尾矿冲积坡

我国大多数矿山尾矿库主要堆坝方式采用上游式，一般采用坝前分散管放矿，矿浆在从坝前向库内流动的过程中，尾矿在动水中自然沉积形成的坡度称为冲积坡。其主要影响因素为粒度、浓度、流量和放矿方法等。靠近放矿点处坡度较大，越接近水边越小，在设计中一般多用平均冲积坡度表示，可在尾矿冲积滩上实测取得或参照下列公式计算。

任意滩长的平均坡度可按下式计算：

$$i_1 = i_{100}\left(\frac{100}{L}\right)^{0.3} \tag{5.3.1}$$

式中　i_1——计算滩长的平均坡度，%；

　　　L——计算滩长，m；

　　　i_{100}——百米滩长的平均坡度，%，可由表 5.3.1 查得。

表 5.3.1　百米滩长的平均坡度 i_{100}　　　　　　单位：%

尾矿平均粒径 /mm	放矿流量 /(L·s⁻¹)	放矿质量浓度/%				
		10	15	20	25	30
0.03	3	0.64	0.74	0.82	0.94	1.04
	10	0.47	0.54	0.60	0.69	0.77
	30	0.35	0.41	6.45	0.51	0.58
	100	0.26	0.30	0.33	0.38	0.42
0.05	3	1.24	1.44	1.60	1.83	2.04
	10	0.91	1.09	1.17	1.34	1.49
	30	0.68	0.79	0.88	1.00	1.12
	100	0.50	0.58	0.64	0.73	0.82
0.075	3	2.10	2.44	2.70	3.09	3.43
	10	1.54	1.78	1.98	2.26	2.52
	30	1.16	1.34	1.49	1.70	1.90
	100	0.85	0.98	1.09	1.24	1.39

续表

尾矿平均粒径 /mm	放矿流量 /(L·s⁻¹)	放矿质量浓度/%				
		10	15	20	25	30
0.10	3	2.59	3.00	3.33	3.80	4.24
	10	1.89	2.19	2.43	2.78	3.10
	30	1.42	1.65	1.83	2.09	2.33
	100	1.04	1.20	134	1.53	1.71
0.15	3	3.47	4.01	4.46	5.09	5.68
	10	2.54	2.94	3.26	3.73	4.15
	30	1.91	221	2.45	2.80	3.12
	100	1.39	1.61	1.79	2.05	2.28
0.20	3	4.37	4.94	5.48	6.27	6.99
	10	3.12	3.61	4.01	4.58	5.11
	30	2.35	2.71	3.01	3.44	3.84
	100	1.71	1.98	2.20	2.52	2.81
0.40	3	7.03	8.13	9.02	10.32	11.52
	10	5.14	5.95	6.60	7.55	8.42
	30	3.86	4.47	4.96	5.67	6.33
	100	2.82	3.27	3.63	4.15	4.63

5.3.3 冲积坝体尾矿的性质及粒度特性

1)尾矿的渗透性

①估算尾矿渗透系数的经验公式：

对于冲积均匀的尾矿的渗透系数可用下式估算：

$$k = c_1 d_{10}^2 \tag{5.3.2}$$

式中　k——渗透系数,cm/s;

$\quad\quad d_{10}$——有效粒径,mm;

$\quad\quad c_1$——系数,一般为 1.0 ~ 1.5。

②细、中、粗尾矿渗透系数的取值常由试验确定。

2)尾矿的压缩性

尾矿的压缩系数是在高压固结仪中测得的,与尾矿粒度、干容重和孔隙比有关。粒度和干容重越大,压缩系数越小;孔隙比越大,压缩系数越大。

3)沉积滩颗粒分布

沉积滩面的坡度是尾矿矿浆分选的结果,尾矿矿浆的分选可以由下述公式来描述,即

$$\frac{vJ}{w} \geqslant 1 \ \text{或} \ \frac{vJ}{w} \leqslant 1 \qquad (5.3.3)$$

式中　v——矿浆流动的速度，m/s；

　　　J——矿浆流的水力坡度；

　　　w——尾矿颗粒的沉速，m/s。

当 $\frac{vJ}{w} \geqslant 1$ 即尾矿颗粒运动的功能大于它的沉速时，这样的颗粒不会在滩面沉积，当 $\frac{vJ}{w} \leqslant 1$ 即尾矿颗粒运动的功能小于其沉速时，这样的颗粒才能在滩面沉积。所以，在坡度陡流速大的条件下，滩面沉积的颗粒粗，这就是沉积滩面的坡度为上陡下缓、其颗粒是上粗下细的原因。

根据以上沉积规律，尾矿坝多以如图 5.3.1 所示的理想剖面作为设计的依据。

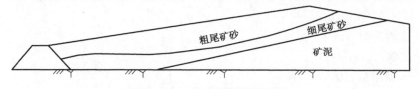

图 5.3.1　尾矿坝理想剖面图

5.3.4　尾矿堆积坝的固结

尾矿堆积坝由子坝和冲填坝体组成。它和一般的碾压坝不同，在冲填过程中，坝体存在着一个"流态区"（即含水量大于流限的区域）。子坝在冲填初期起阻止矿浆和稳定的作用。尾矿堆积坝的设计就是研究坝体脱水固结、强度增长的规律。

坝体固结规律及其计算。尾矿堆积坝冲填坝体的脱水固结，是一个含水量降低密度增加，孔隙水压力消散和强度增长的过程。

尾矿浆进入沉积滩面时具有较高的含水量，远超过流限，而且有很大的流动性。此时形成的冲填体中具有大量的自由水，土骨架尚未形成。在固体颗粒的自重作用下，一部分自由水被固体颗粒所置换而析出表面，经大气蒸发或自流排走。此时矿浆的含水量降低至 W_o，可以用下式计算：

$$W_o = W_1 - \left(\frac{1}{\Delta_s} + \frac{W_1}{G}\right)\frac{H_o + Q_o}{10v} \qquad (5.3.4)$$

式中　W_1——刚进沉积滩的矿浆含水量，%；

　　　H_o——泥面日蒸发量，mm/d；

　　　Q_o——表面单位排水量，mm/(m²·d)；

　　　v——冲填速度，cm/d；

　　　Δ_s——尾矿比重，g/cm³；

　　　G——饱和度。

泥面蒸发的水分决定于当地的气候条件。通常泥面蒸发比水面蒸发更大一些，如进入坝内的矿浆的含水量为 40%，冲填速度为 5 cm/d，蒸发量为 1.0 mm/d，没有表面排水，仅仅由于蒸发作用通过计算得出矿浆含水量可降至 24.6%。可见蒸发作用是不能忽视的。但蒸发作用仅限于表层，或在一定的毛细作用范围内。随着坝体的升高，下层土体在上层土体的重量作用下，固体之间的孔隙水将引起压力水头，即孔隙水压力。在透水地基子坝等处，孔隙水压力为零或很小,在毛细作用处甚至为负值。所以对整个坝体来说,不同部位的孔隙水压力是不同的。这样就产生了压差,由压差引起渗透作用。由于渗透作用,孔隙中一部分水被排走,从而使坝体含水量逐渐降低,孔隙水压力逐渐消散,密度相应增加,强度逐渐增大,从而提高了坝体的稳定性。这就是尾矿堆积坝脱水固结的基本规律。

综上所述,尾矿堆积坝固结的快慢,主要决定于冲填尾矿的透水性及坝体的排水边界条件,同时也与矿浆浓度、冲填速度、冲填方式和气候条件等有关。

饱和土体因孔隙水的排出而引起土体压密的现象,称为渗透固结。表征土体固结特性进行渗透固结计算最主要的指标是固结系数。单向渗透固结理论的固结系数 $C_v(\mathrm{cm^2/s})$ 由下式计算:

$$C_v = \frac{k(1+e)}{\gamma_v a} \qquad (5.3.5)$$

式中　　k——渗透系数,cm/s;

　　　　e——孔隙比,$\mathrm{cm^2/s}$;

　　　　a——压缩系数,$10^{-1}\mathrm{cm^2/N}$;

　　　　γ_v——水的容重,$10^{-2}\mathrm{N/cm^3}$。

尾矿堆积坝固结计算的目的,是得出在坝体自重作用下不稳定渗流引起的孔隙水压力或孔隙比(含水量)随时间的变化规律。至于其他因素则可作为初始条件或边界条件加以考虑。

作为固结计算的理论基础,目前我国应用的是太沙基固结理论和比奥固结理论。太沙基固结理论有一维线性和非线性理论,以及二维和三维固结理论。这些固结理论除一维线性渗透固结理论比较容易理解和应用外,其他均需进行比较复杂的数学处理。本书只介绍一维线性固结理论及其计算方法,以便对渗透固结的影响因素有一个大概的了解。

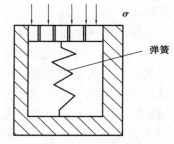

太沙基提出一维渗透固结理论,是把土体的渗透排水过程用图 5.3.2 所示的结构模型来表示。图中的弹簧表示土的骨架,弹簧之间的孔隙表示孔隙水,活塞在外力作用下使弹簧产生压缩变形,而孔隙水通过活塞上的小孔排走,以此来模拟骨架变形和渗透排水。

图 5.3.2　结构模型图

此理论是建立在以下一些假设基础上的:

①总应力不随时间而变,且等于有效应力 σ' 与孔隙水压力 u 之和,即

$$\sigma = \sigma' + u \qquad (5.3.6)$$

其中,只有有效应力能使骨架产生变形。

②孔隙水的渗透符合达西定律。

③土体仅承受压应力,没有剪应力和剪应变,荷载均匀分布至无穷远处,而且是瞬时加上的,所以土体只有垂直变形没有侧向变形,如图 5.3.3 所示。

④土体是饱和的,骨架和水本身都不能压缩,土体的变形仅仅是由于孔隙水的排走。

在尾矿堆积坝的设计计算中,一般可不考虑冲积过程中的孔隙水压力。要解决好坝体的排水问题,在管理过程中应注意均匀放矿,保持必需的干滩面长度使堆积坝有良好的固结环境,以保证坝体的正常固结。

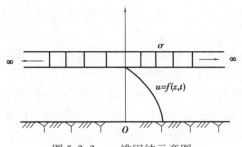

图 5.3.3　一维固结示意图

5.3.5　尾矿堆积坝的渗透特性

由于尾矿堆积坝具有三向非均质各向异性结构特点,因此在渗流上不同于一般的水坝,特点如下:

①渗流在垂直方向上具有分层的特点,在水平方向上也不均匀。

尾矿堆积坝由于其多层的特点,有些层透水性很差,成为相对的隔水层,这在剖面上把堆积坝分为几个带,每个带都有自己的自由水表面,即浸润线。

②尾矿堆积坝渗透水具有多补给源的特点,尾矿坝渗透水的补给源有库水、放矿水、大气降水,库水是渗透水的主要补给源。尾矿堆积坝下游坡一般较缓,而且不少应用宽平台,受雨面积大,排水不畅,容易积水。当尾矿的渗透系数为 $10^{-4} \sim 10^{-3}\,\mathrm{cm/s}$ 时,渗透较易。但遇到透水性差的夹层就形成上层滞水。如果和其他水源的渗透联系起来,浸润线将会提高,这和水库是有区别的,也是和层状结构联系在一起的。

③尾矿堆积坝的渗流属三维空间问题。尾矿堆积坝上下游断面形状和尺寸相差很大。当单面放矿时,上游迎水坡轴线长度大于下游背水坡断面的轴线长度,当多面筑坝时,则可能相反。坝基地面坡度一般较陡,接近水平的是个别的。从多层的坝体结构来看,形成许多大小不同的分层透镜体,这是空间问题。当考虑到放矿水的影响时,在坝前放矿支管之间有一定距离,到滩面上的水流向空间方向扩散,所造成的渗流是空间问题。这些水流在滩面上则以不断变迁的小沟进行渗透,这些渗透也是一个空间问题。降雨覆盖面和坝的平面轮廓一致,坝的轮廓的平面投影不规整,势必形成空间的渗流。因此,尾矿堆积坝的渗流问题是空间的三维问题。

5.3.6　尾矿堆积坝的渗流控制及排渗设施

尾矿堆积坝的渗流,对尾矿堆积坝的安全影响表现在以下三个方面:

①渗透压力降低了整体坝坡的稳定安全系数,渗透压力不利于坝体的稳定。渗透压力是水在尾矿颗粒之间流过时施加给尾矿颗粒的拖曳力,其大小取决于渗透坡降,其方向沿流线的方向。

②产生渗透变形。渗透变形有流土、管涌、接触冲刷、接触流土等形式。各种渗透变形形式及其含义见有关章节。

产生渗透变形的基本条件是渗透压力能够克服尾矿颗粒间的联结力,同时在其内部或边界有颗粒位移的通道和空间。

③振动液化。饱和尾矿砂土受地震作用后,促使土体缩小,孔隙压力猛增,从而减少有效

压力,降低抗剪强度,甚至完全丧失抗剪强度,使土体为液体似的流动,或随水冒出地面,这种现象称为液化。水是产生液化的前提和条件。

为了控制渗流对坝体安全的不利影响,应控制坝体的浸润线位置和可能发生的渗透变形,降低坝体浸润线的主要排水措施叙述如下:

①初期坝以设计成透水坝为好。其方法可用透水堆石坝,或在其他土石坝坝前做反滤排水带,也可在初期坝做一段褥垫式排水,深入到库区,这种排水应和初期坝的排水相连接。

②堆积坝内应布设排水设施,否则堆积坝的浸润线难以控制。尾矿堆积坝的运用实践证明,透水的初期坝,也难以降低堆积坝内的浸润线。我国有几座高尾矿坝,如本钢南芬铁矿小庙儿沟尾矿库和金堆城钼业公司木子沟尾矿库的初期坝都是透水堆石坝。小庙儿沟的透水堆石坝很标准,木子沟尾矿库的初期坝由露天矿剥离废石堆成,未做迎水坡反滤过渡带,但实测数据表明,初期坝内浸润线很低,其透水性是好的。尾矿坝存在堆积坝浸润线逸出的问题,主要是下部沉积的细泥砂透水性差、密实度大、渗透性小所致。因此,在堆积坝内要设计排水设施,否则浸润线无法降低。

在筑坝过程中,在沉积滩面预埋排渗管是一种排渗方式,防止渗水从坝坡溢出。

在筑坝过程中,沉积滩面预砌垂直排渗井是另一种排渗方式,其平面布置大体与坝轴线平行,按降低浸润线的要求布置。浙江漓渚铁矿选矿厂娄家鸽尾矿库,每10 m高布置一层,层间土距8 m,排水井高4.5 m,断面为1.12 m×1.12 m,用砖砌成,壁厚为半砖厚,井之间用ϕ100 mm钢管连通,井内用反滤料回填,共有22口井,中间设集水并排往下游。1984年12月全部投入运用,日排渗水量达1 162 m³。

上述水平排渗管可平行坝轴线布置,也可垂直坝轴线布置。在排矿筑坝过程中布置排水系统具有造价低,简单易行,不需动力渗水自流排出的优点。

③加强放矿管理,尽量形成较为理想的坝体结构。放矿管理,除按规程做好岸坡的处理外,主要是掌握坝前分散均匀放矿,以使粗颗粒沉积于坝前,细颗粒排至库内,在沉积滩范围内没有矿泥沉积。要达到这一要求,必须保持沉积滩面的均匀平整,坝体较长时应采用分段交替排矿作业,使滩面均匀上升;避免滩面出现侧坡、扇形坡,避免细粒尾矿大量集中沉积于坝前区域,严格控制尾矿库的水位,保持足够的滩长,滩长以满足沉砂和防汛的安全要求为准,防止放矿水对子坝内坡、坡趾和初期坝内坡的冲刷。加强放矿设备的维护,提高设备完好率是保证正常放矿的前提,必须加以注意。

④防止雨水冲刷和减少雨水渗漏。坝的下游坡应有防止冲刷的护坡和排水设计,保证这些设施的施工质量和工程的维护,使这些设施处于正常的运行状态。

⑤及时掌握堆积坝内浸润线动态。加强观测工作,及时掌握渗流变化情况,以便及时进行安全分析和处理。目前,观测的手段主要是埋测压管和渗压计。测压管比较简单,具有造价低、观测方便的优点,但测压管测到的是进水段的平均水头,又有一定的滞后时间,而且管口暴露在地面,容易遭受破坏,适合在强透水层中埋设。由于尾矿坝为层状结构,宜分层埋设测压管。

处理浸润线溢出和抬高的措施介绍如下:

a.水平排渗孔。

b.垂直抽水井,目前采用的管井为机械提水井、虹吸井和轻型井点三种。

c.垂直与水平联合自流排渗法。

d. 坝坡上的排渗管。为了解决坝面渗透问题,当坝面出现渗透水时,沿坡面铺设排渗管沟,管沟深 2 m 左右,其剖面如图 5.3.4 和图 5.3.5 所示。盲沟在坡面上排成"人"字形或"W"字形,如图 5.3.6 所示。

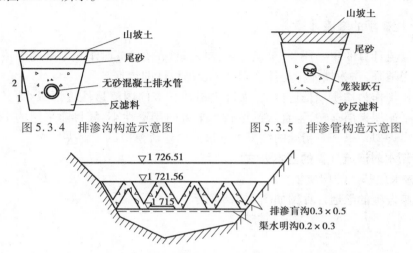

图 5.3.4　排渗沟构造示意图　　　　图 5.3.5　排渗管构造示意图

图 5.3.6　云锡卡房 4 号坝 W 形排渗立面图

这种坝坡排水形式最先用于南芬尾矿坝,可以解决浸润线在坝面出逸,防止坝体渗透破坏对无地震问题的尾矿坝,只要满足其静力稳定性的要求,这种形式也是可行的。

e. 压坡反滤排水。当尾矿库出现坍塌,浸润线逸出时往往采用压坡,首先在坡面做反滤排水,再在排水外面铺设一定厚度的盖重。盖重一般多用石料。金堆城钼业公司木子沟尾矿库结合边坡整治,在 1 179 ~ 1 200 m 高程做了尾矿砂压坡。其做法是将堆积坝削成 1∶1 的陡坡,其上做排水带(排水带的做法是:顺坡面满铺两层土工布,中间夹砾石,坡脚下形成排水管,再用钢管引出坝外,最后用尾矿砂在排水体外压坡),压坡排水示意图如图 5.3.7 所示。压坡厚度以抗震要求为准。这种排水方式虽不能降低浸润线,但可使浸润线不再上升。在饱和堆积尾矿上削坡回填,关键在于做好排水工作。

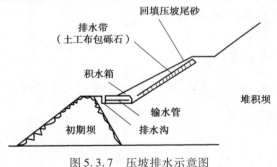

图 5.3.7　压坡排水示意图

反滤层是防止渗透变形的主要措施。

尾矿堆积坝浸润线出逸比降超过尾矿的容许比降时,就要产生渗透变形,尾矿堆积坝和初期坝的接触部位,尾矿堆积和岸坡的连接处,尾矿堆积坝内部各种排水设备和坝体的接触部位,以及穿越坝体各种管道(涵洞)和坝体的连接等都存在着渗透变形的问题。渗透变形是产生尾矿堆积坝体各种破坏现象最主要的原因。防止渗透变形的有效办法是在渗流出口和各种接触部位做好反滤层。根据渗透变形及抗渗措施的研究表明,渗透破坏总是先从薄弱的流出口开始,然后向深部发展。用反滤层保护后改变了土体的渗透破坏条件。设计合理的反滤层,渗流无法带走土体中的细颗粒,因而土体抗渗强度得到提高。

5.3.7 尾矿坝的渗流计算

尾矿坝渗流计算的主要任务,是确定坝体浸润线的位置,坝体和坝基的渗流量以及坝体出逸段的水力坡降,作为坝体稳定计算和排渗设施设计的依据。

尾矿冲积坝作为均质坝是近似的,实际上沿冲积坡向内渗透性逐渐减小,又因尾矿冲积过程中有水平矿泥夹层存在,垂直渗透性较水平方向渗透性小,故目前采用的平面渗流计算公式只能得出近似结果。更精确的结果可通过三向渗流模拟试验解决。

1) 下游无水时渗流计算的基本公式

(1) 不透水地基上的均质坝

① 无排渗设施的渗透计算图如图 5.3.8 所示。

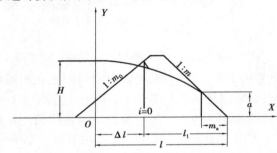

图 5.3.8 无排渗设施的渗透计算图

单宽渗流量:

$$q = k \frac{H^2 - a^2}{2(l - ma)} \tag{5.3.7}$$

式中　q——单宽渗流量,$\text{m}^2/(\text{s} \cdot \text{m})$;

　　　k——尾矿或土的渗透系数,m/s;

　　　H——上游水深,m;

　　　a——下游坡处逸出高度,m;

　　　l——化引渗透长度,m,$l = l_1 + \Delta l$,$\Delta l = \dfrac{m_0 H}{2m_0 + 1}$($m_0$ 为上游坡边坡系数);

　　　m——下游坡边坡系数。

浸润线方程式:

$$y = \sqrt{H^2 - \frac{H^2 - a^2}{l - ma} x} \tag{5.3.8}$$

式中　x——浸润线某点的横坐标;

　　　y——浸润线某点的纵坐标。

下游坡逸出高度:

$$a = \frac{l}{m} - \sqrt{\left(\frac{l}{m}\right)^2 - H^2} \tag{5.3.9}$$

坝坡逸出段最大坡降：

$$I_{\max} = \frac{1}{m} \qquad (5.3.10)$$

②棱体排渗计算图如图 5.3.9 所示。

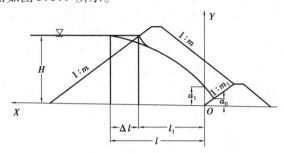

图 5.3.9　棱体排渗计算图

坝体单宽流量：

$$q = k\sqrt{l^2 + H^2} - D \qquad (5.3.11)$$

浸润线方程及浸润线在 y 轴上的截距 a_1：

$$\begin{cases} y = \sqrt{a_1^2 + 2a_1 x} \\ a_1 = \dfrac{q}{k} = \sqrt{l^2 + H^2} - l \end{cases} \qquad (5.3.12)$$

浸润线在棱体处逸出高度：

$$a = \frac{q}{2k\sqrt{1 + m_1}} \qquad (5.3.13)$$

式中　m_1——棱体内坡的边坡系数；

　　　l、k——同前。

③水平排渗计算图如图 5.3.10 所示。

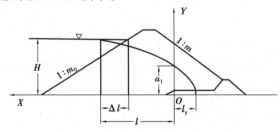

图 5.3.10　水平排渗计算图

坝体单宽渗流量、浸润线方程、浸润线在纵轴截距 a_1 与棱体排渗相同。

浸润线在排渗设施处的逸出长度：

$$l_y = \frac{a_1}{2} \qquad (5.3.14)$$

④管式排渗计算图如图 5.3.11 所示。

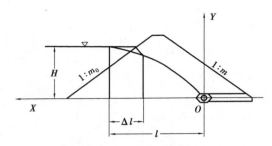

图 5.3.11　管式排渗计算图

稳定计算公式的选用：

单宽渗流量：

$$q = \frac{kH^2}{2l} \tag{5.3.15}$$

浸润线方程：

$$y = H\sqrt{1 - \frac{x}{l}} \tag{5.3.16}$$

（2）有限深透水地基上的均质坝

①无排渗或仅有贴坡排渗计算图如图 5.3.12 所示。

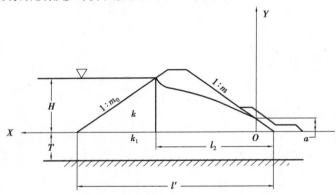

图 5.3.12　透水坝基贴坡排渗计算图

当坝基的渗透系数 $k_1 \geq k$（坝身渗透系数）时，属于透水地基。总单宽渗流量：

$$\sum q = q + k_1 Hq' \tag{5.3.17}$$

式中　$\sum q$—— 通过坝身和坝基的总单宽渗流量，$\mathrm{m^3/(s \cdot m)}$；

q—— 按不透水地基计算的坝身单宽渗流量，$\mathrm{m^3/s}$；

q'—— 通过坝基的单位化引渗流量（即当渗透系数及水头均等于 1 时的单宽渗流量），由 $\dfrac{l'}{T}$ 从图 5.3.13 查得：

其中　l'—— 坝基渗透长度（坝底宽），m；

T—— 透水层深度，m；

k_1—— 坝基渗透系数，$\mathrm{m/(s \cdot m)}$；

H—— 上游水深，m。

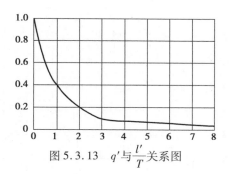

图 5.3.13 q' 与 $\dfrac{l'}{T}$ 关系图

浸润线方程式:

$$y = \sqrt{\left(a + \frac{k_1}{k}T\right)^2 + 2\frac{a}{k}x} - \frac{k_1}{k}T \qquad (5.3.18)$$

当 $\dfrac{l_1 + m_0 H}{T} > 1$ 时, 总单宽流量 $\sum q$、下游坡逸中高度 a、地基出逸坡降, l_d 由式 (5.3.19)—式 (5.3.21) 确定。

$$\sum q = q + \frac{k_1 H T}{l_1 + m_0 H + 0.88T} \qquad (5.3.19)$$

$$\begin{cases} a = \sqrt{\left(\dfrac{B}{2}\right)^2 + 0.44T\dfrac{q}{k}} - \dfrac{B}{2} \\[3mm] B = \left(\dfrac{k_1}{K} + \dfrac{0.44}{m}\right)T - m\dfrac{q}{k} \end{cases} \qquad (5.3.20)$$

$$l_d = \frac{H}{l_1 + m_0 H + 0.88T} \cdot \frac{1}{\sqrt{l'^{\frac{\pi x}{T}-1}}} \qquad (5.3.21)$$

②棱体排渗计算图如图 5.3.14 所示。

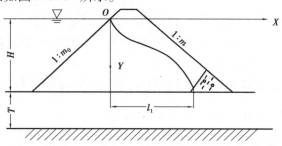

图 5.3.14 透水坝基棱体排渗计算图

一般情况下, 渗流量、浸润线及逸出高度均可按不透水坝基近似计算。当坝基渗透系数远大于坝身渗透系数时(如 $k_1 > 100k$), 可近似按式(5.3.22)计算浸润线。

$$\frac{y}{H} = f\left(\frac{x}{l_1}\right) = \frac{1}{\pi}\arccos\left(1 - \frac{2x}{l_1}\right) \qquad (5.3.22)$$

式中 l_1——浸润线水平投影长度, m;

　　$\dfrac{y}{H}$——根据 $\dfrac{x}{l_1}$ 由图 5.3.15 查得。坐标计算曲线如图 5.3.15 所示。

地基的出逸坡降可参照式(5.3.21)计算。

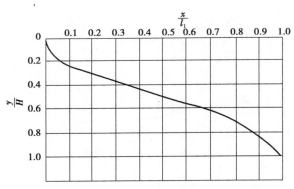

图 5.3.15　浸润线坐标计算曲线

③水平排渗。

总单宽渗流量可用透水地基无排渗设施公式计算,式中 q 应按不透水地基水平排渗坝身渗流量公式计算。

一般情况下浸润线仍按不透水地基水平排渗浸润线公式计算,只有当坝基渗透系数远大于坝身渗透系数,并满足 $\dfrac{l_1 + m_0 H}{T} \geqslant 1$ 的条件时,坝轴线下游浸润线才可近似地按式(5.3.23)计算。坝轴线上游浸润线可按流线勾图。

$$y = \sqrt{\left(\frac{k_1}{k}T\right)^2 + 2\,\frac{a}{k}(x + 0.44T)} \; - \frac{k_1}{k}T \tag{5.3.23}$$

2)尾矿冲积坝的渗透系数和渗流公式的选用

(1)尾矿冲积坝的渗透系数

尾矿冲积坝的水平和垂直渗透系数不同,可采用下列方法近似估算。

①倾斜渗透系数:

$$k_a = \frac{k_s k_c}{k_s \sin^2\alpha + k_c \cos^2\alpha} \tag{5.3.24}$$

式中　k_a——计算冲积坝常采用的渗透系数,作为计算浸润线及渗流量的依据;

　　　k_s——水平渗透系数试验值,采用平均值;

　　　k_c——垂直渗透系数试验值,采用平均值,当无资料时可取 $k_c = 0.2k_s$;

　　　α——渗流平均倾斜角,近似采取 $\alpha = \arctan\dfrac{H_0}{l}$;

　　其中　H_0——上游水深,m;

　　　　　l——化引渗透长度,m。

②当计算回水量和渗透稳定时可采用渗透系数平均值:

$$k_p = \sqrt{k_s k_c} \tag{5.3.25}$$

当设计渗水管时,可采用水平渗透系数计算最大渗流量 q_{max} 以策安全。

③分层的尾矿冲积坝渗透系数。

沿分层方向的渗透系数:

$$k_1 = \frac{1}{H}(k_1 H_1 + k_2 H_2 + \cdots + k_n H_n) \tag{5.3.26}$$

垂直于分层方向的渗透系数：

$$k_{\text{II}} = \cfrac{H}{\cfrac{H_1}{k_1} + \cfrac{H_2}{k_2} + \cdots + \cfrac{H_n}{k_n}} \tag{5.3.27}$$

式中　$k_1, k_2, \cdots, k_n$——各分层的渗透系数；

　　　$H_1, H_2, \cdots, H_n$——各分层的厚度；

　　　$H = H_1 + H_2 + \cdots + H_n$——各分层厚度之和。

（2）尾矿坝渗流计算公式的选用

①初期坝为土坝，地基不透水时，尾矿渗透系数 k 远大于土坝渗透系数 k_2（如 $k \geqslant 100k_2$），可视初期坝顶标高以下为不透水地基进行渗透计算，如图5.3.16所示。

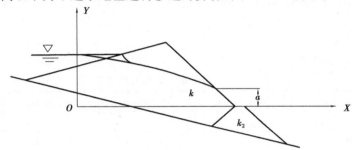

图5.3.16　初期坝不透水渗流计算图

②初期坝为土坝，其渗透系数与尾矿渗透系数相近时 $\left(\dfrac{k}{k_2} < 100\right)$，即 $k \approx k_2$，可假定土与尾矿为均质体按贴坡排渗进行渗流计算。

③当初期坝为堆石坝或其他透水坝（$k_2 > 100k$）时，可按棱体排渗进行渗流计算。

④当初期坝为土坝或透水坝，且堆积坝底部设置水平排渗时，可选用水平排渗公式计算。

⑤当初期坝为土坝且在内坡脚设置有效的排渗管时，可按管式排渗进行计算。

3）排渗管（沟）的水力计算

（1）排渗盲沟（渗沟）

渗流量：

$$Q = \omega k \sqrt{i} \tag{5.3.28}$$

式中　Q——排渗盲沟通过的流量，m^3/s；

　　　ω——排渗盲沟的断面积，m^2；

　　　k——排渗盲沟材料的渗透系数，m/s，见表4.3.5；

　　　i——排渗盲沟的坡度。

渗流速度：

$$v = k\sqrt{i} = Cn\sqrt{di} \tag{5.3.29}$$

式中　v——排渗盲沟中的渗流速度，cm/s；

　　　C——流速系数，试验值 $C = 20 - \dfrac{14}{d}$（当 $d > 6\ \text{cm}$ 时）；

　　　n——渗水盲沟的孔隙率；

d——排渗盲沟材料的粒径(可用d_{50}),cm;

i——排渗盲沟的坡度。

(2)排渗孔管(渗管)

①渗水管通过流量:

$$Q = v\omega$$
$$v = C\sqrt{Ri} \tag{5.3.30}$$

式中　Q——渗水管通过流量,m^3/s;

v——管内流速,m/s;

ω——管断面积,m^2;

C——谢才系数,见附录谢才系数C值表;

R——水力半径,m;

i——渗管坡度。

Q、v也可由表5.3.2查算。

表5.3.2　圆形渗水管水力计算表

充满度	$D=125$ mm		$D=150$ mm		$D=200$ mm		$D=250$ mm		$D=300$ mm	
h/D	S	K	S	K	S	K	S	K	S	K
0.1	3.015	1.92	3.406	3.13	4.13	6.7	4.8	12.2	5.42	19.9
0.2	4.626	8.04	5.227	13.08	6.34	28.2	7.36	51.2	8.32	83.3
0.3	5.854	18.13	6.614	29.48	8.02	63.6	9.32	115.4	10.53	187.8
0.4	6.807	31.09	7.691	50.58	9.32	109	10.83	197.9	12.24	322.1
0.5	7.551	46.33	8.532	75.38	10.35	168.6	12.01	294.8	13.58	479.9
0.6	8.1	62.4	9.155	101.6	11.1	218.9	12.95	399.1	14.56	646.1
0.7	8.462	77.64	9.563	126.3	11.6	272.5	13.46	454	15.22	804.4
0.8	8.609	90.68	9.733	147.6	11.8	318.2	13.7	577.2	15.48	939.2
0.9	8.493	98.8	9.602	160.8	11.64	346.6	13.51	628.7	15.28	1 024
1	8.351	99.66	8.532	150.8	10.35	325.2	13.01	589.5	13.58	959.9

充满度	$D=350$ mm		$D=400$ mm		$D=450$ mm		$D=500$ mm		$D=550$ mm	
h/D	S	K	S	K	S	K	S	K	S	K
0.1	6.01	30.1	6.57	43	7.11	58.9	7.63	78	8.14	100.6
0.2	9.22	125.7	10.09	179.6	10.91	245.8	11.71	325.7	12.48	420
0.3	11.67	283.3	12.77	404.2	13.81	554.2	14.82	734.2	15.79	946.6
0.4	13.57	486	14.84	694.2	16.05	950.2	17.23	1 250	18.36	1 624
0.5	15.05	723.9	16.46	1 034	17.82	1 417	19.02	1 877	20.34	2 420
0.6	16.15	975.4	17.66	1 393	18.98	1 894	20.51	2 529	21.86	3 259
0.7	16.78	1 213.5	18.44	1 733	19.96	2 373	21.42	3 144	22.83	4 055
0.8	17.16	1 417.1	18.77	2 025	20.31	2 772	21.8	3 673	23.24	4 739
0.9	16.93	1 544	18.52	2 206	20.04	3 022	21.51	4 003	22.92	5 162
1	15.05	1 417.9	16.46	2 069	17.82	2 833	19.12	3 754	20.37	4 840

注:本表S、K值系采用附录中$n=0.013$的C值计算的,查出S、K值后可按下式计算流速和流量:$v=S\sqrt{i}$(m/s);$Q=K\sqrt{i}$(L/s)。

②管壁孔眼计算。

管壁孔眼的最大尺寸：

$$e = \xi d_{50} \tag{5.3.31}$$

式中　e——渗水管壁孔眼最大尺寸，mm；

　　　d_{50}——靠近管壁的反滤料中值粒径，mm；

　　　ξ——系数，见表 5.3.3。

表 5.3.3　系数 ξ 值表

$\eta = \dfrac{d_{60}}{d_{10}}$	2	5	10
ξ	2.68	1.76	1.21

每米每排开孔数目：

$$m_0 = \frac{\xi q}{N F_0 v_y} \tag{5.3.32}$$

式中　m_0——渗水管每米每排开孔数目；

　　　q——渗水管每米渗入流量，m^3/s；

　　　ξ——备用系数，按是否易堵塞等条件选定，一般 $\xi > 5$；

　　　N——管壁孔眼排数；

　　　F_0——每个孔眼面积，m^2；

　　　v_y——允许渗透流速，m/s，见式（5.3.39）及（5.3.41）。

5.3.8　渗透稳定计算

1）土的渗透变形

（1）渗透变形的类型

渗透变形是土体在渗流作用下发生破坏的统称，一般可分为流土、管涌、接触冲刷和接触流土等。

①流土。无凝聚性土及凝聚性土均可发生流土。当无凝聚性土体发生流土时，土体所有颗粒将同时启动悬浮；当凝聚性土体发生流土时，土体将膨胀、隆起，最终断裂而浮动。流土主要发生于坝下游地基渗流出逸处及坝面上渗流出逸处。

②管涌：土体内的细颗粒（填料颗粒）由于渗流作用而在粗颗粒（骨架颗粒）间的孔隙通道内移动或被带走的现象。管涌发生的部位，可以是在坝下游渗流出逸处，也可以在地基内部和坝体内。管涌发展过程可以向危险方向发展，也可以向稳定方向转化。

③接触冲刷：沿着两种不同介质的接触面上的渗流，把其中的细粒带走的现象。这种现象常发生于坝体与地基土的接触面、双层地基的接触面以及坝内埋管时管道与其周围介质的接触面或刚性与柔性介质的接触面上。

④接触流土：垂直于两种不同介质接触面的渗流，把其中一层的细粒移入另一层中去的现象。例如，在坝下游渗流出逸而将反滤层淤堵的现象，就属此类变形。

水工建筑物及地基的渗透变形，可能以单一形式出现，也可能以多种形式伴随出现。

（2）流土和管涌的判别方法

无凝聚性土中可能发生管涌的，称为管涌土；可能发生流土的，称为非管涌土。在设计水工建筑物时，确定地基土是管涌土还是非管涌土有很大意义，否则，将导致设计不合理。凝聚性土只可能发生流土，不会发生管涌。下面建议的方法，可供近似判别。

①水利水电科学研究院方法。此法以土体中的细粒（填料）含量 P_z 作为判别

$P_z > 35$　　　　　流土

$P_z < 25$　　　　　管涌

$25\% < P_z < 35\%$　　　不定，视紧密度而异

区分细粒（填料）粒径与粗粒（骨架）粒径之界限，是颗粒级配组成的微分曲线上的断裂点（图5.3.17）所对应的粒径，大于此粒径者为骨架，反之为填料。此法仅适用于缺乏中间粒径的土，即双峰土，对连续级配的单峰土，不能判别。

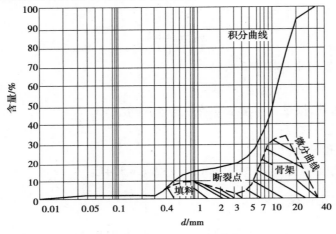

图5.3.17　颗粒级分配曲线

②南京水利科学研究院方法。此法既适用于双峰土，又适用于单峰土。从土体细粒体积等于骨架孔隙体积这一概念出发，推导出下列判别式

$$P_z = \alpha \frac{\sqrt{n}}{1 + \sqrt{n}} \qquad\qquad (5.3.33)$$

式中　　n——土体孔隙率；

　　　　α——修正系数，取 $0.95 \sim 1.00$。

$P'_z > P_z$　　　　　流土

$P'_z < P_z$　　　　　管涌

土体中粗细粒区分的界限粒径取为 $d = 2\ \text{mm}$，大于此者为骨架（粗粒），小于此者为填料（细粒）。P'_z 为土体中粒径 $d \leqslant 2\ \text{mm}$ 的含量，可由颗分曲线查得。此法使用上较简便。

③伊斯妥明娜法。此法以土体的不均匀系数 $\eta = d_{60}/d_{10}$ 作为判别依据。

$\eta < 10$　　　　　流土

$\eta > 20$　　　　　管涌

$10 < \eta < 20$　　　不定

此法简单方便，但准确性差，实践证明，$\eta > 20$ 的土体仍有不少是流土变形。

（3）流土和管涌的临界坡降计算

①流土计算。在坝下游渗流出逸处，当没有盖重或反滤层时，渗流从下向上的非黏性土流临界坡降 J_c，可按下列公式计算。

a. 太沙基公式

$$J_c = \left(\frac{\gamma_s}{\gamma} - 1\right)(1 - n) \tag{5.3.34}$$

b. 南京水利科学研究所公式

$$J_c = 1.17\left(\frac{\gamma_s}{\gamma} - 1\right)(1 - n) \tag{5.3.35}$$

式中　γ_s——土粒容重（当不能直接测定时，一般可采用 $\gamma_s = 2.65\ \text{g/cm}^3$）；

γ——水容重，取 $\gamma = 1.0\ \text{g/cm}^3$；

n——土体孔隙率，以小数计。

②管涌计算。管涌临界坡降 J_c 可按下式计算（渗流方向由 F 向上）：

a. 南京水利科学研究所公式

$$J_c = \frac{cd_3}{\sqrt{\dfrac{k}{n^3}}} \tag{5.3.36}$$

式中　d_3——相应于颗分曲线上含量为 3% 的粒径，cm；

k——渗透系数，cm/s；

n——土体的孔隙率；

c——常数，$c = 42\left(1/s^{\frac{1}{2}} \cdot \text{cm}^{\frac{1}{2}}\right)$。

b. 康特拉契夫公式

$$J_c = \frac{\dfrac{\gamma_s}{\gamma} - 1}{1 + 0.43\left(\dfrac{d_0}{d}\right)^2} \tag{5.3.37}$$

式中　d——流失颗粒粒径；

d_0——水力当量孔径，其值为

$$d_0 = 0.214\eta d_{50} \tag{5.3.38}$$

其中，d_{50} 为土体中值粒径；$\eta = \dfrac{d_n}{d_{100-n}}$，而 d_n 及 d_{100-n} 分别为相应于土的颗粒级配曲线上百分含量为 n 及 $100-n$ 的粒径（n 为孔隙率）。

③接触冲刷临界坡降计算。当渗流沿着两种不同土层的接触面流动时（图 5.3.18），其临界坡降 J_c 可按范德吞方法确定。根据试验资料，$J_c = f\left(\dfrac{d}{D}\right)$ 的关系曲线如图 5.3.19 所示。

（4）临界渗透流速计算

尾矿堆积坝的渗流逸出处及尾矿与反滤层间的渗透流速应小于临界渗透流速，以保证其渗透稳定性。当渗流方向自下而上垂直于两土层的接触面流动时，其接触面上的临界流速 v_1（cm/s）临界渗透流速公式如下。

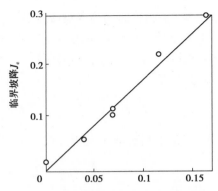

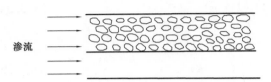

图 5.3.18　沿两种不同土层接触的渗流　　　图 5.3.19　临界坡降 J_c 的关系曲线

①公式一。

$$v_1 = 0.26d_{60}^2\left(1 + 1\,000\,\frac{d_{60}}{D_{60}^2}\right) \tag{5.3.39}$$

式中　v_1——临界渗透流速,cm/s;

　　　　d_{60}——尾矿或基土的控制粒径,mm;

　　　　D_{60}——第一层反滤料的控制粒径,mm。

②公式二。

$$v_1 = 60\sqrt[3]{k} \tag{5.3.40}$$

式中　v_1——临界渗透流速,m/昼夜;

　　　　k——渗透系数,m/昼夜。

当式(5.3.40)中临界渗透流速和渗透系数单位采用 m/s 时,则公式为:

$$v_1 = 0.030\,7\sqrt[3]{k}$$

③公式三。

$$v_1 = \frac{\sqrt{k}}{15} \tag{5.3.41}$$

式中　v_1——临界渗透流速,m/s;

　　　　k——渗透系数,m/s。

2)渗流时的稳定边坡

(1)不透水地基上饱和尾矿堆积坝坡[图 5.3.20(a)]

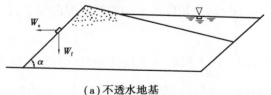

(a)不透水地基　　　　　　　　　　　(b)透水地基

图 5.3.20　饱和尾矿的坝坡

此时流线可视为平行于地基,渗透坡降 $I \approx \tan \alpha$,设坡面有一土微体处于平衡条件,其体积为 1,土微体浮重为 $W_f = \gamma_f$,所受渗透压力 $W_s = \gamma_0 \tan \alpha$,则滑动力 $N_h = W_f \sin \alpha + W_f \cos \alpha$,抗滑力 $N_k = (W_f \sin \alpha - W_f \cos \alpha) \tan \varphi$。

安全系数：

$$K = \frac{N_k}{N_h} = \frac{\gamma_f \cos\alpha - \tan\alpha \sin\alpha}{\gamma_b \sin\alpha} \tan\varphi$$

设计坝坡应满足下式要求：

$$\tan\alpha \leqslant \frac{-K\gamma_b \pm \sqrt{K^2\gamma_b^2 + 4\gamma_f \tan^2\varphi}}{2\tan\varphi} \tag{5.3.42}$$

式中　α——稳定的边坡角，(°)；

　　　K——安全系数，查表5.3.4；

　　　γ_b、γ_f——尾矿的饱和容重、浮容重，t/m^3；

　　　φ——尾矿内摩擦角，(°)。

（2）透水地基上饱和尾矿堆积坝坡［图5.3.20（b）］

此时流线可视为平行于坝坡，渗透坡降 $I \approx \sin\alpha$，土浮重 $W_f = \gamma_f$，渗透压力 $W_s = \gamma_0 \sin\alpha$，则滑动力 $N_h = W_f \sin\alpha + W_s$，抗滑力 $N_k = W\cos\alpha \tan\alpha$。

安全系数：

$$K = \frac{W\cos\alpha \tan\varphi}{W\sin\alpha \, W_s} = \frac{\gamma_f + \tan\varphi}{\gamma_b \tan\alpha}$$

设计坝坡应满足下式要求：

$$\tan\alpha \leqslant \frac{\gamma_f}{k\gamma_b} \tan\varphi \tag{5.3.43}$$

表5.3.4　坝坡抗稳定性最小安全系数

计算方法	运行条件	尾矿坝等级			
		1	2	3	4、5
简化毕肖普法	正常运行	1.50	1.35	1.30	1.25
	洪水运行	1.30	1.25	1.20	1.15
	特殊运行	1.20	1.15	1.15	1.10
瑞典圆弧法	正常运行	1.30	1.25	1.20	1.15
	洪水运行	1.20	1.15	1.10	1.05
	特殊运行	1.10	1.05	1.05	1.00

5.4　土的渗透变形及反滤层设计

5.4.1　砂砾料反滤层的设计

在渗流出口处，如坝下游浸润线出逸处、坝地基下游出逸处、渗流进入坝体排水处、渗流在土坝心墙或斜槽或斜墙下游面出逸处等，铺设反滤层，可以防止土体的渗透变形。

1)对反滤层的要求

反滤层的要求如下:

①当被保护土设置反滤层后,应不出现渗透变形,同时,要求反滤层借本身自重起压盖作用,避免渗流出逸处的地基土连同反滤层一起浮动。

②反滤层应有足够的透水性,不致影响地表水的渗出速度而阻碍排水。

③反滤层的各层堵塞量,不应超过5%。

④铺筑反滤层的材料,如砂、砂砾、砾石、碎石、卵石等,均应未经风化,而且不应为水流所溶解,同时小于0.1 mm颗粒的含量不超过5%。

2)反滤层的类型

根据渗流进入反滤层的方向,水工建筑物反滤层基本上可概括为以下3种类型。

①第一类反滤层。渗流从上向下时,反滤层位于被保护土的下方(图5.4.1),渗流方向与重力方向一致,即使没有渗流作用时,被保护土也可因本身自重坠入反滤层内。因此,设计此类反滤层,主要应根据几何关系的原则。

②第二类反滤层。渗流从下向上时,反滤层位于被保护土的上方(图5.4.2),渗流进入反滤层的方向与重力方向相反,被保护土若没有渗流的带动,就不会进入反滤层。因此,设计此类反滤层除要满足几何条件外,还要考虑水力条件。反滤层的厚度,应起盖重作用,以保证整体稳定性。

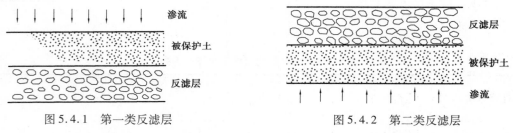

图5.4.1　第一类反滤层　　　　　　　　图5.4.2　第二类反滤层

③第三类反滤层。渗流沿水平方向流动,反滤层位于被保护土体的前方,例如,闸坝下游的排水减压井的反滤层(图5.4.3)。

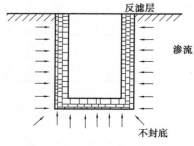

图5.4.3　第三类反滤层

所有其他倾斜方向的渗流,均可简化为上述三种类型之一考虑。

3)反滤层级配的选择

第一类反滤层级配的选择。对于被保护土的第一层反滤料,建议用下列方法确定,即

$$D_{15}/d_{85} \leqslant 4 \sim 5 \tag{5.4.1}$$

$$D_{15}/d_{15} \geqslant 5 \tag{5.4.2}$$

式中 D_{15}——反滤料的粒径,小于该粒径的土占总土重的15%;

  d_{85}——被保护土的粒径,小于该粒径的土占总土重的85%;

  d_{15}——被保护土的粒径,小于该粒径的土占总土重的15%。

当选择第二、第三层反滤料时,可同样按以上方法确定。但选择第二层反滤料时,以第一层反滤料为保护土;选择第三层反滤料时,以第二层为被保护土。对于以下情况,建议作某些简化后,仍用以上方法初步选择反滤料,然后通过试验确定。

对于不均匀系数较大的被保护土,可取 $\eta \leqslant 5 \sim 8$ 细粒部分的 d_{85}、d_{15} 作为计粒径。

图 5.4.4 适用于反滤层位于下方(第一类)或上方(第二类)。如果不允许黏性土接触区表面有剥落,则反滤层的选择应按图 5.4.5 确定。此图适用于上升渗流时坡降在 3 以下以及同下渗流时坡降在 1 以下的情况。

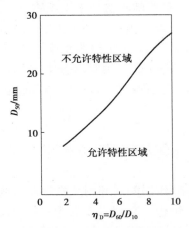

图 5.4.4 保护黏性土的反滤层级配设计 1

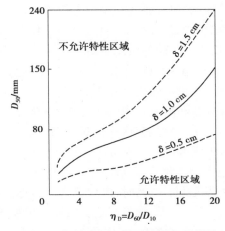

图 5.4.5 保护黏性土的反滤层级配设计 2

5.4.2 土工织物反滤层设计

1)土工织物的材料和类型

现代纺织工业已能制造出一些工程所需的效果良好的合成织物。材料主要是聚合纤维。由于聚合纤维的类型和制造方法不同,以及织物结构的不同,使得织物之间在力学和水力性质方面有很大的差异。

用于制造土工织物的聚合物最普遍的有:聚丙烯、聚酯、尼龙、聚酰胺和聚氯乙烯。

根据制造的方法,土工织物可分为以下 3 种类型:

①纺织型:由两组正交的纤维有规则地编织而成。这种纤维是挤压成圆形断面的长纤维或是切割塑料薄膜而成的塑料条。

②针织型:由单股纤维有规律地编织而成,与编织毛衣相似。

③非纺织:由纤维呈无规则排列状态组成,与毛毯相似。制造时,先将纤维无规则地铺成薄层状,构成无强度网状物。随后,按下述三种方法中的一种使之成型并获得强度:

a.化学黏结法。将某种化学物质加在薄层网状物上,使纤维黏结在一起。

b.热黏结法。对网状物同时加热加压,使之部分融化,从而黏结在一起。

c.针刺机械黏结法。用特种小针在薄层网状物上来回反复穿刺,使纤维黏结在一起。用这种方法制成的土工织物较厚,通常为 2 ~ 5 mm,而热黏结的薄一些,一般为 0.5 ~ 1.0 mm。

此外,由两种或多种织物混合组成的织物称为复合织物。

2)土工织物的功能

土工织物具有的功能达 16 种之多,可概括为水力功能和力学功能两大类。属于水力功能的有:排水、防渗、固体颗粒料中的反滤和流体中的反滤。属于力学功能的有:支垫、隔离、路面铺护、帷幕、约束受力、韧带、护面、加固、吸收能量、开裂区屏障、黏结和润滑。在使用中,根据所需功能不同,采用不同的布置。

土工织物的水力性质受力学性质的影响,所以须考虑拉应力与压应力的作用。关于拉应力对土工织物的水力性质的影响,尚未能通过试验予以评价。但对于纺织型的土工织物,拉应力将增加线间的距离,其结果是增加液体和固体对它的渗透性。对热黏结的非纺型土工织物也是如此,对针刺非纺型土工织物的影响尚难以估计。对针刺非纺型土工织物,拉应力一方面使织物的长度增加,而另一方面使其厚度减小。所以,当针刺非纺型土工织物受拉应力时,其长纤维之间的距离是增还是减,不易确定。在很多情况下,土工织物承受着拉力,因而有必要进行试验以评定拉应力对织物过滤性的影响。至于压应力对织物渗透性的影响,对纺织型土工织物和热黏结非纺型土工织物来说,由于它们的压缩性很低,很可能是不重要的,仅仅对针刺非纺型土工织物才考虑这种影响。

3)土工织物应用的一般设计原则

土工织物在工程中的应用历史很短,其长效性和耐久性究竟如何,有些问题不很清楚。因此,土工织物的大多数应用设计也还是半经验的。

在选定土工织物时,设计者必须考虑织物的施工问题、作用问题和耐久性问题。施工问题包括储运、加工、修整和减少损耗。织物的厚度和单位面积质量,以及整卷织物的宽度和长度等因素对于织物的加工、储运和铺设都是重要的。织物还必须有适当的力学特性,能抗御施工过程中的损毁,同时价格应当合理。土工织物较普遍的应用是反滤、防渗、隔离和加固。在选定织物时,应考虑其特性,能按照要求发挥作用。

织物的耐久性是很重要的。有关耐久性须考虑的因素有生物的、化学的、紫外线、堵塞、机械磨损和温度等。

（1）施工问题

土工织物的宽度、长度、质量、密度和黏结的可行方法等都是设计者需要考虑的因素,但对它们的要求视具体应用情况而定。

在施工中,织物损坏的形式有多种,例如由于张拉强度不合适,织物在铺设时被撕裂。不过,大量的施工经验表明,普遍使用的土工织物,即使是轻量级的,也无问题。但织物却可能被土块或其他坚硬物戳破,可以把标准撕裂试验与施工要求相关联起来。从很高处掉落下来的粒块可能损坏铺在坚硬下卧层之上的土工织物。施工时,为了抗御机械损坏,设计者应考虑施工方法。同时应权衡是采用强度高的织物还是采取小心施工方法,究竟哪种更经济些。

除机械损坏以外,由于施工方法不当,可能使织物的水力性质退化。当织物铺设在很脏的水中或压入很软的泥泞中,织物的孔隙会大量堵塞,渗透性下降。在设计时要考虑不使织物承受大量的磨损,可通过设计来保证织物一侧是砂或更细的材料。

（2）耐久性问题

用于一般土工织物的聚合物材料都有高度抵抗有机物侵蚀的能力,对大多数化学侵蚀也有高度的抵抗力。在 pH 值为 4～9 的环境中,对土中可能存在的各种侵蚀作用均能保持稳定。聚丙烯对于 pH 值很高或很低的环境抵抗能力尤强。

某些织物在受到有机溶质如喷气机燃料和柴油燃料的作用时,会产生老化。像聚丙烯暴露在这种有机溶质中时间过长,织物的最后强度可降低 20%～30%,还使弹性模量降低,蠕变增大。但聚酯织物则不受这种溶质的影响。

所有聚合物在紫外线作用下都或多或少地加速老化。所以,除给予保护或掺用外加剂使其稳定外,没有一种聚合物可以长期曝光而不受影响。在一般温度下土工织物是稳定的。

已有实践经验表明,仅仅土工织物受动荷载和夹在粗大颗粒之间才会出现磨损破坏,如在织物的任何一侧为较细的材料,则此问题即可解决。织物用作反滤排水时,堵塞问题是最令人关心的。这个问题在设计中根据具体应用情况考虑解决。

在正常的岩土环境中,土工织物的使用寿命可长达几十年。有的专家如索顿、勒克乐克等认为,在合理的使用条件下,土工织物的寿命与传统的建筑材料一样长。

关于土工织物耐久性,现今研究的意见是,在埋藏的合理使用条件下它是耐久的,但是暴露在阳光下,它会很快老化变质。

应该注意,一些啮齿动物,如老鼠,还有苇根等植物,会在土工织物上打洞穿孔,破坏土工织物。

4) 土工织物滤层设计准则

土工织物滤层的设计,主要以被保护土的粒径和渗透系数为依据,选取与之相适应的孔径和透水性的土工织物作滤层材料,以满足防止渗透破坏和保持渗流畅通的目的。为此,设计准则有美国陆军工程师团准则和其他设计准则。

①美国陆军工程师团准则:

a. 当织物相邻土壤中含有占质量 50% 或 50% 以下的粉砂土(即塑性很小或无塑性、能通过 200 号筛)的土粒时,则:

- 织物孔隙尺寸的 E_{os} 应小于土壤 d_{85},也即

$$E_{os}/d_{85} \leq 1 \tag{5.4.3}$$

式中,d_{85} 为被保护土小于 85% 颗粒质量的粒径。

- 织物开孔面积不超过 50%。

b. 当织物邻近土壤黏性很小或无黏性,所含粉砂占 50% 时,则:

- 织物 E_o 不能大于 70 号筛的孔径,即 0.208 mm。

- 开孔面积不超过 10%。

c. 为了减少淤填的可能性,规定相应于织物当量孔径 E_{os} 的筛号不大于 100 号,孔径为 0.141 mm。

d. 对于土壤质量 85% 或其以上颗粒小于 200 号筛孔(孔径 0.074 mm)者,要求织物滤层和土壤间铺设一层等于或大于 15 cm 厚的细砂隔层。

e. 水力坡降比(c)值,如在 24 h 试验时间内大于 3,则表明织物正被堵塞。一般砂土的值大于 1。

当量粒径 E_{os} 的定义为:用各种尺寸的玻璃珠在织物上筛分,当筛余某一粒级的玻璃珠为 5% 时,该粒度玻璃珠的相当粒径称为 E_{os} 或 O_{95}。

水力坡降比,测量的方法是,在恒水头渗透计中,织物上下两侧放置土柱,然后进行 60 h

水流由上而下的渗透比降试验而得出：

$$e = \frac{h_i}{h_1}$$ （5.4.4）

式中　h_i——织物下面土柱 2.5 cm 加上织物厚度的水力坡降；

　　　h_1——织物上面土柱 5 cm 处的水力坡降。

②其他设计准则：

a. 美国科罗拉多大学准则

$$O_{90} < 2d_{85}$$ （5.4.5）

b. 奥金科准则（Ogink）

$$O_{90} < 1.8d_o$$ （5.4.6）

c. 荷兰海岸工程学会准则

$$O_{90} < 10d_{50}$$ （5.4.7）

d. 基劳德准则：若土料线性均匀系数 $C_u' > 3$，则

$$O_{95} < \frac{18}{C_u'}d_{50}$$ （5.4.8）

土工织物透水性准则一般具有如下形式：

$$k_g > 10^n k_s$$

式中，n 值一般为 1~2。

上述准则中，O_{95}、O_{90} 为土工织物的有效孔径，d_{90}、d_{85}、d_{50} 分别为被保护土在颗粒组成累积曲线上含量为 90%、85%、50% 时的颗粒粒径，k_g、k_s 分别为土工织物和被保护土的渗透系数。

5.5　后期坝的计算

5.5.1　尾矿库边坡常见的滑坡形式

尾矿库边坡常见的滑坡形式示意图如图 5.5.1 所示。

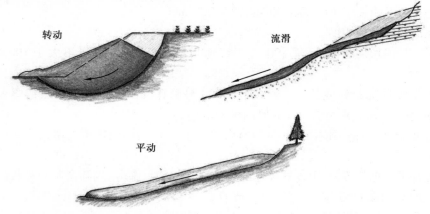

图 5.5.1　尾矿库边坡常见的滑坡形式示意图

造成滑坡的原因：

①振动：地震、爆破；

②土中含水量(降雨、蓄水、使岩土软化,坝背水坡浸润线)和水位变化(存在渗透力变化)；

③水流冲刷：使坡脚变陡；

④冻融：冻胀力及融化含水量升高；

⑤人工开挖：基坑、船闸、坝肩、隧洞出入口。

5.5.2 尾矿坝的稳定边坡

影响尾矿坝坝坡稳定的因素很多,诸如尾矿的抗剪强度(内摩擦角 φ 及凝聚力 C)、孔隙压力 u 和容重 γ、坝内浸润线位置、沉积滩长度、尾矿冲积分级情况、坝坡的坡度、总坝高与初期坝高的比值、初期坝的材料等,均对尾矿坝的坝坡稳定有直接的影响。为便于参考,特将冶金工业部建筑研究总院关于尾矿堆积坝坝坡的稳定研究成果介绍如下。

1)尾矿的物理力学特性

尾矿的抗剪强度直接影响尾矿坝坝坡稳定性。根据库仑定律抗剪强度为：

$$\tau = \sigma \tan \varphi + C \tag{5.5.1}$$

式中　τ——尾矿抗剪强度,MPa；

　　　σ——作用在某一面上的垂直压力,MPa；

　　　φ——尾矿内摩擦角,(°)；

　　　C——尾矿凝聚力,MPa。

尾矿的内摩擦角 φ 随尾矿的颗粒组成、孔隙比、含水量、选矿加药类型等因素变化。但一般规律是尾矿的平均粒径越大,其内摩擦角也越大。一般砂性尾矿的内摩擦角为 28°~36°,粒性尾矿的内摩擦角为 12°~25°,尾矿的凝聚力一般较小,其原因是尾矿内黏粒($d<0.005$)含量较小,且冲填形成坝体的时间,要比一般自然土壤的形成时间要短得多,因此颗粒之间的凝聚力也小。

尾矿抗剪强度对坝坡稳定的影响,可用某尾矿坝的计算来说明。该尾矿坝的设计坝高为 120 m,尾矿堆积坝坡为 1：5.7。初期坝高 20 m,为堆石坝,坝坡为 1：2,沉积滩长为 400 m。根据二向渗流电拟试验所得的浸润线水位如图 5.5.2 所示。如果按均质坝考虑,坝体尾矿内摩擦角的变化对坝坡稳定安全系数的影响见表 5.5.1 和如图 5.5.3 所示。

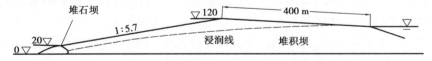

图 5.5.2 某尾矿坝设计剖面浸润线图

表 5.5.1 内摩擦角对坝坡稳定的影响

内摩擦角/(°)	12	15	20	25	28	29	31	33
安全系数	0.684	0.877	1.169	1.496	1.708	1.779	1.930	2.084

由图 5.5.3 可见,尾矿内摩擦角与坝坡安全系数基本上呈线性关系。这是因为一般尾矿

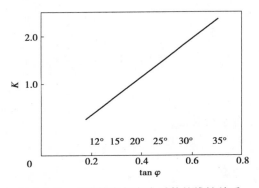

图 5.5.3　内摩擦角与安全系数的线性关系

的凝聚力很小,对较高的尾矿坝的坝坡稳定影响甚小。因此尾矿内摩擦角与坝坡安全系数的关系基本上为通过原点的一条直线。即

$$\tan \alpha = \frac{K}{\tan \varphi}$$

$$K = \tan \alpha \cdot \tan \varphi \tag{5.5.2}$$

当内摩擦角在 $20° \sim 30°$,每一度的 $\tan \varphi$ 值相差 $0.02 \sim 0.023$,也即安全系数相差 $0.075 \sim 0.086$,影响是颇大的。

凝聚力 C 值对坝坡稳定的影响如图 5.5.4 所示。由图 5.5.4 可见,也基本上为直线变化,C 值与安全系数的关系为:

$$K = K_0 + \cot \beta \tag{5.5.3}$$

式中,K_0 为 $C = 0$ 时的安全系数。

从图 5.5.4 可以看到,当 C 值从 0.005 MPa 增至 0.01 MPa,凝聚力增加 1 倍,安全系数仅增加了 0.05,影响是甚小的。只有当坝高较低时,滑弧上的垂直应力不大,凝聚力对尾矿抗剪强度才有相当的影响。

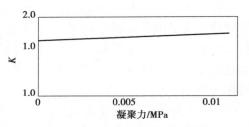

图 5.5.4　凝聚力与安全系数的线性关系

由图 5.5.3 及表 5.5.1 可见,当坝坡、初期坝高的比例、结构形式、沉积滩长度及浸润线位置等影响坝坡稳定的因素固定不变时,一定的内摩擦角有其极限的筑坝高度。如该坝 $\tan \varphi < 0.32$ 时,安全系数就小于 1.0。因此坝坡为 1:5.7,初期坝高为 $H/6$(H 为尾矿坝总高),浸润线位置与沉积滩长度如图 5.5.2 所示。当 $\varphi = 18°$ 时,其极限筑坝高度就为 120 m。也就是说在此条件下,坝高需筑至 120 m 时,尾矿的内摩擦角不能低于 18°,不然就不可能堆至 120 m 高度。

当坝坡、浸润线位置、沉积滩距离及初期坝高比值为一定的条件下,不同内摩擦角的尾矿有其可能筑坝的极限高度。例如,坝坡为 1:5,沉积滩距离为 $100 \sim 200$ m,初期坝的高与总坝高度的比值为 1/4 时,不同坝高及尾矿内摩擦角与安全系数的关系如图 5.5.5 所示。内摩擦角 $\varphi = 12°$,极限高度为 20 m($K = 1.0$);$\varphi = 20°$,极限高度可达 200 m;$\varphi = 25°$,$H = 200$ m,此时安全系数 K 大于 1.2。所以当尾矿抗剪强度较高时,就坝坡稳定来说,其筑坝高度基本上不受限制。其他摩擦角的极限高度见表 5.5.2。

表5.5.2 不同内摩擦角对坝坡稳定的影响

内摩擦角 $\varphi/(°)$	12	14	16	18	20
极限高度 H/m	20	27	40	80	200

尾矿的容重对坝坡稳定也有一定的影响,如图5.5.2所示的尾矿坝,天然容重在$1.5\sim$ $1.8\ t/m^3$变化时,容重对坝坡稳定的影响如图5.5.6所示。由图5.5.6可见,其影响是甚微的,当容重相差$0.1\ t/m^3$坝坡安全系数仅相差3%左右。

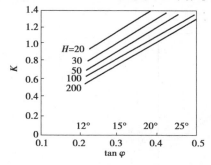

图5.5.5 坝高、内摩擦角与安全系数的线性关系　　图5.5.6 尾矿容重的影响

此外,尚有孔隙水压力对坝坡稳定的影响,由于尾矿冲填筑坝速度甚慢,一般均要十几年,甚至几十年才能冲填至设计高度。根据有些尾矿坝的现场实测,孔隙水压力已基本消散。因此在一般情况下,细粉砂类尾矿坝的孔隙水压力可以不考虑,抗剪强度按充分固结计算。只有当尾矿颗粒较细或堆筑速度较快的情况下,才需考虑孔隙水压力的作用。

2)浸润线位置

尾矿坝内浸润线位置的高低,是影响坝坡稳定的主要因素之一。当渗透水通过坝体时,坝体受到渗透水的动水压力,其方向与渗流的流线方向相同,这将降低坝坡的稳定性。图5.5.2所示的尾矿坝,其浸润线升高或降低时,对坝坡稳定安全系数的影响见表5.5.3及图5.5.7。

表5.5.3 浸润线位置对坝坡稳定的影响

水位/m		干尾矿堆	浸润线降低/m				电拟浸润线位置	浸润线升高/m				平坝面
			10	5	2	1		1	2	5	10	
$L=80$	K	2.502	2.280	2.148	2.062	2.031	2.000	1.964	1.915	1.518	1.232	1.232
	%	125.1	114.0	107.4	103.1	101.6	100	98.2	95.8	75.9	61.6	61.6
$L=100$	K	2.535	2.077	1.948	1.859	1.816	1.770	1.716	1.649	1.441	1.302	1.258
	%	143.2	117.3	110.1	105.0	102.6	100	96.9	93.2	81.4	73.6	71.1
$L=110$	K	2.559	1.998	1.878	1.782	1.745	1.708	1.665	1.620	1.482	1.335	1.270
	%	149.8	117.0	110.0	104.3	102.2	100	97.5	94.8	86.8	78.2	74.4

表5.5.3及图5.5.7中 L 为滑弧深度,是从坝顶向下算起。在图5.5.7及表5.5.3中,干尾矿堆是无渗流的情况,因此安全系数甚大。浸润线平坝面是假定坝面由于长期下雨接近饱和的情况,浸润线接近坝面而没有逸出。

由表5.5.3及图5.5.7可见,浸润线位置的高低对坝坡稳定性影响很大,基本上是相差1 m 水位,安全系数 K 就相差0.03～0.05,也即安全系数相差1.2%～2.5%。

一般浸润线在正常位置时,滑弧深度越深,稳定安全系数越低。但浸润线抬得相当高时(接近坝面或在坝面逸出),滑弧深度越浅,安全系数越低(图5.5.8),也就是坝坡的最小安全系数滑弧是在坝面下深度不大的范围内。

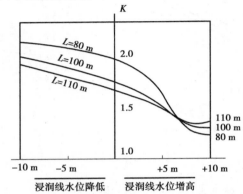

图5.5.7 浸润线位置与坝坡稳定的关系

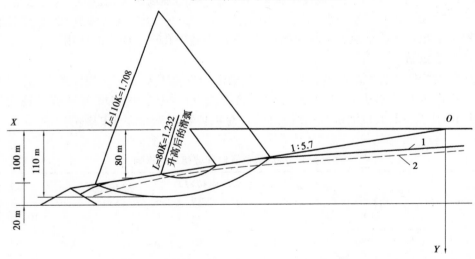

图5.5.8 浸润线升高后潜在危险滑弧位置的变化

1—升高10 m 后的浸润线;2—电拟试验的浸润线

以上浸润线是由渗透系数各向异性($K_Y/K_X=1/4$)的二向电拟试验得来。根据有关资料,与渗透系数各向同性($K_Y/K_X=1$)相比,上段基本一致,下游逸出段各向异性比各向同性高,增高率约占坝上游水头的3%。但是经计算坝坡稳定安全系数,各向异性要比各向同性低4%,且最小安全系数滑弧位置有很大变化。各向异性由于下游逸出段浸润线升高,最小安全系数滑弧位置前移,滑弧半径也减小,如图5.5.9所示。

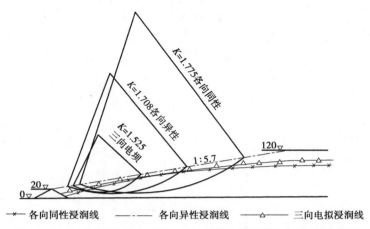

图 5.5.9　各向同性、各向异性、三向电拟浸润线的滑弧比较示意图

有关参考资料中,还进行了三向电拟的试验比较,其修正后的浸润线及坝坡稳定安全系数与滑弧位置如图 5.5.9 所示。由图 5.5.9 可见,随着浸润线的增高,坝坡稳定安全系数大为降低,最小安全系数滑弧位置更前移,滑弧半径也更减小。

因为浸润线的高低对坝坡稳定的影响是颇大的,故在设计尾矿坝时,正确预计坝内浸润线及尽可能降低浸润线,对合理设计尾矿坝是很重要的。

3)尾矿冲积分级

采用冲积法尾矿筑坝,粗颗粒尾矿沉积在近处,细颗粒尾矿沉积在远处,沉积毯面冲积分级比较明显,随着冲积坝不断上升,形成基本上与坝外坡相平行的层次。某尾矿库的尾矿坝地质勘察断面如图 5.5.10 所示。

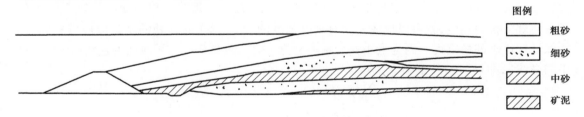

图例

□ 粗砂

▨ 细砂

▨ 中砂

▨ 矿泥

图 5.5.10　某尾矿库尾矿坝断面示意图

根据不同距离的沉积滩面的实测,其颗粒组成及物理力学特性见表 5.5.4。由表 5.5.4 可见,在沉积滩面 120 m 内,基本上属粗粒尾矿;在 120～160 m 内为中粒尾矿;大约在 200 m 远处属细粒尾矿;而矿泥层由于含量不多,仅沉积在尾矿库的底部。根据滩面及坝体勘察,可以假定该坝分层断面如图 5.5.11 所示。根据各层的不同抗剪强度进行坝坡稳定计算,其安全系数为 $K=1.928$。如果尾矿紊乱冲填,按均质坝计算(抗剪强度采用加权平均值),其安全系数为 $K=1.779$。因此按尾矿冲积分级的断面计算的安全系数,要比按紊乱冲填的均质坝计算高。可见合理的筑坝工艺及严格的管理能形成理想的坝体分层,是提高尾矿坝坡稳定的一个重要因素。

表 5.5.4　沉积滩面尾矿物理力学特性

至放矿口距离/m		干单位容重/(t·m⁻³)	天然含水量/%	单位容重/(t·m⁻³)	孔隙比	内摩擦角/(°)	凝聚力/MPa	平均粒径/mm	颗粒组成/%			尾矿分类
									>0.15	>0.074	>0.037	
垂直坝轴线	20	1.38	12	1.55	1.08	33.4	0.006	0.115	25	90	97	粗
								0.100	25	68	89	
	40	1.44	8	1.55	1.01	33.0	0.005	0.116	29	89	98	粗
								0.117	33		97	
	60	1.35	8	1.46	1.08	33.0	0.005	0.115	29	88	96	粗
								0.109	27	80	94	
	80	1.37	15	1.58	1.07	32.6	0.004	0.100	19	69	93	粗
									18	60		
	120	1.42	15	1.63	0.99	33.4	0.005	0.103	19	74	94	粗
								0.083	9	45	91	
	160	1.36	35	1.84	1.04	31.0	0.010	0.059	3	20	67	中
								0.050		14	54	
	200	1.31	40	1.84	1.13		0.010					细

经不同情况的计算及坝体坍滑破坏工程实例证明,坝体滑动经常是由局部坍滑引起的,也就是滑弧的深度及半径均不是很大。如图 5.5.11 所示,该坝只要保持 200 m 沉积滩内尾矿有足够的抗剪强度,就可以形成一个有足够强度的坝壳,200 m 远处的尾矿即使较软弱,也能保证尾矿坝的稳定性。因为最小安全系数滑弧不会超过 200 m 沉积滩面的连线(图 5.5.11 中的虚线),即是"坝壳"的概念。

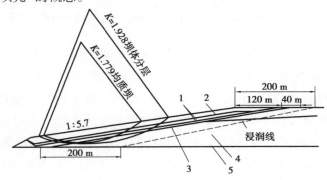

图 5.5.11　尾矿坝分层示意图

4)坝坡变化

坝坡坡度对尾矿坝的稳定性是有直接关系的。图 5.5.2 所示的尾矿坝坝坡,如采用不同的坡度,其安全系数变化很大,计算结果见表 5.5.5。

表 5.5.5　不同坝坡的安全系数

坝　坡	1：2	1：3	1：4	1：5.7	1：7
安全系数 K	0.954	1.188	1.393	1.708	1.892

坝坡变化对安全系数的影响如图 5.5.12 所示。由图 5.5.12 可见，随着坝坡减缓，如安全系数要求大于 1.2，则坝坡采用 1：3.5，该坝就已足够稳定了。

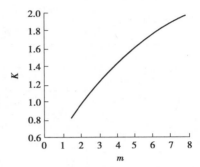

图 5.5.12　坝坡变化对其安全系数的影响

坝坡越缓越稳定，这是一般的概念，当坝坡太缓时，由于坝外坡增长，浸润线虽然有所降低，但坝坡坡面距浸润线的距离缩小，浸润线就有可能逸出坝面，不利于渗流稳定。例如，当该坝坝坡为 1：7 时，浸润线已接近坝面，再要减缓坝坡，浸润线就要逸出。因此，这里有一个合理坝坡的概念。尾矿坝坝坡坡度的选择，应是在保证有足够的安全系数的前提下，坝坡不宜太缓，以避免浸润线逸出，不利于渗流稳定。此外，坝坡过缓，就减少了尾矿库的库容及增加筑坝工程量，这也是不经济的。

5) 初期坝及堆积坝高度的影响

初期坝体采用堆石坝体时，其抗剪强度要比尾矿高。

尾矿库当初期坝的库容充满后，开始采用尾矿冲填筑坝，以容纳更多尾矿，随着堆积坝的高度增加，坝体稳定的安全系数会下降。

6) 计算方法不同的影响

边坡圆弧滑动有多种计算方法，最常用的有两种，即瑞典圆弧法及毕肖普（Bisnop）法。第一种方法假定在滑弧内的土体为刚性体，绕滑弧圆心旋转而坍滑，对于相邻土条之间的相互作用力均没有考虑，其计算结果是偏于安全的。第二种方法考虑了相邻土条之间的相互作用力。这两种方法在有关参考资料中，均有计算程序。图 5.5.2 中尾矿坝的沉积滩为 200 m 时，采用上述两种方法的计算结果见表 5.5.6。

表 5.5.6　两种计算的比较

计算方法		瑞典圆弧法	毕肖普法
滑弧深度/m	$L=80$	1.674 100%	1.713 102.3%
	$L=100$	1.563 100%	1.604 102.6%
	$L=110$	1.546 100%	1.588 102.7%

由表 5.5.6 可见，两者计算结果相接近，相差仅 3%，圆弧法偏于安全。

以上所讨论的均是初期坝为堆石坝时的情况，对于初期坝为土坝的情况应另作研究。

原状尾矿坝料的抗液化能力比重新制备的要高，其高出的程度在 30% 以上。

同种尾矿坝料具有很相近的液化能力,例如,原状的尾矿泥在 20 次循环作用下产生 5% 双幅应变所需要的循环应力比大约为 0.25。

根据以上影响因素提出参考坝坡(表 5.5.7)。

表 5.5.7　参考坝坡

抗剪强度指标	堆积高度(由初期坝顶算起)/m	坝　坡	
		沉积滩长 100 ~ 200 m	沉积滩长 200 ~ 400 m
$\varphi = 15° ~ 20°$ $C \geq 0.02$ MPa	<10	1 : 3	1 : 3
	10 ~ 20	1 : 3 ~ 1 : 4	1 : 3 ~ 1 : 3.5
	20 ~ 30	1 : 3.5 ~ 1 : 5	1 : 3 ~ 1 : 4
	30 ~ 50	1 : 5 ~ 1 : 6	1 : 4 ~ 1 : 5
$\varphi = 21° ~ 25°$ $C \geq 0.01$ MPa	<20	1 : 3	1 : 3
	20 ~ 30	1 : 3 ~ 1 : 4	1 : 3 ~ 1 : 3.5
	30 ~ 50	1 : 3.5 ~ 1 : 5	1 : 3 ~ 1 : 4
	50 ~ 70	1 : 5 ~ 1 : 6	1 : 4 ~ 1 : 5
$\varphi = 26° ~ 30°$	<30	1 : 3	1 : 3
	30 ~ 50	1 : 3 ~ 1 : 4	1 : 3 ~ 1 : 3.5
	50 ~ 70	1 : 3.5 ~ 1 : 5	1 : 3 ~ 1 : 4
	30 ~ 50	1 : 5 ~ 1 : 6	1 : 4 ~ 1 : 5
$\varphi = 31° ~ 35°$	<40	1 : 3	1 : 3
	40 ~ 70	1 : 3 ~ 1 : 4	1 : 3 ~ 1 : 3.5
	70 ~ 100	1 : 3.5 ~ 1 : 5	1 : 3 ~ 1 : 4
	100 ~ 150	1 : 5 ~ 1 : 6	1 : 4 ~ 1 : 5

表 5.5.7 的适用条件:
①初期坝为堆石坝,初期坝高的比例为(1 : 4)~(1 : 6)。
②尾矿冲填分级良好。
③非地震区。
④尾矿内摩擦角指标为试验所得的小值平均值。

7)抗滑稳定分析原理

根据《尾矿设施设计规范》(GB 50863—2013)相关规定,目前尾矿坝抗滑稳定性分析主要采用瑞典圆弧法和简化毕肖普方法。

尾矿坝稳定性计算采用的工况及荷载组合如下:

正常运行:尾矿水位处于正常水位时的情况。

洪水运行:尾矿水位处于设计最高洪水位时的情况。

特殊运行:尾矿水位处于最高洪水位且遇到设计烈度地震时的情况。

根据《尾矿设施设计规范》(GB 50863—2013)的规定,尾矿坝稳定性计算考虑的荷载有:

①筑坝期正常高水位的渗透压力;

②坝体自重;

③坝体及坝基中孔隙压力;

④最高洪水位有可能形成的稳定渗透压力;

⑤地震惯性力。

根据尾矿库运行工况,稳定性计算荷载组合见表 5.5.8。

表 5.5.8 尾矿坝稳定计算的荷载组合

荷载组合		1	2	3	4	5
正常运行	总应力法	√	√			
	有效应力法	√	√	√		
洪水运行	总应力法		√		√	
	有效应力法		√	√	√	
特殊运行	总应力法		√		√	√
	有效应力法		√	√	√	√

根据《尾矿设施设计规范》(GB 50863—2013),尾矿坝抗滑稳定性最小安全系数见表 5.5.9。

表 5.5.9 坝坡抗滑稳定性最小安全系数

计算方法	运行条件	尾矿坝等级			
		1	2	3	4、5
简化毕肖普法	正常运行	1.50	1.35	1.30	1.25
	洪水运行	1.30	1.25	1.20	1.15
	特殊运行	1.20	1.15	1.15	1.10
瑞典圆弧法	正常运行	1.30	1.25	1.20	1.15
	洪水运行	1.20	1.15	1.10	1.05
	特殊运行	1.10	1.05	1.05	1.00

圆弧法计算坝坡稳定示意图如图 5.5.13 所示,其步骤如下。

①滑弧位置。

由于地基、初期坝、尾矿性质和其他外力条件不同,滑弧的位置可能有以下几种情况:

a.地基条件较好,一般容易在坡脚处发生滑动;

b.地基较软弱时,可能连同一部分地基一起滑动;

c.若初期坝强度较高,也可能在初期坝顶以上发生滑动;

d.在特殊情况下,最不利滑弧位置也可能发生在尾矿未达到最终堆积标高以前的某个断面上。

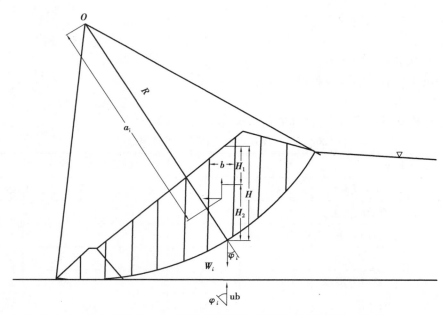

图 5.5.13　圆弧法计算坝坡稳定示意图

②圆弧法计算公式。

a. 考虑渗透压力、孔隙水压力和地震力时，通常采用地震总应力法公式计算安全系数。

$$K = \frac{\sum \left\{ cb \sec \psi + \left[(W_i \pm E'_i) \cos \psi - E_i \sin \psi - ub \sec \psi \right] \tan \varphi \right\}}{\sum \left[(W_i \pm E'_i) \sin \varphi + \dfrac{M_i}{R} \right]} \quad (5.5.4)$$

式中　K——安全系数，按表 5.5.9 采用；

　　　b——滑块土条宽度，m；

　　　ψ_i——土条底面中心点切线与水平线的夹角，(°)；

　　　u——土条底面的孔隙水压力，t/m²；

　　　W_i——计入渗透压力后的土条质量，计算时浸润线以上用湿容重，下游水位以下用浮容重，浸润线以下至下游水位间，当计算抗滑力时用浮容重，计算滑动力时用饱和容重，t；

　　　E_i——作用在土条重心处的水平地震惯性力，t；

　　　E'_i——作用在土条重心处的竖向地震惯性力，t，向下为正，向上为负，以采用不利于稳定的方向为准；

　　　M_i——土条水平地震惯性力对滑动中心的力矩，t·m，$M_i = E_i \alpha_i$，α_i 为土条的力臂；

　　　c、φ——土在地震作用下的总应力抗剪强度指标，t/m² 和 (°)；

　　　R——滑弧半径，m。

b. 如果不计竖向地震惯性力，则式 (5.5.5) 简化如下：

$$K = \frac{\sum (W \cos \psi - ub \sec \psi) \tan \varphi + cL}{\sum W \sin \psi + \dfrac{M_c}{R}} \quad (5.5.5)$$

式中　L——滑弧总长度，m；

M_c——作用在滑体重心的地震力矩，$M_c = Ea$，t·m；

其中　E——作用在滑动土体重心的水平地震惯性力，t；

　　　a——地震力至滑动中心的力臂，m。

c. 当不考虑地震力时，式(5.5.4)可简化为：

$$K = \frac{\sum \left[cb \sec \psi + (W_i \cos \psi - ub \sec \psi) \tan \varphi \right]}{\sum W_i \sin \psi} \tag{5.5.6}$$

式中　c、φ——采用有效抗剪强度指标，t/m² 和 (°)；

　　　K——安全系数，按表5.5.9采用。

5.6　尾矿坝的稳定性分析

尾矿坝稳定分析主要指抗滑稳定、渗透稳定和液化稳定的分析。

前面所叙述的尾矿坝设计过程，实际上是从填筑材料选择、坝体内部分带和地下水位控制方面确立坝体剖面的总体结构形式。然而，由于未经坝体在各种荷载条件下的稳定性分析和状态评价，只能视作假定的或试验的坝体轮廓设计，还不能算尾矿坝工程设计的完成。

稳定性分析的目的是验证各种试验边坡轮廓形状和内部分带条件下坝体的安全系数或破坏概率，以决定或重新设计坝体结构和几何参数。尾矿坝边坡稳定性分析是以总体上定量评价和预测坝体的工作状态，其在尾矿坝设计和管理中占有重要位置，也正是由于人们的重视，促使稳定性分析方法有了很大的发展。

5.6.1　尾矿坝地下水渗流场分析

尾矿库工程的最突出特点是，地下水渗流状态排他地成为控制坝坡稳定性和污染物迁移的决定性因素。因此，尾矿库地下水渗流状态的可靠分析与评价是尾矿库工程研究的关键。

渗流分析的主要目的有二：一是估计孔隙压力，以为稳定性分析提供输入数据，一般假设尾矿坝内渗流是在重力流动、稳态条件下发生的；二是确定尾矿库渗漏损失，以预测污染潜势，需要进行非稳态、瞬态或非饱和渗流评价，非饱和渗流是在毛细作用而不是在重力梯度下发生的。

1）上游型尾矿坝

上游型尾矿坝地下水位的确定比其他任何类型尾矿坝都复杂得多。地下水位受沉淀池水位置、所排放尾矿的横向和垂向渗透性变化、尾矿沉积层的各向异性、边界条件和其他因素的影响。下面分别讨论。

（1）沉积滩宽度的影响

沉淀池水相对于坝趾的位置即出露的尾矿沉积滩宽度(L)往往是影响地下水位的最重要因素。图5.6.1示出一个均质、各向异性的上游坝，取用几个由坝高(H)标准化的沉积滩宽度比(L/H)来说明近似的地下水位。在上述假定条件下，沉积滩宽度对地下水位的影响非常显著，特别是坡趾区的地下水位，因此成为影响稳定性的最重要因素。如果标准化的沉积滩宽度比L/H小于9，则可能产生危险的地下水位，L/H小于5则是不合要求的。

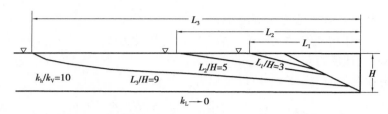

图 5.6.1 不透水基础上均质、各向异性的上游坝,尾矿沉积滩宽度对地下水位的影响

（2）横向渗透性变化的影响

影响上游坝地下水位的次重要因素是所排放的尾矿粒度离析引起的渗透性横向即水平方向上变化的程度。而渗透性变化程度取决于尾矿的级配、排放尾矿浆体浓度、周边排放的严格管理和池水控制。

图 5.6.2 示出上游型尾矿坝渗透性横向变化对地下水位的影响。其标准化沉积宽度比（L/H）变化从 3 到 7,渗透系数的各向异性比（k_h/k_V）从 1 变化到 10。渗透性变化的排放点处尾矿渗透系数（k_0）对沉淀池水边缘处尾矿泥带渗透系数（k_L）之比（k_0/k_L）来表征。图 5.6.2（a）和 5.6.2（b）表明,沉积滩渗透性变化可能与沉积滩宽度联合起作用,使得尾矿坝的关键部位产生低的地下水位。如果沉积滩渗透性变化大（$k_0/k_L = 100$）,即便窄的沉积滩宽度也可能产生可接受的地下水条件,如图 5.6.2（a）所示。反之,如果沉积滩较宽,则较小的渗透性变化也能满足要求,如图 5.6.2（b）所示。在中等的沉积滩宽度和各向同性渗透性条件下,沉积滩渗透性变化的程度可能是控制地下水位的关键因素。

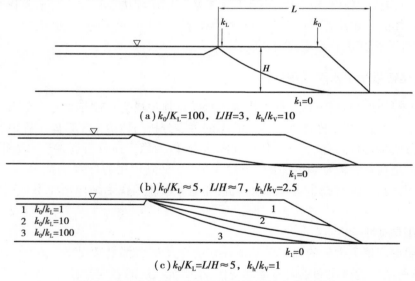

（a）$k_0/K_L = 100$，$L/H = 3$，$k_h/k_V = 10$

（b）$k_0/K_L \approx 5$，$L/H \approx 7$，$k_h/k_V = 2.5$

1 $k_0/k_L = 1$
2 $k_0/k_L = 10$
3 $k_0/k_L = 100$

（c）$k_0/K_L = L/H \approx 5$，$k_h/k_V = 1$

图 5.6.2 非均质上游坝沉积滩渗透性变化的影响

（3）各向异性的影响

图 5.6.3 示出尾矿砂-尾矿泥中等程度互层引起的各向异性即水平与垂直两个方向渗透性变化的影响。在各向异性渗透系数比 k_h/k_V 为 10～20 时,可能略微提高地下水位,而当沉积滩渗透性变化较大时,则减弱了各向异性的影响,如图 5.6.3（b）所示,在 $k_0/k_L = 20$ 条件下,$k_h/k_V = 16$ 和 $k_h/k_V = 1$ 的地下水位近于重合。一般地,各向异性对上游坝地下水的影响比其他因素的影响小。实际观察结果也证明,坝内渗流基本上是水平的,因为对水平分层比较

不敏感。然而应当指出,如果地下水位出现在坝面上或靠近坝面,即便地下水位较小的升高,都可能导致坝面上很高的"湿痕"上移。坝面上的饱和带可能引起沼泽化问题,进而损害整个坝体的稳定性。

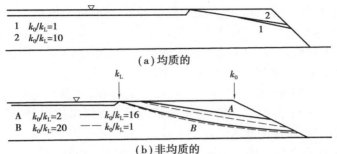

图 5.6.3　不透水基础上均质的和非均质的上游坝($L/H \approx 3$)各向异性的影响

(4)边界条件的影响

渗流的边界条件特别是基础的渗透性和初始坝的渗透性对地下水位有重大影响。图 5.6.4(a)示出均质、各向异性上游坝的基础渗透系数比尾矿大 10 倍的影响,即使沉积滩宽度较窄,透水基础也显著地降低了地下水位。图 5.6.4(b)表明,初始坝的渗透性对地下水位的影响是显著的,在初始坝渗透系数低于沉积滩尾矿情况下,初始坝可起到相对不透水障的作用,迫使地下水位升高超过初始坝顶至坝面上较高的溢出点。

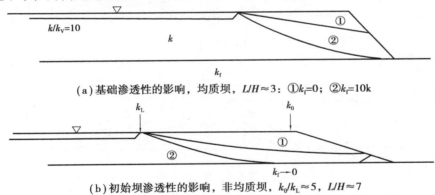

图 5.6.4　上游坝渗流边界条件对地下水位的影响
①—不透水初期坝;②—透水初期坝

(5)其他因素的影响

一个因素是由于固结引起孔隙比降低,从而使尾矿渗透性随深度而降低,一般可使渗透系数降低 5 ~ 10 倍,其决定于坝高和尾矿类型。

另外,前面的全部讨论都是把沉淀池作为唯一渗流水源处理的,而在尾矿排放过程中尾矿废水向沉积滩的渗透是影响地下水位的另一附加因素。经有限元分析结果表明,尾矿废水渗入比较小,靠近排放点处的渗入引起地下水位的升高也只相当于坝高的 2% ~ 10%,而且,现场观察结果也证实了这个预测。

总而言之,决定上游型尾矿坝地下水位的重要因素包括沉积滩宽度、所排放尾矿的渗透性变化和渗流边界条件。尾矿沉积滩宽度不是设计人员能控制的一个作业因素。此外,如果不采用尾矿旋流处理,也不可能通过提高沉积滩渗透性变化来满足设计要求。设计人员唯一能控制的因素是用透水初期坝和地下排水涵洞改善边界条件。实际上,众多因素不可能超前于作业得到控制或者预测。

2) 下游型尾矿坝

下游型尾矿坝地下水位的预测比上游坝简单得多。同样地,渗流边界条件和坝内各向异性是重要的,而尾矿沉积层本身的渗透性变化并不太重要。通常是在筑坝材料受控情况下通过内部分带实现地下水位控制,而不是在尾矿的众多可变因素情况下通过排放尾矿来实现。

下游型坝地下水位和孔隙水压力状态的预测可以采用普通水坝的预测方法。对于不透水基础上的有心墙下游型坝,由于忽略了堆积尾矿的存在,可能使地下水位估计略偏保守。然而,对于透水基础上的下游型坝,尾矿对水向基础渗入起阻滞作用,如果忽略了尾矿库中尾矿的存在,可能过高的估计渗透基础的地下水位。

图 5.6.5(a)示出具有斜心墙普通水坝的地下水位参数研究,图 5.6.5(b)示出与之类似的下游型尾矿坝地下水位状态。如果尾矿的渗透系数显著地低于心墙的渗透系数,下游型尾矿坝地下水状态与普通水坝相当。图 5.6.5 表明,坝下游壳与心墙的渗透系数比对地下水位有重大影响,一般,这个比值以在 100 以上为宜。

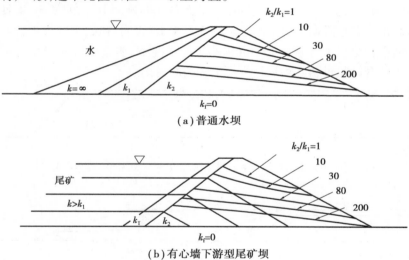

图 5.6.5　具有上游斜心墙坝体,下游坝壳与心墙渗透系数比对地下水位的影响

与上游型尾矿坝不同,下游型尾矿坝的各向异性非常显著,而坝体填料的各向异性或尾矿沉积层的各向异性对地下水位都有重要影响,其影响程度视心墙存在与否。

此外,如果采用旋流尾矿作业,下游坝或中心线坝都可能在旋流作业期间使大量水渗入坝体。其水量可能要比沉淀池渗出水量高出好多倍。在这种情况下,旋流作业和筑坝方法将控制地下水位。

3) 中心线型尾矿坝

中心线型尾矿坝内地下水位与普通心墙水坝情况相似。

5.6.2　边坡稳定性分析

基于尾矿坝几何形态和结构设计,以及强度特性,地下水条件和孔隙压力特性,便可以进行尾矿坝边坡静力稳定性分析。

1）尾矿坝稳定性分析

目前,边坡稳定性分析有两种基本分析方法,一是极限平衡方法,二是应力-应变方法。而可靠性分析方法实际上是这两种基本方法在可靠性理论基础上的延伸。极限平衡原理简单,能够直接提供安全性的量度结果;应力—应变分析方法通过数值求解,给出边坡体在应力作用下的变形图形和安全性指示;可靠性分析则进一步给出坝坡安全性的概率信息。一般地,首先进行试验坝坡剖面的极限平衡分析,当初步确定坝坡最终设计剖面之后,再采用数值分析方法,以检验极限平衡分析结果,最后采用可靠性分析方法,以明确坝坡的设计风险和工程风险。

2）极限平衡分析方法

极限平衡方法的基本思想是假定一个可能的简单形状的破坏面,求出沿这个面调动起来的应力状态和可能获得的强度,把此强度与应力相比较,即与沿该面引起破坏所必需的应力相比较,求出极限平衡状态下的安全系数。安全系数 F_s 定义:为使破坏面之上滑体处于静平衡状态,可获得的抗剪强度应当除以(缩小)的系数(倍数)。这里隐含两个简化的假定:一是破坏面之上的滑体是一个"刚性自由体",忽略了滑体内部的强度与变形的影响;二是沿整个破坏面的安全系数是一个常数,忽略了沿潜在破坏面应力分布不均匀的客观特征。同时应当指出,所计算的安全系数值只适合于所假定的一个破坏面。

为此,需通过多个破坏面的试算,最终求得安全系数最小的理论上临界破坏面位置。

大多数极限平衡原理都是基于条块法(图5.6.6)。设有 n 个条块,则有 $6n-2$ 个未知量:n 个有效法向力 N_i;n 个切向力 T_i;$n-1$ 个条块界面法向条间力 E_i;$n-1$ 个条块间切向条块间力 X_i;$n-1$ 个 E 的作用点(以 Z_i 给定);n 个 N_i 的作用点(以 L_i 给定);1 个安全系数。而根据

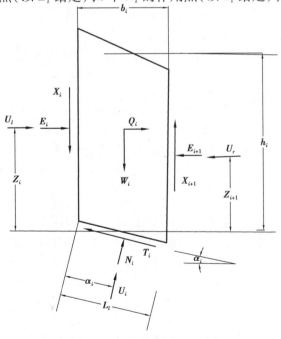

图5.6.6 作用在条块上的力系

W_i—条块自重;Q_i—条块水平作用力;U_l、U_r、U_i—条块两侧和基底的孔隙压力;

α_i—条块基底倾角;L_i—条块基底长度;b_i—条块宽度;h_i—条块高度

各条块水平向和垂直向力及力矩平衡,以及莫尔-库仑破坏准则,只能建立 $4n$ 个方程,显然,边坡稳定性分析实际上是一个高次超静定问题,为了求解,还必须作出 $2n-2$ 个独立的假定。

边坡稳定性计算的极限平衡方法假定潜在破坏面限定的材料作刚体滑动,而忽略了滑体材料内部变形影响。在工程实践中,虽然大多数尾矿坝滑坡(除震动液化引起的滑坡外)都以旋转滑动作为触发机制,但却有许多发生流动滑坡的实例报道。

3)总应力分析与有效应力分析的对比

在某种安全系数计算方法实际应用中,还必须进一步对总应力分析和有效应力分析方法进行选择。总应力分析是基于这样的假定,即水位降低后破坏面上的有效法向应力与水位降低前的有效法向应力相同,从而不考虑孔隙压力变化(由于荷载降低)对强度的影响。总应力分析比较简单。总应力分析使用不排水试验测定的抗剪强度参数,因为试验条件必须符合现场固结条件(各向异性或各向同性),不排水强度远比排水强度对试样扰动敏感,故必须非常仔细地测定和选择抗剪强度参数。有效应力分析更为合理,因为实际上是有效应力控制强度。有效应力分析使用排水试验(或有孔隙应力测定的不排水试验)的有效抗剪强度参数。有效应力分析是基于估计的孔隙应力,因此必须了解现场孔隙压力,而在施工之前估计现场孔隙压力参数,其精度难以保证。有效应力分析的一个优点是:在能够从现场安装的水压计中实测孔隙压力时,可用以检验分析结果。这两种分析方法应用于特定场合各有其优点,重要的是明确地识别出使用条件,例如,在分析不排水破坏问题时,有效应力分析可能表现出反常的应力途径,而总应力分析则可能得出满意结果,反之亦然。表 5.6.1 列出总应力分析与有效应力分析的简要对比。

表 5.6.1　总应力分析与有效应力分析对比

低渗透性饱和黏结土(相对于孔隙压力平衡所需时间短的场合)施工期条件	①采用不固结不排水试验的强度参数进行总应力分析一般可以得到满意结果; ②有效应力分析在理论上更合理,但需要在施工前估计孔隙压力,然而可以在施工过程中测定实际孔隙压力,并可据此进行重新分析,以检验前面的分析结果
低渗透性部分饱和土(坝体施工期相对于固结所需时间短)施工期条件	①采用不固结不排水试验的强度参数进行总压力分析通常是令人满意的(使用参数 C_u,φ_u); ②有效应力分析建立在估计的孔隙压力基础上,基于模拟现场荷载条件的实验室试验所测定的孔隙压力参数,在施工过程中监测孔隙压力的场合,可以检验分析结果
①土坡稳定渗流条件; ②天然或开挖边坡的长期条件	①应采用相当于最终库容的孔隙压力进行有效应力分析。适合的流网更便于孔隙压力确定; ②应采用相当于平衡的地下水条件的孔隙压力进行有效应力分析,适于流网确定孔隙压力
地震荷载条件下: ①低渗透性材料; ②高渗透性材料	①对于地震过程中允许孔隙压力几乎无消散的边坡,采用各向异性固结、循环荷载不排水试验测定的强度参数进行总应力分析,在这种情况下,难以为有效应力分析估计孔隙压力; ②有效应力分析适用于自由排水材料,采用各向异性固结,循环荷载试验测定的强度参数; ③对于这样的问题,除进行拟静力分析外,应采用地震响应(动力)分析

4）尾矿坝的稳定性分析

尾矿坝稳定性分析必须相应于尾矿坝整个服务期限内的不同时段不同荷载条件进行。其要求可参照《尾矿设施设计规范》（GB 50863—2013），由于坝上游边坡长期受尾矿支撑，一般不作稳定性评价，本节主要讨论坝下游边坡的稳定性分析条件。主要内容如下。

尾矿库初期坝与堆积坝的抗滑稳定性应根据坝体材料及坝基的物理力学性质，考虑各种荷载组合，经计算确定。计算方法推荐采用简化毕肖普法或瑞典圆弧法。地震荷载按拟静力法计算。稳定计算要求如下：

①新建尾矿坝在可行性研究阶段可不进行坝体稳定计算。

②扩建或加高的尾矿坝在可行性研究阶段应进行坝体稳定计算。

③初步设计阶段应对坝体进行稳定计算；

④三等及三等以下的尾矿库在尾矿坝堆至 1/2～2/3 最终设计总坝高时，一等及二等尾矿库在尾矿坝堆至 1/3～1/2 最终设计总坝高时，应对坝体进行全面的工程地质和水文地质勘察，对于某些尾矿性质特殊，投产后选矿规模或工艺流程发生重大改变，尾矿性质或放矿方式与初步设计相差较大时，可不受堆高的限制，根据需要进行全面勘察，并根据勘察结果，由设计单位对尾矿坝做全面论证，以验证最终坝体的稳定性和确定后期的处理措施。

⑤尾矿库挡水坝应根据相关规范进行稳定计算。

5.6.3　尾矿坝的抗震

我国是一个多地震的国家，许多尾矿坝建设在地震区。国外一些尾矿坝遭遇地震时所产生的震害是令人震惊的，国内一些遭遇地震的尾矿坝，虽然没有形成溃坝的恶果，也发生了明显的震害。国内外的震害经验表明，地震时尾矿坝容易产生液化，使尾矿坝失稳。

1）尾矿冲积坝地震液化危害

饱和砂土受到振动，剪切或渗透，部分或全部有效应力转化为孔隙水压力，称为液化。尾矿冲积坝多数为饱和细、粉砂（少数为中粗砂和砂壤土），在地震作用下很容易发生液化。因此，研究尾矿冲积坝的地震液化和动力稳定性是非常重要的。

新水村尾矿坝的震害情况如下：

①喷砂冒水区中主要在靠近水边线的沉积滩上，宽度约 30 m 范围，最大喷砂锥体直径为 1.2 m。

②宽裂缝区发生在距水边 100 m 左右的沉积滩上，在裂缝中有三条较大的宽裂缝，缝宽达 0.5～0.6 m。

③裂缝区发生在宽裂缝区的上部，分布宽度约 90 m，裂缝走向基本与水边线平行，而且距水边越远，裂缝越细小，缝间距离越大。

④土坝顶的子坝外坡块石护面塌陷。

⑤震后整个尾矿坝发生较大的变形，经实测尾矿的沉积滩面最大沉陷 1.2 m，而尾矿积堆坝的外坡面向外升高最大达 0.82 m。

此外，地震时，库区的水浪猛力向滩面上涌达 100 m，左右水面翻起水泡，水喷达几米高（据值班人员讲）。水退下以后滩面上出现大大小小的砂丘。

我国尾矿库的震害主要表现为库内滩面和个别坡面局部液化，喷砂冒水，局部坝坡开裂、坝体位移等，但仍可使用。这说明我国尾矿坝抗地震稳定性较好，同时也说明，上游法尾矿坝并非都是在地震情况下失去稳定,上游法坝体结构的下游面并非都是一个很薄的坝壳、内部均为矿泥;上游法堆坝在一定条件下,可以形成一个稳定的坝体,可以承受未固结尾矿和水的压力。

2)尾矿坝料液化性能及其预估

地震时尾矿坝因液化而丧失稳定性,这就促使了人们加强对尾矿坝料的液化性能的研究,通过这些研究可对尾矿坝料的抗液化性能有以下的认识:

①与天然砂和粉土相比较,在相同的密度状态下尾矿坝料的抗液化能力较低,其变化范围较窄。变化范围与尾矿坝料的种类有关,尾矿泥的比尾矿砂的要大些。

②原状尾矿坝料的抗液化能力比重新制备的要高,其高出的程度在30%以上。

③同种尾矿坝料具有很相近的液化能力。

④尾矿砂的抗液化能力随密度的增大而提高,原状尾矿泥的抗液化能力则与其孔隙比(密度)几乎无关。但应强调,这里所说的密度是指尾矿泥的天然沉积密度。尾矿泥的天然沉积孔隙比随细粒含量的增加而增大,孔隙比的增大使抗液化能力降低,但细颗粒增加本身则使抗液化能力提高。可能是这两种相反的作用相互抵消,原状尾矿泥抗液化能力基本不随密度产生明显的变化。

⑤尾矿坝料的抗液化能力与平均粒径有一定关系。当平均粒径为0.07~0.1 mm时液化应力比最低,当平均粒径大于或小于这个范围时液化应力比有所提高,特别是小于这个范围时提高尤为明显。

⑥根据原状尾矿坝料的试验,石原建议了一个预估尾矿坝料循环三轴不排水强度的经验公式:

$$R_L = 0.088\sqrt{\frac{N}{\sigma_v + 0.7}} + 0.085 \lg\left(\frac{0.50}{D_{50}}\right) \tag{5.6.1}$$

式中 R_L——在均等固结条件下,20次循环作用引起5%双幅应变所需要的循环应力比,即

$$R_L = \frac{\sigma_{a,d}}{2\sigma_3} \tag{5.6.2}$$

其中 $\sigma_{a,d}$——轴向循环应力幅值;

σ_3——侧向固结压力;

σ_v——尾料堆积体中土单元所受的有效覆盖压力,以MPa计;

N——标贯击数。

这个公式已被日本规范采用。

⑦根据国外的试验资料,Garga和McAoy给出了相对密度为50%时10次和30次循环作用引起液化所需的应力比与平均粒径的关系线。当一种尾矿坝料的平均粒径已知时就可以利用这些关系线确定相应的液化应力比。如果尾矿坝料的相对密度不等于50%,对尾矿砂则应按比例关系做密度修正,对尾矿泥则不做密度修正,其理由如前所述。这样求得的是在均等固结条件下的液化应力比,在非均等固结条件下的液化应力比,他们建议按下式确定:

$$R_{L,K} = R_L K_c \tag{5.6.3}$$

式中 R_L——固结比为K_c时的液化应力比,仍如式(5.6.2)所定义;

K_c——固结应力比,$K_c = \sigma_1/\sigma_3$,σ_1为轴向固结压力,σ_3同前。

上述的研究成果使人们对尾矿坝料的抗液化能力有一个较全面的认识。在预估原状尾

矿坝料的抗液化能力时必须考虑如下影响因素:

a. 侧向固结压力,它的影响可用式(5.6.2)定义的液化应力比来考虑。

b. 固结比 K_c。

c. 平均粒径。

d. 原状与重新制备的尾矿坝料抗液化能力的差别。

e. 尾矿坝料的密度。

f. 地震作用的历时,通常以循环作用次数表示。

可以忽视的因素有:

a. 颗粒的形状。

b. 级配特性。

c. 同一种尾料沉积形成的结构。

此外,利用石原公式确定尾矿坝料液化应力比时需要现场测定标贯击数,对于新设计的尾矿坝,这是不可能的。在 Garga 和 McAoy 方法中,试验资料既包含原状尾矿坝料,又包含重新制备的尾矿坝料,而且后者或许还多一点,但他们将其作为原状尾矿坝料的试验结果,这是不合适的。再者,用式(5.6.3)考虑固结比的影响也很不妥。

基于这些认识,介绍一种预估尾矿坝料抗液化能力的方法,其基本步骤如下:

①均等固结条件下液化应力比 R_L 与循环作用次数 N 的关系采用如下表达式:

$$R_{L,N} = \alpha N^\beta \tag{5.6.4}$$

式中,α、β 为两个参数。设 $R_{L,10}$、$R_{L,30}$ 分别为循环作用次数为 10 和 30 时的液化应力比,则

$$\alpha = 10 \frac{\lg R_{L,10} \lg 30 - \lg R_{L,30} \lg 10}{\lg 30 - \lg 10}$$
$$\beta = \frac{\lg R_{L,30} - \lg R_{L,10}}{\lg 30 - \lg 10} \tag{5.6.5}$$

②重新制备的尾矿坝料当相对密度为 50% 时,其液化应力比与平均粒径关系如下:

$$R_{L,10} = a_1 \left(\frac{\Delta}{2.75} \right)^{b_1} \left[1 + \left(\frac{D - D_{50}}{D_{50}} \right)^2 \right]^{c_1}$$
$$R_{L,30} = a_2 \left(\frac{\Delta}{2.75} \right)^{b_2} \left[1 + \left(\frac{D - D_{50}}{D_{50}} \right)^2 \right]^{c_2} \tag{5.6.6}$$

式中,Δ 为尾矿料的密度;a_1、b_1、c_1、a_2、b_2、c_2、D 为参数,由试验资料的统计分析确定。根据国外的试验资料,初步确定:$D = 0.1$,$a_1 = 0.152\ 6$,$b_1 = 1.330\ 56$,$c_1 = 0.116\ 0$;$a_2 = 0.129\ 5$,$b_2 = 1.735\ 4$,$c_2 = 0.086\ 6$。

③考虑密度、固结比、固结压力作用的持续时间的影响,抗液化强度按下式确定:

$$R_{L,D} = \alpha_{K_c} \alpha_p \alpha_{D_r} R_{L,N} \tag{5.6.7}$$

式中 $R_{L,D}$——次循环作用的液化应力比;

      $R_{L,N}$——相对密度 50% 重新制备的尾矿坝料在均等固结条件下 N 次循环作用的液化应力比,按式(5.6.6)和式(5.6.7)计算;

      α_{K_c},α_P,α_{D_r}——考虑固结比、固结压力作用持续时间和相对密度影响的修正系数。

$$\alpha_{D_1} = D_1 / 150 \tag{5.6.8}$$

α_P 按表 5.6.2 确定。Garga、McAoy 用式(5.6.3)考虑固结比的影响。试验资料表明,只

对较粗的尾矿砂才是适宜的;随细颗粒的增加,式(5.6.3)的偏差越来越大,固结比为2时尾矿泥的液化应力比甚至会低于固结比等于1时的数值。初步的考察表明,α_{K_c}与尾矿坝料颗粒的粗细,黏粒的含量或塑性指数以及其他一些因素有关,需要进一步研究。

按上述方法确定出来的在均等固结条件下的液化应力比与国外的试验数值相比较,其误差在±30以内,对于土工试验这样的误差是允许的。

表 5.6.2　α_p 的数值

固结压力作用持续时间	1 天	2 天	100 天	1 年	10 年	100 年
α_p	1.01	1.08	1.24	1.31	1.41	1.47

3)地震对尾矿坝稳定性作用的分析途径

地震对尾矿坝的作用有二:一是使坝体发生液化,孔隙水压力升高,抗剪强度降低,其破坏形式表现为流滑或过大的变形,直接引起坝体材料物理力学性质的变化;二是增加了坝体材料的地震惯性力,产生附加滑动力,其破坏形式表现为一部分坝体相对于另一部分发生滑动,不涉及坝体性质的变化。这是两种不同的破坏机制和分析方法,前一种是动力分析方法,后一种是拟静力分析法。一个坝用拟静力分析是稳定的,但仍可能由于液化而丧失稳定。因此,必须用动力法进行分析。主要内容为:

①液化判别分析。确定坝体内是否存在液化区、液化区的部位和范围。

②液化危害性分析。确定液化区尾矿坝地震性能的影响。

液化是一个很复杂的物理力学现象,受许多因素的影响。在液化分析中,应对这些影响因素予以考虑。液化分析的步骤为:

a.确定设计地震及相应坝基基岩运动参数。

b.用静三轴试验确定坝料及坝基土层的静力参数,进行坝体和坝基的静应力分析。

c.确定坝料及坝基土层的动力学参数,进行坝体和坝基的地震应力分析。

d.用动三轴仪做坝料在地震荷载作用下的强度试验,包括液化试验。

e.确定坝体坝基内液化区的部位和范围。

f.根据液化区在坝体中的部位和范围,估计它对坝坡稳定性的影响。

20世纪80年代以来,不少尾矿坝进行了此项工作,但由于地震受多种因素的影响,人们看到的是综合结果,难以深入认识液化本质,也不易找到有效的预防措施。因此,对有关问题通过试验和分析进行深入的研究是必要的,但目前的工作有两个问题:

①以理想剖面代替实际剖面引起的问题没有被人们重视。我们曾就金堆城木子沟尾矿坝的实测剖面和理想剖面分别作了动力分析,分析的结果表明,液化区的位置是不一致的。

②把浸润线以下的坝体视为饱和的,实际上尾矿坝是多层结构,有几条浸润线,浸润线之间的坝体是非饱和的,这些非饱和区对于坝体液化有什么影响,目前尚未进行深入研究。

4)提高尾矿坝抗震液化稳定性的技术措施

提高尾矿坝的抗震液化稳定性,除改良尾矿的沉积环境外,主要从降低地下水位、提高密度和增加有效覆盖压力着手。

从尾矿坝实际震情和地震的宏观现象来看,为了提高尾矿坝的抗液化能力,应注意以下几个方面的问题:

①选好库址。在库址选择时,应尽量选择基岩稳定、覆盖层薄及土质条件良好的坝址,特别是应避开饱和砂土、砂壤土、粉质壤土和含砾量不高的砂砾石地区,以及避开活动断层。

②有足够的滩面长度。库内水位远离坝顶时,即使靠近水边线的饱和尾矿沉积滩面液化,坝体剪应力增加,强度降低,但整个坝体仍具有足够的抗剪能力。和国外相比,国内的尾矿坝滩面长度较长,一般为 100 ~ 200 m,或更长一些,而国外尾矿坝的干坡段长度为 30 ~ 40 m,这是我国尾矿坝抗液化能力优于国外的重要原因之一。

③尽量降低浸润线。使浸润线以上的干燥区域有较大的厚度,其好处是:a. 浸润线以上不能饱和,失去了液化的先决条件,无水也就不存在孔隙水压力增加的问题。b. 浸润线降低后自然增加了有效压力。如果不降低浸润线,用压盖增加有效应力也具有同样的效力,但必须在压盖下部加强排水,控制浸润线的上升。

④提高尾矿坝体的密度。这也是防止震动液化的有效办法。自然沉积的尾矿坝体的密度是不大的,为了提高密度,可采用振冲碎石桩的办法,它的处理深度可达 15 ~ 20 m。

⑤加强放矿管理。尽量使透水性较好的中细砂沉积滩面,这样有利于孔隙水压力的消散和脱水固结,避免矿泥类尾矿在滩面沉积。

⑥保持库内水面和坝顶的安全高差,以避免涌波对坝体破坏。

⑦放缓坝坡,满足动力稳定的要求。如一般上游法采用 1 : 5 左右的下游坝坡,这样在库内发生液化时,增加对下游的水平推力,就有了足够的坝体维持其稳定。

近几年来,我国在降低尾矿坝的浸润线方面做了大量工作,取得了显著成绩。但就所有措施的实际效果来看,要想长期稳定地把浸润线降低到 5 ~ 7 m 以下(7 ~ 9 度地震不产生液化的最高地下水位值)是有困难的。而且有的研究指出,对于坝,即使比这个数值大,仍有液化的可能。因此应在增加覆盖压力和提高密度方面下功夫。

5.7　尾矿库溃坝计算

溃坝是尾矿库最严重的事故之一,而尾矿库下游往往存在着厂房、居民区与其他建构筑物,因而一旦发生溃坝,极有可能引发重特大事故。学者周帅对此做了深入研究,提出了基于三维实际几何场的尾矿库溃坝计算。在很大程度上,由于尾矿库溃坝泥砂流的演进速度与规模是由溃坝过程的速度和程度决定的,所以可以认为溃坝造成损失的程度和影响范围与溃坝过程紧密相关。由于溃坝模式对溃坝的速度和程度有较大影响,因此需要选择适合的溃坝模式。溃坝模式主要分为瞬间溃决与逐渐溃决,其主要取决于坝型和溃坝原因。一般情况下,认为重力坝和拱坝的溃坝模式为瞬间溃决,土石坝的溃坝模式为逐渐溃决。对于尾矿库这种由尾砂堆积而成的特殊坝体,通常认为属于土坝范畴。因此,在计算尾矿库溃坝影响后果时,确定尾矿坝溃坝模式为逐渐溃决。另外,尾矿库渗透变形、地震液化、坝坡过陡、洪水漫顶等因素诱发的溃坝事故中,由于洪水漫顶是发生频率较高(在尾矿库溃坝事故中,由洪水漫坝引起的溃坝占 55%,库水位过高导致子坝先失事再溃坝的占 20%),且影响范围相对较大,因此本节主要针对暴雨情况下尾矿库洪水漫顶导致的溃坝事故进行研究,即尾矿库在暴雨洪水的作用下,由于泄洪能力不足、排洪系统发生故障甚至瘫痪、洪水超过尾矿库自身设防标准等,而由于尾矿堆积坝的透水性差,所以在较短的时间里浸润面变化很小,库区水位就会在很短时间内上升,多余的水难以排出,导致尾矿库区洪水漫顶进而演变为溃坝。

5.7.1 BREACH 溃坝模型

由于溃坝过程十分复杂,溃口发展中存在着推移、悬移、崩塌等多种现象,尚无法准确用数学模型描述其过程。本节介绍 BREACH 溃坝模型计算,这种模型基于物理实验过程,属于逐渐溃坝范畴。

BREACH 模型是 Fread 于 1984 年开发的一个溃坝模型,1988 年模型又得到了修改。这种溃口数学模型的建立是基于水力学、泥沙输移、土力学、大坝几何尺寸与数学特征、水库库容特性、溢洪道特性以及入库流量随时间变化等相关内容。具体而言,模型主要由 7 个部分组成:溃口形成;溃口宽度;库水位;溃口泄槽水力学;泥沙输移;突然坍塌引起溃口的扩大;溃口流量的计算。该模型可用来计算由漫顶或管涌导致的溃坝,其中坝体可以设为均质的,也可以设为由两种不同特性材料组成的坝壳与心墙组成的。初始溃口设为矩形,当溃口处边坡坍塌之后,断面变成梯形。边坡坍塌发生在溃口深度不断发展并达到某一临界值(临界深度由坝体材料自身特性,如内摩擦角、黏结力、松密度等因素决定)时。除溃口边坡坍塌之外,模型假设水流对溃口底部与边坡的冲刷速度相等。同时,由于作用在溃口上游面的水压力超过了土体因为剪摩与黏结力而具有的抵抗力,所以溃口上游部分的坍塌也会导致溃口的突然扩大。但在坍塌发生时,溃口的发展会暂时停止,直到坍塌土体被水流以输沙能力的速度逐步带走为止。

对于漫顶溃坝,库区水位必须超过坝体侵蚀发生之前的坝顶高程。坝体侵蚀的第一阶段沿着图 5.7.1 中 A—A 线所示的大坝下游坡面发展,假设沿坡面有一条小矩形状溪流。在坝体下游坡面,逐渐侵蚀生成一条宽度取决于深度的渠。渠中水流流量利用宽顶堰公式确定。当溃口发展至坝体下游坡面时,溃口底部高程仍保持坝顶位置,溃口渠的最高上游点向坝体上游坡面移动穿过坝体堰顶。

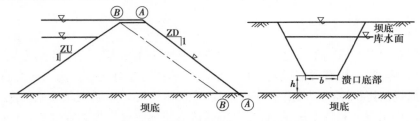

图 5.7.1　BREACH 模型侵蚀示意图

5.7.2 尾矿库溃坝泥砂流特性

尾矿库是一种特殊的工业构筑物,因为主要用于堆存选矿厂排放的尾矿废渣,造成了尾矿库是一种既储存尾砂、又储存水的构筑物。但与普通水库坝相比,尾矿坝主要在以下方面存在不同:组成介质上、几何形态上、力学行为上、服役方式上、构造上、用途上、筑坝工期、筑坝条件、基础形式、施工队伍、溃坝后果等 11 个方面。尾矿库坝体由初期坝和堆积子坝组成。初期坝一般是透水或不透水土石坝,堆积子坝则由尾矿砂堆积形成。随着选矿厂不断排放尾矿废渣,堆积子坝逐级堆积,直至达到设计要求。因此,尾矿库一旦溃坝,会产生大量泥砂流,即由尾矿砂与水相互作用形成的类似于泥石流状的流体。也就是说,尾矿库溃坝泥砂流是一种典型的固液两相流。根据熊刚的研究,作者将泥石流分为三类:$d>2$ mm 的颗粒所占的百分比很高($>80\%$),细颗粒很少,运动固体颗粒以推移为主,泥石流的容重由于颗粒组成较均匀而不是很高,这种称为水石流;第二种情况是 $d>2$ mm 的颗粒所占的百分比很低($<2\%$),细颗粒占主要成分,以悬移运动为主,颗粒组成相对较均匀,而且细颗粒的絮凝作用使得颗粒之间空隙变大,其容重也相对不是很高,这种一般称为泥流;第三种情况则是介于以上两种之间,即 $d>2$ mm 的颗粒所占的百分比在很大的范围内变化,在运动中固体颗粒处于悬移及推移状态的部分均占相当比例。这时其中的颗粒组成很不均匀,大小颗粒的填充作用使得粒间空隙变小,所以水沙混合体具有较高的容重,这便是一般所称的泥石流,也称为狭义泥石流。由于选矿过程中产生的尾矿砂普遍较细,具体而言,尾矿坝一般是由尾中砂、尾细砂、尾粉砂、尾粉土、尾粉质黏土及尾黏土堆积而成的,其粒径均不超过亚毫米级,所以,根据这种泥石流分类,尾矿库溃坝形成的泥砂流应当属于泥流。

目前,针对尾矿溃坝泥砂流的流变特性研究基本处于初步阶段,相关理论尚不成熟,因此,以泥石流流变模型成果为借鉴,选用适合的模型作为溃坝泥砂流的流变模型,不失为一种解决途径。流变性是泥石流最重要的物理力学特性,泥石流研究发展至今,国内外相关学者已经提出了多种流变模型,下节进行具体论述。

5.7.3 尾矿库溃坝泥砂流变模型

流变特性是区分高含沙水流与一般挟沙水流的一个非常重要的性质。所谓流变模型(Rheological model),指的是泥石流体中的应力和应变的关系。流变模型经过多年的研究发展,主要模型可分为 6 种,这些流变模型由于自身特点,分别适应不同的对象和情形,具体而言,主要为:①牛顿流体模型;②宾汉流体模型(黏塑性模型);③固体颗粒相互摩擦模型;④Bagnold 膨胀体模型(固体颗粒碰撞模型);⑤固体颗粒摩擦与碰撞混合模型;⑥二项式模型(黏塑性与碰撞混合模型)等。

1)牛顿流体模型

当降雨和固体颗粒混合后,形成体积浓度在 9% 以内的低含沙水流。流线在固体颗粒附近的变形、不对称颗粒在流速梯度场内的旋转及泥沙的絮凝作用,将使液体黏滞系数增加。在层流情形下,其流变特性基本符合牛顿流体模型,剪应力与剪切率的关系曲线为通过坐标原点的一条直线,牛顿流体模型的具体公式:

$$\tau = \mu_m \frac{du}{dy} \tag{5.7.1}$$

式中　μ_m——动力黏滞系数,Pa·s,与泥石流本身流变特性密切相关;

$\dfrac{du}{dy}$——切变率。

由于水体中含沙量较低,固体颗粒均为粒径均匀的刚性球体,且颗粒之间距离较大,所以颗粒间相互作用可以忽略不计。1956 年 Einstein 提出了动力黏滞系数的公式:

$$\mu_m = \mu_f(1 + 2.5C_v) \tag{5.7.2}$$

式中　μ_f——清水的黏滞系数,Pa·s;

C_v——固体颗粒含量,即体积浓度。

Einstein 的理论存在一定局限性,只能用于体积浓度 $C_v<3\%$ 的情况,且不考虑固体颗粒间相互作用的情形。

1983 年 Chu 对 Einstein 的公式进行了修正,重点考虑了固体颗粒因碰撞改变孔隙度导致固体颗粒水层发生变化的影响:

$$\mu_m = \mu_f(1 - \theta_1 K_1 C_v) \tag{5.7.3}$$

式中　$\theta_1 = (V_1 + V_2 + V_3) / (V_1 + V_2)$,$\theta_1$ 为固体颗粒碰撞时的具体参数;

$$K_1 = \frac{V_1 + V_2}{V_1} \tag{5.7.4}$$

其中　K_1——固体物的水层厚度,m;

　　　V_1——固体颗粒体积,m^3;

　　　V_2——固体颗粒边界水层的体积增加量,m^3;

　　　V_3——固体颗粒间孔隙水体积的增加量,m^3;

其余符号同前。

2)宾汉流体模型(黏塑性模型)

宾汉流体模型考虑高含沙水流的黏度随着浓度增加而增大,同时,由于细颗粒形成絮凝网状结构及粗颗粒之间摩擦而产生宾汉屈服应力 τ_B。当作用于流体的剪应力小于宾汉屈服应力 τ_B 时,流体不发生运动,这时,$du/dy = 0$;一旦宾汉屈服应力 τ_B 小于剪应力,流体开始启动,即

$$\tau = \tau_B + \mu_B \frac{du}{dy} \tag{5.7.5}$$

式中　μ_B——宾汉流体黏滞系数。

宾汉流体模型强调液相阻力而忽略了泥石流中的较粗颗粒。宾汉流体模型中的参数 τ_B 和 μ_B 并非常数,而是随着水沙混合物在颗粒组成、固体浓度、温度等方面不同而存在很大的变化范围。针对不同的泥石流,需要实验室测试才能确定参数 τ_B 和 μ_B 对于泥沙浆体,细颗粒泥沙的絮凝结果是宾汉屈服应力 τ_B 的主要原因,所以屈服应力出现的临界浓度,与泥沙颗粒大小及含量密切相关,粒径越小、含量越大,临界浓度越低。宾汉屈服应力 τ_B 包括细颗粒凝聚力 τ_c 和粗颗粒内摩擦力两部分:

$$\tau = \tau_B + \mu_B \frac{du}{dy} = \tau_c + P \tan \varphi + \mu_B \frac{du}{dy} \tag{5.7.6}$$

但需要注意的是,宾汉流体模型的基础修正的含固体颗粒的流变参数,所以,仅适用于流体层流流态。

3)固体颗粒相互摩擦模型

这种模型中,首先假设泥石流在运动过程中的动量交换的完成是在固体颗粒的缓慢运动过程中,固体颗粒之间紧密聚集且缓慢变形,完全可以忽略孔隙水的影响,颗粒间主要通过相互滑动摩擦完成能量交换。根据摩尔-库仑理论(Mohr-Coulomb 理论认为接触应力包含颗粒之间相互接触、传递剪切面以上颗粒压力及颗粒间的相互摩擦力),可以表示固体物质塑性流动时产生的剪应力。固体物质呈现塑性,则剪应力与剪切率两者间没有关系,即 τ 与 du/dy 无对应关系。摩擦模型的任一断面均包含一个关系式,即

$$\tau_c = C + P \tan \varphi \tag{5.7.7}$$

式中　τ_c——剪应力,kPa;

　　　C——凝聚力,kPa;

　　　P——正应力,kPa;

φ——内摩擦角,(°)。

4) Bagnold 膨胀体模型(固体颗粒碰撞模型)

Bagnold 膨胀体模型是 1954 年 Bagnold 提出的,在试验中,Bagnold 发现固体颗粒相互碰撞交换动量时,剪应力与切变率的平方成正比,具体公式如下:

$$\tau_c = \alpha \left(\frac{du}{dy} \right)^2 \tag{5.7.8}$$

式中　α——流体稠度指标,这个指标与固体颗粒的粒径及浓度有关。

5) 固体颗粒摩擦与碰撞混合模型

针对介于固体颗粒摩擦模型与碰撞模型之间的流体运动情形,McTigue、Johnson 和 Jackson 做了大量研究,发现对应剪切应力如式(5.7.9)所示。该模型适用于颗粒间距较大,颗粒在高浓度的情形下,其变形缓慢,动量交互因素为颗粒碰撞力和颗粒间摩擦力的泥石流运动。

$$\tau = C \cos \varphi + n_1 (C^2 - C_m^2) \sin \varphi + n_2 (C_m^2 - C^2) \left(\frac{du}{dy} \right)^2 \tag{5.7.9}$$

式中　n_1、n_2——特定系数;

　　C_m、C——泥石流固体颗粒最小、最大固体体积浓度。

该混合模型一般表达式如下:

$$\tau = \tau_y + \alpha \left(\frac{du}{dy} \right)^2 \tag{5.7.10}$$

式中　$\alpha = n_2 (C_m^2 - C^2)$;

　　$\tau_y = \tau_c \cos \varphi + n_1 (C^2 - C_m^2) \sin \varphi$。

6) 二项式模型(黏塑性与碰撞混合模型)

这是一种同时考虑了黏性、塑性、碰撞和紊动的模型,主要适用于固体颗粒较高浓度的泥石流运动。O'Brien 和 Julien 将高浓度黏性泥石流当作宾汉流体,并考虑颗粒间的黏性力、黏性摩擦力、颗粒间碰撞力和紊流动力与惯性动力,于 1985 年提出一种高含沙水流或泥石流的流变模型公式。这是一种综合了屈服应力、黏滞力、碰撞力的运动模型,公式如下:

$$\tau = \tau_y + \mu_d \frac{du}{dy} + (\mu_c + \mu_1) \left(\frac{du}{dy} \right)^2 \tag{5.7.11}$$

式中　μ_d——动力黏度,$(N \cdot s)/m^2$;

　　μ_c,μ_1——离散参数和紊动参数,$(N \cdot s)/m^2$。

$\mu_c = a_1 \rho_z (\lambda d)^2$,$\mu_1 = \rho_m l_m^2$($l_m$ 表示混合物的混合长度)。

将式(5.7.11)对水深积分后可改写为坡度形式:

$$S_n = S_y + S_v + S_{td} = \frac{\tau_y}{\gamma_m h} + \frac{K \eta u}{8 \gamma_m h^2} + \frac{n^2 u^2}{h^{3/4}} \tag{5.7.12}$$

式中　S_y——屈服坡降;

　　S_v——黏滞坡降:

　　S_{td}——紊流扩散坡降;

　　τ_y——屈服应力,Pa;

　　η——黏滞系数,Pa·s;

γ_{m}——土石流容重,$\mathrm{N/m^3}$;

$\dot{K}$——层流阻滞系数;

n——曼宁系数;

h——泥石流爆发后的泥深,m;

u——泥石流爆发后的平均流速,$\mathrm{m/s}$。

上述 6 种泥石流流变模型是目前主要的几种模型,当然,国内外学者提出了多种形式的流变模型,但多是基于这 6 种模型提出的,本节不做一一介绍。

对于尾矿库溃坝泥砂流而言,其成分主要是尾砂与水等,且溃坝泥砂流的体积浓度一般较大。溃坝泥砂流在重力作用下沿着下游沟谷不断演进,在演进过程中,尾砂颗粒之间会持续发生摩擦、碰撞,这些流动特性属于非牛顿流体,与高含沙水流、泥流性质相近,因此本节拟选择二项式模型作为溃坝泥砂流的流变模型,也是 FLO2D 计算程序的原模型。

5.7.4 尾矿库溃坝计算模型

尾矿库溃坝风险计算采用美国联邦急难管理署(FEMA)认可的 FLO2D 计算分析软件为工具,FLO2D 是由 O'Brien 等提出的基于非牛顿流体的二维数值模型,利用中央有限差分法计算洪水、泥石流运动控制方程的程序,主要用于计算分析洪水、泥石流等的灾害演化,由于溃坝泥砂流属于泥流,因此选用该种计算程序作为工具。

1)控制方程

溃坝泥砂流在沟谷中演进运动,假定溃坝泥砂流为均质不可压缩流体,利用水深平均方式,与流场中水深方向的变化量相比,水平方向的变化量要大得多,所以可将三维 Navier-Stokes 方程组垂直积分后,简化形成二维浅水方程组。由于计算模型是二维的,所以基本方程式包含连续、运动方程,通过方程组的求解,可以获取流速、泥深等相关参数在 X 坐标轴与 Y 坐标轴方向的值。连续方程如式(5.7.13)所示,泥石流的质量守恒则通过该方程来进行控制。

$$\frac{\partial h}{\partial t} + \frac{\partial (uh)}{\partial x} + \frac{\partial (vh)}{\partial y} = I \tag{5.7.13}$$

式中　t——泥石流持续的时长,s;

I——一次降雨强度,$\mathrm{mm/h}$;

u——泥石流平均流速在 X 轴方向的取值,$\mathrm{m/s}$;

h——泥石流的深度,m;

v——泥石流平均流速在 Y 轴方向的取值,$\mathrm{m/s}$。

式(5.7.14)和式(5.7.15)表示的是运动方程,两个方程控制泥石流的运动平衡。

$$S_{\mathrm{fx}} = S_{\mathrm{ox}} - \frac{\partial h}{\partial x} - \frac{\partial u}{g\partial t} - u\frac{\partial u}{\partial x} - v\frac{\partial y}{g\partial y} \tag{5.7.14}$$

$$S_{\mathrm{fy}} = S_{\mathrm{oy}} - \frac{\partial h}{\partial y} - \frac{\partial v}{g\partial y} - u\frac{\partial v}{g\partial x} - v\frac{\partial v}{g\partial x} \tag{5.7.15}$$

式中　S_{fx},S_{fy}——沟道摩擦情况;

S_{ox},S_{oy}——沟道纵坡降。

2)模型数据稳定性准则

在计算过程中,FLO2D 模型基于时间步长极小原理保证数据的稳定性。具体原理如下:

在不能或未获取充足调查数据的情况之下,列为主要因素的是泥石流、洪流等灾害的不同流动路线,然后通过采用数据稳定准则来限制时间步长,最终达到在避免或不具备调查的情况下能允许足够大的时间步长,实现在合理时间范围内完成计算。主要遵守以下 3 种准则。

(1)数据稳定性(CFL)准则

在这一准则下,计算程序设定步长是依据数据稳定参数能否达标来进行的。在计算运行过程中,每一个计算网格的数据稳定参数都需要进行检查,从而确保时间步长能够达到整体计算所需稳定的要求。若不能满足所需要求,就需要将时间步长及时降低,另外需要将其他的已经设定好的水文计算参数进行相应的合理修改。在 CFL 模式下,特定的时间步长内,极小部分的流体不能传送多于空间增量(网格宽度 ΔX)的物质。这样通过运用 CFL 控制准则就可以实现限制洪水流动、泥石流等的流动时间步长,时间步长 Δt 限制公式如下。

$$\Delta t = \frac{C\Delta X}{V + C} \qquad (5.7.16)$$

式中　C——克朗常数(取值区间为 $0 \sim 1$);

　　　ΔX——网格宽度,m;

　　　V——泥石流过流断面的流速,m/s。

(2)完全动波模式稳定准则

对于非线性方程,克朗常数 C 一般设定为 1,这是因为在计算方程时人为造成的离散误差是不可能完全避免的。这种准则可由底床坡降与网格大小组合而成的功能函数来确定,时间步长 Δt 限制公式如下所示。

$$\Delta t < \frac{aL\Delta X^2}{Q} \qquad (5.7.17)$$

式中　a——经验系数,可以在规定时间内调节网格大小,便于计算的正常进行;

　　　ΔX——表示网格宽度,m;

　　　Q——泥石流过流断面的单宽流量,m^2/s;

　　　L——泥石流沟纵坡降。

(3)深度百分比变化参数准则(DPCP)

在以上两种准则之前,首先应该对某个计算网格自上一个时间步长开始的深度百分比的变化率进行检查。这项准则在被计算程序 FLO2D 引进之后,通过深度百分比的变化能够实现阻止任何额外的数值稳定性分析演算,如果出现深度百分比超过用户自定义的数值时,时间步长会相应地被缩短,之前已被设定的相关水文计算参数应作废并修改。

在计算过程中,若数据的稳定性不满足以上 3 种稳定性准则,就会发生几个时间步长上的流量值被违反的情况,进而引起某个计算网格上的泥石流流量发生减少甚至消失的现象,影响数值计算的精度,该计算程序的时间步长精确确定流程如图 5.7.2 所示。

5.7.5　尾矿库溃坝最大影响范围计算

尾矿库溃坝最大影响范围目前常采用泥石流预测公式进行计算,计算公式如下:

$$S = 0.666\,7L_{max} \cdot R_{max} - 0.083\,3B_{max}^2 \sin R_{max}/(1 - \cos R_{max}) \qquad (5.7.18)$$

$$L_{max} = 0.806\,1 + 0.001\,54A + 0.000\,033W/10\,000$$

$$B_{max} = 0.545\,2 + 0.003\,4D + 0.000\,031W/10\,000$$

$R_{max} = 47.829\ 6 - 1.308\ 5D + 8.887\ 6H_n$

式中　　S——溃坝最大危险范围,km^2;

　　　　L_{max}——尾矿最大堆积长度,km;

　　　　B_{max}——尾矿最大堆积宽度,km;

　　　　R_{max}——尾矿堆积幅角,(°);

　　　　A——尾矿库集雨面积,km^2;

　　　　W——尾矿库初期坝以上库容,m^3;

　　　　D——尾矿库主沟长度,km;

　　　　H_n——危险范围区域最大相对高差,km;

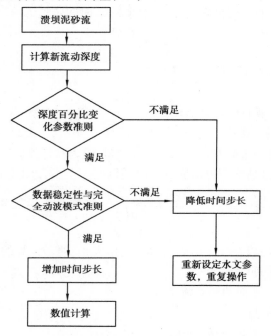

图 5.7.2　稳定性准则流程图

第**6**章
坝基处理

坝基处理的范围包括河床及河岸。经过处理的坝基应满足渗流控制（包括渗透稳定和控制渗流量）、静力和动力稳定、容许沉降量和不均匀沉降等方面的要求，保证坝的安全运行和经济效益。

天然地基一般比较复杂，大体可分为岩石地基、砂砾石地基和土基（黏土、壤土）三类。就一个坝基而论，也可能三类坝基都有。河床是砂卵石坝基，两岸是土基或是较陡的岩石。不同的地基类型，采用不同的处理方法。易液化土、软黏土和湿陷性黄土是需要特别注意加以研究处理的地基。下面就地基处理中的几个问题分述如下。

6.1 坝基防渗

尾矿沉积体一般透水性较小，渗透系数多在 1×10^{-4} cm/s 以下，由于库内沉积尾矿，对坝基渗流控制很有作用，采用周边放矿是尾矿库防渗的成功经验。因此，在设计中对坝基需进行防渗设计时，首先应考虑尾矿的防渗作用。用尾矿防渗，就其作用而论，相当于作铺盖。用尾矿防渗成功的关键，是沉积的尾矿不产生渗透破坏，也就是排放的尾矿不会通过透水的坝基流失。为此，必须做好以下几点：

①要认真清基，拟作铺盖范围之内的弃渣、弃土、乱石、稀泥，以及表层腐殖土等均应清除干净。

②要将基础整平，防止高差的突然变化和局部鼓包的存在。基础下面的沟、洞、坟、井等要认真处理，清理之后，分层回填密实。

③在无砂或少砂的砂砾石地基上或透水性很强的岩基要在清基整平之后，做好反滤层，反滤层应是满足尾矿不流失。因此，反滤层应连续而封闭，即在防渗的范围保持反滤层的闭合。

以上是按铺盖做法的办法。另一种办法是在透水地基的前缘做连续的反滤层，截断透水带。该反滤层应和初期坝的坝体反滤体联结形成整体反滤层，以达到防渗的目的。

应当指出，尾矿库的防渗和水库的防渗处理是有差别的。只有当用尾矿防渗无法实现，或不经济时才采用其他防渗方式。

采用尾矿防渗时，要做好坝趾排水和水平褥垫等坝的下游防渗透变形工程。

6.2 岩石地基

对于土坝,一般完整岩石透水性很弱,可视为不透水地基。岩石表层风化裂隙发育,具有不同程度的透水性,由于地质构造作用,岩石地基往往存在断层破碎带以及节理裂隙密集带,这些缺陷将构成地基的局部强透水带或透水层。对于岩石地基主要是考虑岩石表面和深部强透水层、强透水带以及集中漏水通道的处理,最有效的办法是采用帷幕灌浆,但较为复杂。因此,在选择坝趾时,对于需要进行深部处理的地基应予避开。本节叙述的重点是岩石表面的处理。在很多情况下,岩基上面覆盖各种厚度的覆盖层,有时需要挖穿覆盖层,再进行岩石表面处理,如加设防渗措施或处理表面缺陷。

6.2.1 防渗措施

对于一般岩石地基加设防渗设施,主要目的是加强坝的防渗体与地基的联结,土坝的防渗体一般是用黏土碾压成密实的土体,本身透水性很小,它放在岩石地基上,二者的接触面将是一个薄弱面,它较之坝的防渗体和岩石地基都易于透水。如果不加处理,就有可能沿着这个薄弱面产生集中渗流,从而使坝的防渗体遭到破坏。为了防止产生集中渗流,可针对岩石的不同情况,采取不同措施。

(1)完整岩基

完整岩基的处理方法是沿坝的防渗体中心线或稍偏上游开挖一条截水槽,有的加设齿墙。截水槽底宽不小于1/6~1/4坝高,深入岩基0.3~0.5 m。如岩基表面风化破碎,裂隙充填又不密实,则应继续挖深,直到没有明显的漏水裂隙为止[图6.2.1(a)]。有的加设一道混凝土齿墙,墙高1.5 m左右[图6.2.1(b)]。然后用与坝的防渗体相同的黏性土回填。截水槽回填以前,应将基岩表面清理干净,清除积水,再沿岩石及混凝土表面涂以黄泥浆一层,厚约1 cm,而后回填黏土,逐层夯实。截水槽及齿槽开挖时只允许放小炮,以防止基础遭受破坏,开挖毕,应清除表面松动岩石。裂隙用砂浆填补。当采用混凝土齿墙时,应沿长度方向设置伸缩缝,缝的间距不大于10 m。分缝处做好止水。止水的一般做法是在分缝中间加设塑料止水带和经防腐处理过的木板。止水的简单做法是现场热铺油毡,如图6.2.2所示。热铺油毡应在混凝土表面干燥的情况下涂以热沥青,将油毡粘在混凝土面上。

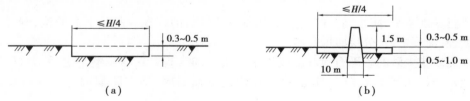

图6.2.1 完整岩基上的截水槽

两岸岩基表面在开挖齿槽之前应予修整平滑,使其坡度不陡于1∶0.75,如岩壁过陡,削坡工程量大,可局部砌筑浆砌块石填补。浆砌石应砌筑密实,最好表面以薄层混凝土包裹,以防止漏水,如图6.2.3所示。

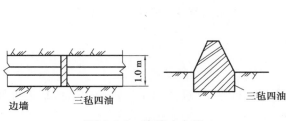

图 6.2.2　齿墙止水缝

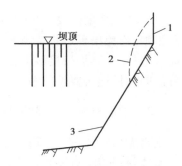

图 6.2.3　岸边岩基补坡示意图
1—削坡开挖线；2—原岩石；3—浆砌石

（2）风化、软弱基岩

当基岩风化层很厚，截水槽开挖到完整岩层往往工程量过大。软弱岩石，如泥质页岩、板岩等，其本身抵抗渗流侵蚀的能力也较低，表面岩石往往是一层质地软弱的全风化层。对于风化、软弱岩基，齿槽开挖时，应穿透其透水性较强及岩层松软部分，并在齿槽底面浇筑混凝土底板，底板两端可加设短墙，呈 U 形混凝土护底，如图 6.2.4（a）所示，用以连接坝的防渗体和岩石地基，同时对二者起到保护作用。混凝土板的宽度，视岩石透水情况和软弱情况而定，一般不小于 1/4～1/3 坝高。

两岸岩坡应保持稳定，一般不陡于 1∶1，全风化层不陡于 1∶1.5，岸坡修整之后，开挖截水槽，并设置混凝土护底，在上部全风化层中开挖截水槽，如不能挖透风化层，则至少应深入 2 m。混凝土护底宽度，自下而上可逐渐变窄，坝底处宽 1/4～1/3 坝高，坝顶处不小于 2 m，如图 6.2.4（b）所示。

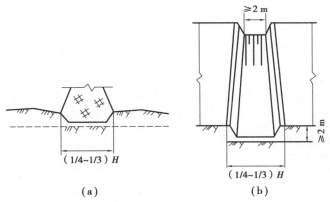

（a）　　　　　　　　　　　（b）

图 6.2.4　截水槽混凝土护底示意图

（3）强透水岩石地基

强透水岩石地基，如第四纪玄武岩，最有效的处理方法是进行帷幕灌浆，但投资往往过多，对中小型工程可能有一定困难。在这种地基上建坝，可采用黏土铺盖或用尾矿防渗，以削减渗流。

（4）岸边连接

建在岩石地基上的土坝，由于岸边岩石边坡一般较陡，在坝头范围内由于高度不同，坝体将产生不均匀沉陷。为此对两岸的坡度应按要求设计。岸坡接触部位是坝的薄弱环节，容易

121

沿接触面及坝体内部发生集中渗流,因此要求在施工中严格控制施工质量,将坡面岩石尽量做到平整,避免出现台阶及高差的突然变化。对于黏土斜墙坝,在与岸坡接触部位,防渗体断面应适当放大,以加长接触渗径,减小防渗体的渗透水力梯度。两岸防渗体放大断面,与河床部分的防渗体连接要做成渐变形式。

6.2.2 基岩表面缺陷的处理

基岩表面常存在岩石溶洞、溶岩裂隙、断层破碎带、节理裂隙密集带等。这些缺陷可能影响防渗体与弱透水岩层紧密联结,并可能形成漏水通道。因此均需仔细查明,认真处理。

（1）岩石溶洞

有较大的漏水通道,也有较小的孔洞和溶岩裂隙,对于较大的漏水通道,可用混凝土封堵其进口。对位于截水槽范围之内的较小溶岩孔洞和裂隙的处理,应予挖深到没有明显漏水孔洞和裂隙之后,铺设一层水泥砂浆抹面或水泥浆,然后回填黏土夯实。位于两岸的,为防止产生绕坝渗流,可在清理之后,以水泥砂浆勾缝或铺设黏土铺盖封堵。

位于岸边的溶洞往往有泉水出露,做铺盖之前应首先处理泉水。处理方法是先清理出水口,在泉水出口处铺设碎石及砂砾料做反滤,然后填筑黏土铺盖。如泉水量较大,则应用混凝土埋设导水管封堵,混凝土凝固以后,再封堵管口。有些溶洞往往埋藏在风化残积的黏土夹碎石下面,施工中应仔细查明。

（2）断层破碎带和节理裂隙密集带

位于截水槽底部,且回填不密实者,可开挖一定深度、回填黏土夯实或混凝土回填。位于两岸且走向为顺水流方向或与坝轴线斜交者,可将其表面和附近岩石表面清理之后,加设黏土铺盖封堵。

6.3 土基及透水地基处理

不透水土基（黏土、壤土）和透水地基的分类及处理措施,可归纳为表6.3.1和表6.3.2。

表 6.3.1   不透水土基的分类及处理措施表

地基种类	不透水层厚度及分布情况	覆盖层总厚度	透水层情况	主要防渗处理措施	辅助措施（按重要性排序）
不透水土基			无	齿槽	坝趾排水,水平褥垫

表 6.3.2   透水地基的分类及处理措施表

地基种类	不透水层厚度及分布情况	覆盖层总厚度	透水层情况	主要防渗处理措施	辅助措施（按重要性排序）
单层透水地基		不深	均匀	截水槽	坝趾排水,水平褥垫
		深		上游尾矿黏土铺盖	坝趾排水,水平褥垫

续表

地基种类	不透水层厚度及分布情况	覆盖层总厚度	透水层情况	主要防渗处理措施	辅助措施（按重要性排序）
成层透水地基	与其上覆盖层相加等于坝上水头	不深	成层的	截水槽	水平褥垫,坝趾排水
	与其上覆盖层相加小于坝上水头	深		截水槽中间不透水层	水平褥垫,坝趾排水必要时,减压井
		深		截水槽中间不透水层	水平褥垫,排水沟减压井,坝趾排水
双层结构透水地基	小于1 m	不深		截水槽	
	小于1 m	深	均匀或成层	上游尾矿黏土覆盖	
	等于坝上水头		均匀	截水槽中间不透水层	水平褥垫,坝趾排水
	大于1 m	无关	成层的	截水槽	
	小于坝上水头	深	无关	排水沟或减压井,上游铺盖加固	
第四纪玄武岩		深	强透水	上游黏土铺盖	水平褥垫,坝趾排水

无论不透水土基或任何形式的透水地基,在填筑坝体前都必须认真清基,在筑坝范围内(包括铺盖及下游盖重),清除表面腐殖土、植物根茎、乱石、弃土、弃渣、污泥等物。要防止坝基高程的突然变化,对于坝基范围内的天然冲沟、人工洞穴,要进行回填夯实处理。人工地物予以拆除,突变陡坝予以削缓,使坝基形成一个基本平滑,没有突然起伏变化的坚实表面。只有经过如此处理之后,才可防止由于地基的缺陷,造成坝体不均匀沉陷裂隙。

6.3.1　不透水土基

不透水土基主要是处理好坝的防渗体与地基的连接,使之结成整体。可沿防渗体范围,先将地基开挖0.3~0.5 m,再沿防渗体中心线稍偏上游开挖齿槽深1~2 m,宽度小于或等于1/6~1/4坝高,但不小于3 m,然后用与防渗体相同的黏性土料回填夯实。回填之前,先将地基夯实,表面刨毛,以便使地基与渗体紧密结合。

6.3.2　单层透水地基

根据深度不同,可用不同处理方法:

①不很深的单层透水地基。单层透水地基最有效的处理措施是开挖截水槽直达基岩或不透水土层。当透水层很深时,例如最大深度在10 m或15 m以内,应首先考虑采用这种方法。据河北省经验,在冲积层地基上开挖深度20 m,不致给施工造成很大困难。

为了防止截水槽土体产生管涌,应在截水槽下游面,沿透水地基开挖边坡设置一层反滤过渡层,厚0.5~1 m,可用中粗砂或粒径不大、级配良好的砂砾料。

采用截水槽,一般可利用从槽中开挖的料填筑坝的透水坝壳。如果坝基和坝壳都是透水性良好的砂砾料,则坝的下游部分不需设置褥垫排水。但在下述情况下,应设置褥垫排水,一般可采用单层反滤料。

　　a. 坝体为均质坝或下游坝壳是堆石。

　　b. 坝壳透水性较差。

　　c. 其他特殊情况,渗流从坝基渗入坝体或由坝体渗入坝基,可能产生管涌时。

　　如坝体下游坝壳是堆石,水平褥垫排水的作用是防止地基管涌,水平褥垫应从坝的防渗体下游面开始,沿整个坝壳底面铺设。如坝体为均质土坝,水平褥垫排水是为了降低坝体浸润线,并防止坝体管涌,褥垫长度约为坝底宽度的1/3。图6.3.1 示出三种坝基处理,分别适用于不同深度的透水地基。

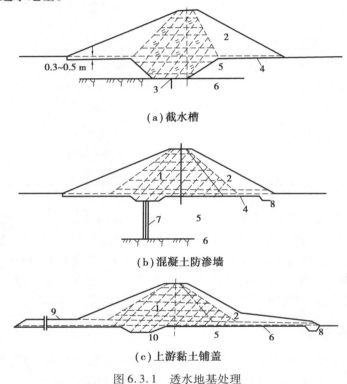

（a）截水槽

（b）混凝土防渗墙

（c）上游黏土铺盖

图 6.3.1　透水地基处理

1—防渗体;2—透水或不透水料壳;3—混凝土齿墙;4—褥垫,视需要而定;
5—透水层;6—不透水岩层;7—混凝土防渗墙;8—坝趾排水;
9—上游黏土铺盖;10—任意尺寸的齿槽

　　②深的单层透水地基。透水层很深,开挖截水槽直达不透水层难以实现时,可采用上述的尾矿防渗、黏土铺盖和混凝土防渗墙等防渗措施。

　　黏土铺盖和尾矿防渗的要求是一致的,一般能用黏土铺盖防渗的也可用尾矿防渗,两者对基础处理的要求相同。采用黏土防渗铺盖时,铺盖长度按坝基内不产生管涌的原则,将坝基渗压平均比降控制在1/10 左右。所以铺盖长度为 $10H-B$（H 为上下游水头差,B 为坝基长）,铺盖最大厚度 $\delta=(1/6 \sim 1/4)H$,土的碾压干容重要求达到 $16 \sim 17~\text{kN/m}^3$。

　　垂直混凝防渗墙的做法,一般是先用冲击钻分段造成槽形孔,然后在槽浇水下混凝土,浇成的厚度一般为 0.6 m,底部深入基岩 0.5 ~ 1.0 m,顶部深入坝体的深度为土坝上下游水位差的 1/8 ~ 1/6,但不得小于 2 m。

6.3.3 成层透水地基

成层透水地基如果深度不很深,最好采用截水槽直达基岩,下游做水平褥垫及坝趾排水。

如果成层透水地基很深,透水层和不透水层有规律地交互成层,中间不透水层在坝基和坝前相当宽广的范围内查明是连续的,则可将截水槽设置在这层中间不透水层上。这样,中间不透水层相当于天然防渗铺盖,它应具有适当的厚度以满足渗流稳定要求的同时,根据中间不透水层埋藏深度的不同,对下游应采取相应的排水减压措施。当中间不透水层在地面以下的深度和其本身厚度相加,大约等于坝上水头 H 时,则下游坝脚不会产生涌土,只需做水平褥垫和坝趾排水以排出渗流,如图 6.3.2 所示。

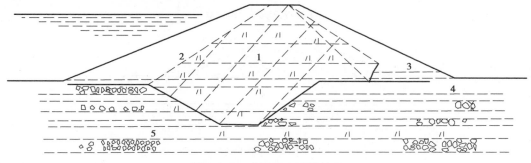

图 6.3.2　成层透水地基处理
1—防渗体;2—透水或不透水土料;3—水平褥垫;4—坝趾排水;5—不透水层

①不透水层厚度很薄,不足 1 m。此时,其密度往往很低,而且常常会有局部透水通路,难以起到防渗作用。这种地基的处理,主要根据下部透水层情况而定,如下部为单层透水地基,则按本书 6.3.2 节所述原则处理,下部为成层透水地基,则按本书 6.3.3 节所述原则处理。而且,无论下部透水层情况如何,都需设置水平褥垫,以防地基管涌。

②不透水层厚度大于 1 m,小于坝上水头。此时,顶部不透水层可作为天然铺盖防渗。一般需经夯实处理。其厚度应大于 1/4 ~ 1/3 坝上水头,视透水层颗粒情况而定,如级配良好可取 1/4,级配不好,(如大颗粒多而细颗粒少者)则取 1/3,厚度不足者,以人工铺盖补足。同时,为降低坝后渗压,防止涌土,下游应设反滤排水沟(明沟或暗管)或减压井,如图 6.3.3 所示。

6.3.4 坝头防渗处理

如前所述,坝基防渗包括河床及两岸,应形成完整的防渗体系。防止任何部位发生渗透破坏,并尽量减少渗透流量,坝的防渗体应与岸边地基紧密联结,设置齿槽深入不透水地基,对黏土斜墙坝,应扩大防渗体断面,使岸边联结部位的防渗厚度不小于 2 倍坝高,以延长绕流接触渗径,同时,为防止由于坝头填土不均匀沉陷而发生横向裂缝,要求岸边的坡度应不陡于 1∶1.55。如果坝基采用黏土铺盖防渗,则铺盖应延伸到两岸坝顶高程,使整个铺盖形成簸箕状的防渗体。位于岸边铺盖应保持自身稳定,坡度不陡于 1∶3。底部厚度与河床段厚度相同,不小于 1 m。只有两岸为完整岩石或密实的不透水土层时,才可将铺盖结束在岸边坡脚处,但必须与岸边联结紧密,搭接长度不小于 1/4 坝高。

此外,两岸地基可能有缺陷,蓄水后可能形成绕坝渗流。这种渗流穿过两岸地基内部,流向坝后,有可能造成岸边地基的破坏或过多的水量漏失,需针对不同情况进行处理。

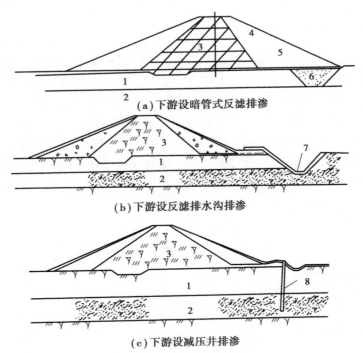

（a）下游设暗管式反滤排渗

（b）下游设反滤排水沟排渗

（c）下游设减压井排渗

图 6.3.3　双层结构透水地基处理

1—不透水层;2—透水层;3—防渗体;4—透水或不透水料;5—水平褥垫;

6—暗管式反滤排水;7—反滤排水沟;8—减压井

①强透水岩石或岩石中的强透水层、强透水带以及有溶洞出露时,可在上游做黏土铺盖封闭。

②多层结构的地层,透水层与不透水层交互成层,一般可在上游做黏土铺盖,必要时,也需在下游加设贴坡反滤排水。如果只是局部的强透水层出露,可局部开挖一定深度,然后回填黏土夯实。如强透水层颗粒级配不好,应在黏土下面铺设一层级配好的砂砾料过渡层,然后回填黏土。

③双层结构的地层,强透水层在上游出露,其处理应采用与河床段坝基同样的处理方法,做截水槽或做铺盖,视具体情况而定。

④山脊较薄的弱透水性山包。这种山包具有一定的透水性,虽然不致造成库水大量损失,但通过山包将形成渗流。从山包临水面渗入,并从背水坡面上逸出,逸出点往往较高。此种渗流的长期作用,可促使背水面山坡塌滑,失去稳定,从而威胁坝体安全。

⑤施工取土问题。有时候为了施工方便,就近从坝头取土,以致将山包挖得很薄,甚至破坏天然的防渗土层,成为绕坝渗流的通道。此问题在施工的时候应避免。同时也要避免从坝前台地上取土造成台地上的强透水层出露。

第7章
尾矿库排洪系统设计及排水构筑物

7.1 尾矿库排洪系统概述

7.1.1 排洪系统布置的原则

尾矿库设置排洪系统有两个方面的原因:一是为了及时排除库内暴雨;二是兼作回收库内尾矿澄清水用。

对于一次建坝的尾矿库,可在坝顶一端的山坡上开挖溢洪道排洪。其形式与水库的溢洪道相类似。对于非一次建坝的尾矿库,排洪系统应靠尾矿库一侧山坡进行布置,选线应力求短直;地基的工程地质条件应尽量好,最好无断层、破碎带、滑坡带及软弱岩层或结构面。

尾矿库排洪系统布置的关键是进水构筑物的位置。坝上排矿口的位置在使用过程中是不断改变的,进水构筑物与排矿口之间的距离应始终能满足安全排洪和尾矿水得以澄清的要求。也就是说,这个距离一般应不小于尾矿水最小澄清距离、调洪所需滩长和设计最小安全滩长(或最小安全超高所对应的滩长)三者之和。

当采用排水井作为进水构筑物时,为了适应排矿口位置的不断改变,往往需建多个井接替使用,相邻二井井筒有一定高度的重叠(一般为0.5~1.0 m)。进水构筑物以下可采用排水涵管或排水隧洞的结构型式进行排水。

当采用排水斜槽方案排洪时,为了适应排矿口位置的不断改变,需根据地形条件和排洪量大小确定斜槽的断面和敷设坡度。

有时为了避免全部洪水流经尾矿库增大排水系统的规模,当尾矿库淹没范围以上具备较缓山坡地形时,可沿库周边开挖截洪沟或在库后部的山谷狭窄处设拦洪坝和溢洪道分流,以减小库区淹没范围内的排洪系统的规模。

排洪系统出水口以下用明渠与下游水系连通。

排洪方式有:井(塔)—管(洞)式(图7.1.1)、斜槽—管(洞)式(图7.1.2);截洪沟(图7.1.3);溢洪道;截洪坝—管(洞)式(图7.1.4)。

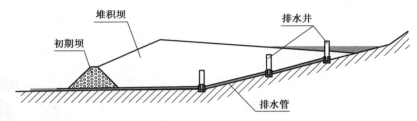

图 7.1.1　井(塔)—管(洞)式排洪示意图

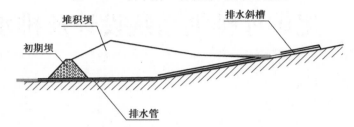

图 7.1.2　斜槽—管(洞)式排洪示意图

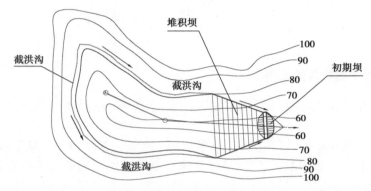

图 7.1.3　截洪沟式排洪示意图

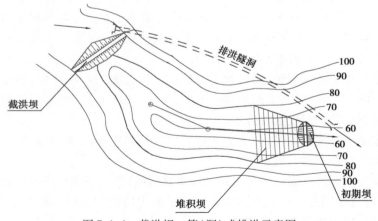

图 7.1.4　截洪坝—管(洞)式排洪示意图

7.1.2　排洪计算步骤简介

洪水计算的目的在于根据选定的排洪系统和布置,计算出不同库水位时的泄洪流量,以确定排洪构筑物的结构尺寸。

当尾矿库的调洪库容足够大,可以容纳下一场暴雨的洪水总量时,问题就比较简单,先将洪水汇积后再慢慢排出,排水构筑物可做得较小,工程投资费用最低;当尾矿库没有足够的调洪库容时,问题就比较复杂。排水构筑物要做得较大,工程投资费用较高。一般情况下尾矿库都有一定的调洪库容,但不足以容纳全部洪水,在设计排水构筑物时要充分考虑利用这部分调洪库容来进行排洪计算,以便减小排水构筑物的尺寸,节省工程投资费用。

排洪计算的步骤一般如下:

①确定防洪标准。我国现行设计规范规定尾矿库的防洪标准按表7.1.1确定。当确定尾矿库等别的库容或坝高偏于下限,或尾矿库使用年限较短,或失事后危害较轻者,宜取重现期的下限;反之,宜取上限。

尾矿库各使用期的防洪标准应根据使用期库的等别、库容、坝高、使用年限及对下游可能造成的危害程度等因素,按表7.1.1确定。

表7.1.1 尾矿库防洪标准

尾矿库 各使用期等别	一	二	三	四	五
洪水重现期(年)	1 000 ~ 5 000 或 PMF	500 ~ 1 000	200 ~ 500	100 ~ 200	100

注:PMF 为可能最大洪水。

说明:

①应根据各省水文图集或有关部门建议的特小汇水面积的计算方法进行计算。当采用全国通用的公式时,应采用当地的水文参数。有条件时应结合现场洪水调查予以验证。对于三等及三等以上尾矿库宜取两种以上方法计算,宜以各省水文图册推荐的计算公式为准或选取大值。

②库内水面面积不超过流域面积的10%时,可按全面积陆面汇流计算。库内水面面积超过流域面积的10%时,水面和陆面面积的汇流应分别计算。

②洪水计算及调洪演算。确定防洪标准后,可从当地水文手册查得有关降雨量等水文参数,先求出尾矿库不同高程汇水面积的洪峰流量和洪水总量,这叫洪水计算。再根据尾矿沉积滩的坡度求出不同高程的调洪库容,这叫调洪演算。

③排洪计算。根据洪水计算及调洪演算的结果,再进行库内水量平衡计算,就可求出经过调洪以后的洪峰流量。该流量即为尾矿库所需排洪流量。然后以尾矿库所需排洪流量作为依据,进行排洪构筑物的水力计算,以确定构筑物的净空断面尺寸。

7.2 常用洪水计算

尾矿库洪水计算的任务是确定设计洪水的洪峰流量、洪水总量和洪水过程线,以供尾矿库排洪设计用。

7.2.1 洪峰流量

1)按简化推理公式计算

简化推理公式是根据推理公式的基本形式 $Q=\dfrac{1}{3.6}\varphi iF\Big($ 其中 $i=\dfrac{S}{\tau^{n}}, \tau=\dfrac{L}{3.6v}, v=mJ^{1/3}Q^{1/4},$

$\varphi = 1 - \dfrac{\mu}{i}$ ）进行推演，并运用二项式定理的近似计算公式加以简化而得，适用于较小汇水面积的洪水计算。它与原型公式比较，产生的误差最大不超过 1%，但可直接求解，省去联解试算过程，应用较方便。

简化推理公式如式(7.2.1)所示。

$$Q_P = \frac{A(S_P F)^B}{\left(\dfrac{L}{mJ^{1/3}}\right)^C} - D\mu F \qquad (7.2.1)$$

式中　Q_P——设计频率 P 的洪峰流量，m^3/s；

　　　　S_P——频率为 P 的暴雨雨力，mm/h；

　　　　F——坝趾以上的汇水面积，km^2；

　　　　L——由坝趾至分水岭的主河槽长度，km；

　　　　m——汇流参数；

　　　　J——主河槽的平均坡降；

　　　　μ——产流历时内流域平均入渗率，mm/h；

　　　　A,B,C,D——最大洪峰流量计算系（指）数，可根据 n 值由表 7.2.1 查取；n 为暴雨递减指数，当 $\tau \leqslant 1$ 时，取 $n = n_1$，$\tau > 1$ 时，取 $n = n_2$ 可由当地水文手册查取；τ 为流域汇流历时(h)。

S_P, m, J, μ 及 τ 的确定见下。

简化推理公式的计算方法：

先取 $n = n_1$（$\tau \leqslant 1$），查出 A、B、C、D，并按下述确定出 S_P、m、μ、J，代入式(7.2.1)即可求出一个 Q_P。然后再用式(7.2.9)计算 τ。当计算的 τ 值也小于或等于 1 时，Q_P 即为所求；如计算的 $\tau > 1$ 时，则应取 $n = n_2$ 重新计算。

有时可能遇到如下情况：设 $\tau \leqslant 1$，算出的 $\tau > 1$；再设 $\tau > 1$，算出的 $\tau \leqslant 1$。遇此情况，可取 $n = \dfrac{n_1 + n_2}{2}$ 进行计算。

（1）S_P 的计算

$$S_P = \frac{H_{24P}}{24^{1-n_2}} \qquad (7.2.2)$$

式中　H_{24P}——频率为 P 的 24 h 降雨量，mm，其值为；

$$H_{24P} = K_P \overline{H}_{24} \qquad (7.2.3)$$

　　其中　K_P——模比系数，由相关资料查取；

　　　　$\overline{H}_{24}$——年最大 24 h 降雨量均值，mm，由当地水文手册查取；

　　　　n_2——暴雨递减指数 n 的取值，此处因 $t = 24 > 1$，故取 $n = n_2$。

（2）m 的确定

此值除与河床及山坡的糙率、断面形状等因素有关之外，还反映与流量形成有关的其他一切在公式中未能反映的因素，对流量的影响很大，工程设计中应尽可能从当地新整编的水文手册中查取。如无此项资料时，m 可参照表 7.2.2 选用。

表 7.2.1　最大洪峰流量计算系(指)数

n	0.50	0.52	0.54	0.56	0.58	0.60	0.62	0.64	0.66	0.68	0.70	0.72	0.74	0.76	0.78	0.80
$A=\left(\dfrac{1}{3.6}\right)^{\frac{4(1-n)}{4-n}}$	0.481	0.493	0.506	0.519	0.533	0.547	0.562	0.578	0.594	0.610	0.628	0.646	0.665	0.684	0.705	0.726
$B=\dfrac{4}{4-n}$	1.143	1.15	1.155	1.163	1.168	0.323	1.183	1.19	1.197	1.205	1.212	1.219	1.225	1.235	1.243	1.25
$C=\dfrac{4}{4-n}$	0.572	0.598	0.624	0.652	0.678	0.707	0.734	0.763	0.791	0.818	0.848	0.878	0.908	0.938	0.968	1
$D=\dfrac{1}{3.6}\cdot\dfrac{4}{4-n}$	0.318	0.319	0.321	0.707	0.325	0.327	0.329	0.331	0.333	0.335	0.337	0.339	0.341	0.343	0.345	0.347

表 7.2.2　汇流参数 m 值

流域河道情况	m		
	$\theta=1\sim30$	$\theta=30\sim100$	$\theta=100\sim400$
周期性水流陡涨陡落,宽浅型河道,河床为粗砾石,流域内植被覆盖,黄土沟壑地区,洪水期挟带大量泥砂	0.8~1.2	1.2~1.4	1.4~1.7
周期性或经常性水流,河床为卵石,有滩地,并长有杂草,流域内多为灌木或田地	0.7~1.0	1.0~1.2	1.2~1.4
雨量丰沛湿润地区,河床有山区型卵石、砾石,河槽流域内植被覆盖较好或多为水稻	0.6~0.9	0.9~1.1	1.1~1.2

注:表中数值只代表一般地区的平均情况,相应的设计径流深为 70~150 mm;如大于 150 mm 时,m 值略有减小,小于 70 mm 时,m 值略有增加。表中 $\theta=\dfrac{l}{J^{1/3}}$。

（3）J 的计算

$$J=\frac{(Z_0+Z_1)l_1+(Z_1+Z_2)l_2+\cdots+(Z_{n-1}+Z_n)l_n-2Z_0L}{L^2} \tag{7.2.4}$$

式中　Z_0——主河槽纵断面上,坝趾断面处的地面标高,m;

$\quad\quad Z_i$——坝趾上游各计算断面处的地面标高,m;

$\quad\quad l_i$——各相邻计算断面间的水平距离,m;

$\quad\quad L$——由坝轴线至分水岭的主河槽水平长度,m。

（4）μ 的计算

入渗率 μ 值可先按式(7.2.5)求出:

$$\mu=X\left(\frac{S_P}{h_R^{n2}}\right)^Y \tag{7.2.5}$$

式中　X、Y——计算系(指)数,根据 n_2 由表 7.2.3 查取;

$\quad\quad h_R$——历时 t_R 的主雨峰产生的径流深,mm。对于有暴雨径流相关资料的地区,可根据主雨峰降雨量 $h_R=S_Pt_R^{1-n}$ 由暴雨径流相关图上查得;对于无上述资料的地区,则可按式(7.2.6)计算历时 24 h 降雨的径流深 h_{R24},取 $h_R=h_{R24}$。

$$h_{R24}=\alpha_{24}H_{24P} \tag{7.2.6}$$

其中 α_{24}——历时 24 h 的降雨径流系数,可由表 7.2.4 查取。

在计算出 μ 值以后,应用式(7.2.7)进行复核:

$$t_c = \left[(1 - n_2) \frac{S_P}{\mu} \right]^{\frac{1}{n_2}} \leqslant t_R \tag{7.2.7}$$

式中 t_c——主雨峰产流历时,h;

$\quad\quad t_R$——主雨峰降雨历时,取 $t_R = 24$ h;

$\quad\quad$其他符号同前。

复核结果如满足式(7.2.7)的条件,则按式(7.2.5)计算出的 μ 值即为所求。如 $t_c > t_R$,则应改按式(7.2.8)计算 μ 值:

$$\mu = (1 - \alpha_{24}) \frac{H_{24P}}{24} \tag{7.2.8}$$

式中符号同前。

表 7.2.3 μ 值计算系(指)数

n_2	0.50	0.52	0.54	0.56	0.58	0.60	0.62	0.64	0.66	0.68	0.70	0.72	0.74	0.76	0.78	0.80
$X = (1-n) n^{\frac{n}{1-n}}$	0.25	0.234	0.223	0.211	0.198	0.186	0.174	0.163	0.152	0.141	0.131	0.12	0.11	0.101	0.091	0.082
$Y = \frac{1}{1-n}$	2.0	2.084	2.173	2.272	2.38	2.5	2.632	2.778	2.94	3.125	3.333	3.572	3.845	4.163	4.55	5.00

表 7.2.4 降雨历时为 24 h 的径流系数 α_{24}

地 区	山 区					丘陵区				
H_{24}	100 ~ 200	200 ~ 300	300 ~ 400	400 ~ 500	>500	200 ~ 300	300 ~ 400	300 ~ 400	400 ~ 500	>500
黏土类	0.65 ~ 0.8	0.8 ~ 0.85	0.85 ~ 0.9	0.9 ~ 0.95	>0.95	0.6 ~ 0.75	0.75 ~ 0.8	0.8 ~ 0.85	0.85 ~ 0.9	>0.9
壤土类	0.55 ~ 0.70	0.7 ~ 0.75	0.75 ~ 0.80	0.8 ~ 0.85	>0.85	0.3 ~ 0.55	0.55 ~ 0.65	0.65 ~ 0.7	0.7 ~ 0.75	>0.75
沙壤土类	0.4 ~ 0.6	0.6 ~ 0.7	0.7 ~ 0.75	0.75 ~ 0.8	>0.8	0.15 ~ 0.35	0.35 ~ 0.5	0.5 ~ 0.6	0.6 ~ 0.7	>0.7

(5)τ 的确定

$$\tau = 0.278 \frac{L}{mJ^{1/3}Q^{1/4}} \tag{7.2.9}$$

式中符号同前。

2)按概化公式计算

概化公式既适用于部分面积汇流,也适用于全面积汇流的中小流域的洪水计算,但本书介绍主要用于部分面积汇流的洪水计算。

在坝趾附近选择控制性的河段,截取横断面,判定其为三角形还是抛物线形河槽断面,即可按表 7.2.5 中所列公式及顺序先取 S' 及 $n = n_2(t_R \geqslant 1$ h)进行计算。算出 τ_α、τ_β 后,需根据汇流特征判定汇流情况及其产生最大流量的条件:

A. 当 $\tau_c > \tau_\alpha$ 时，为全面积汇流，以 $t_R = t_0 + t_1 < t_c$ 为产生洪峰流量的条件；

B. 当 $\tau_c = \tau_\alpha$ 时，为全面积汇流，以 $t_R = t_0 + t_1 = t_c$ 为产生洪峰流量的条件；

C. 当 $\tau_\alpha > \tau_c > \tau_\beta$ 时，为部分面积汇流，以 $t_R = t_c$ 为产生洪峰流量的条件；

D. 当 $\tau_c = \tau_\beta$ 时，为部分面积汇流，以 $t_R = t_1 = t_c$ 为产生洪峰流量的条件；

E. 当 $\tau_c < \tau_\beta$ 时，为部分面积汇流，以 $t_R = t_1 > t_c$ 为产生洪峰流量的条件。

根据判定结果，再依其所属按表 7.2.5 中公式继续进行计算。

对于 A 种情况，用 $t_R = t_0 + t_1$ 计算洪峰流量；对于 B、C、D、E 4 种情况则用 t_c 计算洪峰流量。

当算出 t_R 后，如 $t_R \geq 1$ h，说明原取 S' 及 $n = n_2$ 是合适的，计算出的 Q_P 即为所求；如算出的 $t_R < 1$ h，则需改用 S'' 及 $n = n_1$ 重新计算。

有时取 S' 及 $n = n_2$ 计算出的 $t_R < 1$ h，改取 S'' 及 $n = n_1$ 计算出的 $t_R > 1$ h，遇此情况则可用 $n_P = \dfrac{n_1 + n_2}{2}$ 和 $S_0 = \dfrac{S}{60^{1 - n_P}}$ 进行计算。

表 7.2.5　用概化公式计算洪峰流量表

计算项目		单位	三角形河槽断面	抛物线形河槽断面
雨力 S $(t_R \geq 1$ h$)$		mm/h	$S = \dfrac{H_{24P}}{24^{1-n_2}} = \dfrac{K_P \overline{H_{24}}}{24^{1-n_2}}$	同左
S' $(t_R \geq 1$ h$)$		mm/min	$S' = \dfrac{S}{60^{1-n_2}}$	同左
S' $(t_R < 1$ h$)$		mm/min	$S' = \dfrac{S}{60^{1-n_1}}$	同左
产生 h_m 的降雨历时	t_c	min	$t_c = \left[(1-n) - \dfrac{S}{\mu} \right]^{\frac{1}{n}}$	同左
	C_i	mm/min	$C_i = \dfrac{S}{t_c^n} - \mu$	同左
产生 h_m 的水文汇流特征	τ_c	min	$\tau_c = t_c (C_i)^{\frac{1}{4}}$	$\tau_c = t_c (C_i)^{\frac{1}{3}}$
	φ		$\varphi = \dfrac{0.2 \left(1 + \dfrac{N_1}{N_0} \right)}{1 + \left(\dfrac{E_1}{E_0} \right)^{\frac{2}{3}}} \approx \dfrac{0.3}{1 + 0.1 E_1^{\frac{1}{4}}}$	$\varphi \approx \dfrac{0.3}{1 + 0.1 E_1^{\frac{1}{3}}}$
	$\alpha\beta$		$\alpha\beta = \varphi \left(\dfrac{L_1}{\delta B} \right)^{\frac{1}{4}}$	$\alpha\beta = \varphi \left(\dfrac{L_1}{\delta B} \right)^{\frac{1}{3}}$
地貌系数	K_v		$K_v = 0.053 \varphi \left(\dfrac{1}{N_1} \right)^{\frac{3}{4}} \left(\dfrac{m}{1+m^2} \right)^{\frac{1}{4}}$	$K_v = 0.07 \varphi \left(\dfrac{1}{N_1} \right)^{\frac{2}{3}} \dfrac{a^{\frac{1}{6}}}{(1+a)^{\frac{1}{2}}}$
全面汇流的地理汇流特征	τ_a	min	$\tau_a = \dfrac{8.25 L_1}{\beta K_v E_1^{3/8} F^{1/4}}, (\beta = \alpha\beta)$	$\tau_a = \dfrac{6.53 L_1}{\beta K_v E_1^{1/3} F^{1/3}}, (\beta = \alpha\beta)$
部分汇流的地理汇流特征	τ_β	min	$\tau_\beta = \dfrac{8.25 L_1}{\alpha^{1/4} K_v E_1^{3/8} F^{1/4}}, (\alpha = \alpha\beta)$	$\tau_\beta = \dfrac{6.53 L_1}{\alpha^{1/3} K_v E_1^{1/3} F^{1/3}}, (\alpha = \alpha\beta)$

续表

计算项目	单位	三角形河槽断面		抛物线形河槽断面	
判断所属		属于 A 时	属于 B、C、D、E 时	属于 A 时	属于 B、C、D、E 时
山坡汇流时间 t_0	min	$t_0 = \dfrac{680(N_0 L_0)^{0.6}}{(C_i)^{0.4} E_0^{0.3}}$	—	$t_0 = \dfrac{680(N_0 L_0)^{0.6}}{(C_i)^{0.4} E_0^{0.3}}$	—
河槽汇流平均流速 v_1	m/s	$v_1 = K_v E_1^{3/8} Q^{1/4}$	—	$v_1 = K_v E_1^{1/3} Q^{1/3}$	—
河槽汇流时间 t_1	min	$t_1 = 16.67 \dfrac{L_1}{v_1}$	—	$t_1 = 16.67 \dfrac{L_1}{v_1}$	—
流域汇流时间 t_R	min	$t_R = t_0 + t_1$	$t_R = t_c$	$t_R = t_0 + t_c$	$t_R = t_c$
C_i	mm/min	$C_i = \dfrac{S}{t_R^n} - \mu$	同上 C_i	$C_i = \dfrac{S}{t_R^n} - \mu$	同上 C_i
最大径流深 h_m	mm	—	$h_m = (C_i) t_0$	—	$h_m = (C_i) t_0$
设计频率 P 的洪峰流量 Q_P	m³/s	$Q_P = 16.67(C_i)\alpha F$ ($\alpha=1$)	$Q_P = K_v^{\frac{4}{3}} E_1^{\frac{1}{2}} (a\beta B h_m)^{4/3}$	$Q_P = 16.67(C_i)\alpha F$ ($\alpha=1$)	$Q_P = K_v^{\frac{3}{2}} E_1^{\frac{1}{2}} (a\beta B h_m)^{3/2}$

注:表中符号说明

$\overline{H}_{24}$——年最大 24 h 降雨量均值,mm;K_P——模比系数由相关资料查取;n_1、n_2——暴雨递减指数 n 的取值,$t_R \leq 1$ 时取 $n = n_1$,$t_R > 1$ 时取 $n = n_2$;μ——土壤入渗率,mm/min,由表 7.2.6—7.2.7 查取;N_1——主河槽糙率,由表 7.2.8—7.2.10 查取;N_0——山坡糙率,由表 7.2.11 查取;E_1——主河槽坡降,m/km,可参照公式(7.2.4)计算,但式中的 L 改取;L_1,L_1 和 L_i 的单位为 km;E_0——山坡平均坡度,m/km,选几处有代表性的山坡作剖面,剖面应垂直于各条等高线(不一定是平面),求各剖面山坡坡度取平均值;L_1——主河槽的长度,km,由坝址断面至主河槽与河源部分相接处的显著转折点的距离;δ——主河槽位置系数,位于流域中间者 $\delta=0.5$,偏于一边者 $\delta=0.6 \sim 1$;B——流域的平均宽度,km,$B = \dfrac{F}{L}$;m——三角形河槽断面边坡系数,即边坡为 1:m;α——部分汇流面积系数,当为全面积汇流时 $\alpha=1$;β——洪时径流时间系数,$\beta = \dfrac{l_1}{t_R}$,当为部分面积汇流时 $\beta=1$;F——流域面积,km²;L_0——山坡平均长度,km,从确定 E_0 的剖面上求山坡长度,取平均值;φ——平均流速折减系数,对于三角形断面河床取 $\varphi=0.75$,对于抛物线形断面河床取 $\varphi=0.7$;C——径流系数;C_i——降雨强度,mm/min;a——抛物线形河槽断面的扩展系数,$a = \dfrac{b}{2Z^{1/2}}$,b——河槽水面宽度,m,Z——河槽最大水深,m。

表 7.2.6 土壤入渗率 μ 值

土壤名称	$\mu/(\text{mm} \cdot \text{min}^{-1})$
黏土及沃黏土	0.1 ~ 0.3
施肥很多的土壤	0.3 ~ 0.6
黏土性的灰色土	0.5 ~ 0.6
次黏土,次黏土性黑土,浅栗色、褐色土壤、施肥不多的土壤	0.4 ~ 0.8
肥沃黑土	0.5 ~ 0.8
普通黑土	0.6 ~ 1.0

土壤名称	$\mu/(\text{mm}\cdot\text{min}^{-1})$
深栗色及栗色土壤	0.7 ~ 1.1
次砂土、次砂性的黑土,浅栗色土、栗色土	1.0 ~ 1.5
细砂(不能被风吹扬的)	2.0 ~ 2.5
细砂(能被风吹扬的)	3.0 ~ 5.0

表 7.2.7　土壤入渗率 μ 值

土壤类别		黏土	砂质黏土	黏质砂土	粉砂壤土	砂
含砂率/%		5 ~ 15	15 ~ 35	35 ~ 65	65 ~ 85<3	>85
含黏率/%		60 ~ 30	30 ~ 15	15 ~ 3		
$\mu/(\text{mm}\cdot\text{min}^{-1})$	一般地区	0.18	0.24	0.31	0.40	0.66
	干旱地区	0.24	0.31	0.40	0.53	
$\mu/(\text{mm}\cdot\text{h}^{-1})$	一般地区	0.57	0.76	0.98	1.26	2.08
	干旱地区	0.76	0.98	1.26	1.67	

例:某尾矿库 $F = 4.08$ km², $L_1 = 3$ km, $E_1 = 16$ m/km, $L_0 = 0.81$ km, $E_0 = 385$ m/km, $B = 1.077$ km,三角形河槽断面 $m = 3$, $\mu = 0.24$ mm/min, $N_0 = 0.2$, $N_1 = 0.067$。从当地水文手册查得: $\overline{H}_{24} = 118$ mm, $n_1 = 0.55$, $n_2 = 0.75$, $C_V = 0.55$, $C_s = 3.5$ C_V。试用概化公式求设计频率 $P = 2\%$ 的洪峰流量。

解:

$H_{24P} = 2.585 \times 118 = 305$ mm, $S_p = 137.5$ mm/h

$\tau_c = 176.9$ min

$$K_v = 0.53 \times 0.75 \left(\frac{1}{0.067}\right)^{3/4} \left(\frac{3}{3^2+1}\right)^{1/4} = 0.224$$

$$\tau_\alpha = \frac{8.25 L_1}{\beta K_v E_1^{3/8} F^{1/4}} = \frac{8.25 \times 3}{0.366 \times 0.224 \times 16^{3/8} \times 4.08^{1/4}} = 75 \text{ min}$$

$$\tau_\beta = \frac{8.25 \times 3}{0.366^{1/4} \times 0.224 \times 16^{3/8} \times 4.08^{1/4}} = 35.2 \text{ min}$$

汇流情况判定:

$\tau_c = 176.9 > \tau_\alpha = 75$,属于 A 种情况,为全面积汇流

$$t_0 = \frac{680(N_0 L_0)^{0.6}}{(C_i)^{0.4} E_0^{0.3}} = \frac{680(0.2 \times 0.81)^{0.6}}{0.72^{0.4} \times 385^{0.3}} = 43.3 \text{ min}$$

$v_1 = K_v E_1^{3/8} Q^{1/4} = 0.224 \times 16^{3/8} Q^{1/4} = 0.635 Q^{1/4}$

$t_1 = 16.67 \times \dfrac{L_1}{v_1} = 16.67 \times \dfrac{3}{0.635 Q^{1/4}} = \dfrac{78.6}{Q^{1/4}}$, $t_R = t_0 + t_1 = 43.3 + \dfrac{78.6}{Q^{1/4}}$

$$C_i = \frac{S_P'}{t_{R2}^n} - \mu = \frac{49.5}{\left(43.3 + \dfrac{78.6}{Q^{0.25}}\right)^{0.75}} - 0.24$$

$$Q_P = 16.67(C_i)\alpha F = 16.67 \times \left[\frac{49.5}{\left(43.3 + \dfrac{78.6}{Q^{0.25}}\right)^{0.75}} - 0.24\right] \times 1 \times 4.08$$

令 $Q = Q_P$ 解方程(用试算法)得:

$$Q_P = 128 \ \text{m}^3/\text{s}$$

$t_R > 43.3 + \dfrac{78.6}{128^{0.25}} = 66.6 \ \text{min} > 1 \ \text{h}$;以上计算取 $S_P' = 49.5$、$n_2 = 0.75$ 是合适的,$Q_P = 128 \ \text{m}^3/\text{s}$ 即为所求。

3)用经验公式计算

我国多数地区都有小流域洪水计算的经验公式,其一般形式如式(7.2.10)所示。

$$Q_P = M_P F^x \tag{7.2.10}$$

式中　Q_P——设计频率 P 的洪峰流量,m^3/s;

　　　M_P——频率为 P 的流量模数,由地区水文手册查取;

　　　F——流域面积,km^2;

　　　x——指数,由地区水文手册查取。

地区经验公式适用的流域面积仍较大,使用时应与调查洪水及其他计算方法比较综合确定。

4)用调查洪水资料推求

在流域的设计断面处或附近洪痕易于确定的河段,找当地老年人调查历史上出现的洪水位及其出现的年份,并测绘该河道的纵、横断面及洪水位,据此进行洪峰流量计算。

（1）调查洪水的洪峰流量计算

$$Q = \omega C \sqrt{Ri} \tag{7.2.11}$$

式中　Q——计算流量,m^3/s;

　　　ω——过水断面面积,m^2,可取调查河段几个实测断面的平均值;

　　　C——谢才系数,可根据 R、n 查相关资料。n 为河槽的粗糙系数,见表7.2.8—表7.2.10;

　　　i——河槽水面坡降,如无法确定时,可近似取为河床坡降;

　　　R——河槽的水力半径,m,对宽浅式河槽可取为平均水深。

表 7.2.8　河床糙率

类次	河床特征	$\dfrac{1}{n}$	n
1	情况良好的天然河槽(清洁、顺直、水流通畅的土质河槽)	40	0.025
2	经常性水流的平原型河槽(主要是大、中河流),河床与水流情况均属良好; 周期性水流(大的和小的),河床形状与表面情况良好	30~35	0.033

类次	河床特征	$\dfrac{1}{n}$	n
3	一般情况下比较清洁的经常性水流的平原型河槽,沿水流方向略有不规则的弯曲,或水流方向顺直而河底地形不平整(有浅滩、深潭、乱石); 情况相当良好的周期性水流的土质河槽(干沟)	25	0.040
4	河槽(大、中河流)相当阻塞、弯曲而局部生草,多乱石,水流不平静; 周期性水流(暴雨及融雪),在洪水期挟带大量泥砂,河底为粗砾石或为植物被覆(杂草等); 比较整齐,有一般数量植物被覆(草、灌木丛)的大中流的河滩	20	0.05
5	阻塞与弯曲严重的周期性水流的河槽; 杂草较多,颇不平整的河滩(有深潭、灌木丛、树木回流); 水面不平整的山区型卵石、砾石河槽; 平原河流的石滩河段	15	0.067
6	河道及河滩杂草丛生(水流缓弱)有大深潭; 山区型的砾石河槽,水流汹涌有泡沫,水面翻腾(水花飞溅)	12.5	0.08
7	河滩情况同上,但水流极不规则且有河弯等; 山区瀑布型的河槽,河床弯曲并有巨大砾石,水面跌落明显,泡沫极多,致使水流失去透明而呈白色,水声喧腾掩过一切,以致交谈困难	10	0.100
8	与前类特征大约相同的山区河流; 沼泽型河流(有杂草、小丘、许多地点几乎是死水等); 有很大的死水地带和局部深潭(湖泊等)的河滩	7.5	0.133
9	夹大量泥石的山洪型水流,林木密生的河滩(整片的原始森林)	5	0.200

表 7.2.9　经常性水流河床糙率

类次	河槽特征	曼宁公式采用的平均值	
		平均水深/m	n
1	半山区河流的平整河槽(砾石、卵石的河床)	2	0.024
		4	0.023
		6	0.023
		10	0.023
2	半山区河流中等弯曲的河槽;平原河流的平整河槽(土质河床)	2	0.026
		4	0.025
		6	0.025
		10	0.024

续表

类次	河槽特征	曼宁公式采用的平均值	
		平均水深/m	n
3	半山区河流极度弯曲的河槽,有支流和岔河;平原河流中等弯曲的河槽	2	0.031
		4	0.029
		6	0.029
		10	0.028
4	平原河流极度弯曲的河槽,有支流及岔河;山区河流的河槽(砾石,大砾石河床)	2	0.035
		4	0.033
		6	0.032
		10	0.03
5	平原河流极度弯曲的河槽,河岸有杂草;山区河流具有大砾石河床的河槽,浅的荒溪	2	0.045
		4	0.04
		6	0.038
		10	0.036
6	呈均匀流的多石滩河段,无杂草的河滩	2	0.069
		4	0.058
		6	0.051
		10	0.048
7	中等情况的多石滩河段,25%蔓生杂草的河滩	2	0.092
		4	0.077
		6	0.065
		10	0.06
8	具有大砾石的石滩段,个别部分水流方向特别不规则,50%蔓生杂草的河滩	2	0.115
		4	0.095
		6	0.08
		10	0.073
9	75%蔓生杂草的河滩	2	0.15
		4	0.122
		6	0.101
		10	0.092
10	100%蔓生杂草的河滩	2	0.24
		4	0.195

表 7.2.10　泥石流河沟糙率

类次	河槽特征	$\dfrac{1}{n}$	n
1	粗糙系数最大的泥石流河槽; 河槽中堆置着不能滚动的棱角石或稍能滚动的大块石,河槽被树木(树干、树枝、树根)严重阻塞,无水生植物,河底以阶梯式急剧降落,纵坡达 0.375 ~ 0.174	3.9 ~ 4.9 平均 4.5	0.26 ~ 0.2 0.22
2	粗糙系数较大的不平整的泥石流河槽; 河槽中无急剧突起部分,堆积着大大小小可以滚动的块石,河槽中被各种形式的树木所阻塞,沿河槽主要长有草本植物,河槽形状不平整,有坑洼,河底以阶梯形式降落,纵坡达 0.199 ~ 0.067	4.5 ~ 7.9 平均 5.5	0.22 ~ 0.13 0.18
3	微弱泥石流(或无泥石流)的河槽,但具有较大的阻力; 河槽由滚动的砾石及细卵石所组成,河槽常因稠密的灌木丛被严重地阻塞,河槽形状不平整,崎岖表面因大块石而突起,纵坡达 0.187 ~ 0.116	5.4 ~ 7.9 平均 6.6	0.18 ~ 0.13 0.15
4	流域在山区的中下游泥石流河段的河槽; 河槽经过光滑的岩石,有时经过具有大大小小不断的阶梯(瀑布)的河床,河槽的阻塞较轻,但在宽阔的河段阻塞厉害,阻塞物系树木与中等大小可滚动的砂石,无水生植物,纵坡达 0.220 ~ 0.112	7.7 ~ 10.0 平均 8.8	0.13 ~ 0.10 0.11
5	流域在山区及近山区的河槽; 河槽经过砾石卵石河床,由中小粒径与能完全滚动的材料所组成,河槽阻塞轻微,河岸有草本及木本植物,河底降落较均匀,无巨大阶梯,纵坡达 0.09 ~ 0.022	9.8 ~ 17.5 平均 12.9	0.10 ~ 0.06 0.08

表 7.2.11　山坡坡面糙率

山坡表面情况	N_0	$\dfrac{1}{N_0}$
平坦的、平滑的、压得很平的柏油	0.02	50
平坦稀疏的草地,小石铺面;	0.033	30
浅草地,牧场,田地;	0.05	20
有小丘的深草地,树林;	0.1	10
有水平沟的菜地,有荒草的和小丘的沼泽地,茂密的灌木;	0.143	7
交错的岩石山坡,苔藓;	0.2	5
大森林,死树的堆积地	0.333	3

注:确定山坡糙率时,应考虑坡地上有无水田和洼塘等,酌情增减。

（2）调查洪水频率的近似确定

在被调查者所知的年限内发生过几次洪水，其中各次洪水的频率可按式（7.2.12）近似确定。

$$P = \frac{M}{N+1} \times 100\% \qquad (7.2.12)$$

式中　P——调查历次洪水的频率，%；

　　　　M——调查历次洪水由大至小排列的次序数；

　　　　N——调查历次洪水发生的前后总年数。

（3）由调查断面洪峰流量推求设计断面的洪峰流量

当设计断面距调查断面有一定距离时，设计断面处的洪峰流量可按式（7.2.13）推算。

$$Q_2 = \frac{F_2^\alpha b_2^\beta J_2^{0.25}}{F_1^\alpha b_1^\beta J_1^{0.25}} Q_1 \qquad (7.2.13)$$

简化计算也可按式（7.2.14）计算。

$$Q_2 = \left(\frac{F_2}{F_1}\right)^\alpha Q_1 \qquad (7.2.14)$$

式中　Q_1,Q_2——调查断面和设计断面处的洪峰流量，$\mathrm{m^3/s}$；

　　　　F_1,F_2——调查断面和设计断面处的汇水面积，$\mathrm{km^2}$；

　　　　b_1,b_2——调查断面和设计断面处的流域平均宽度，km；

　　　　J_1,J_2——调查断面和设计断面流域主河槽平均坡降；

　　　　α——汇水面积指数，大流域 $\alpha = \frac{1}{2} \sim \frac{2}{3}$，小流域（$F \leqslant 30\ \mathrm{km^2}$）$\alpha = 0.8$；

　　　　β——流域形状指数，对于雨洪采用 $\beta = \frac{1}{3}$。

（4）设计频率的洪峰流量确定

由调查洪水推求设计洪水的洪峰流量可按式（7.2.15）计算。

$$Q_{P_2} = \frac{K_{P_2}}{K_{P_1}} Q_{P_1} \qquad (7.2.15)$$

式中　Q_{P_1},Q_{P_2}——调查洪水和设计洪水的洪峰流量，$\mathrm{m^3/s}$；

　　　　K_{P_1},K_{P_2}——调查洪水和设计洪水频率 P_1、P_2 的模比系数，可由相关资料查取。

7.2.2　洪水总量

设计洪水总量按式（7.2.16）计算。

$$W_{tP} = 1\ 000\alpha_t H_{tP} F \qquad (7.2.16)$$

式中　W_{tP}——历时为 t，频率为 P 的洪水总量，$\mathrm{m^3}$；

　　　　α_t——与历时 t 相应的洪量径流系数，α_{24} 见表 7.2.4；

　　　　H_{tP}——历时为 t，频率为 P 的降雨量，mm；

　　　　F——流域汇水面积，$\mathrm{km^2}$。

例:贵州某尾矿库洪水计算成果。

1)尾矿库水文计算

水文计算包括洪峰流量及洪水总量。其中,洪峰流量采用以推理公式法为基础的简化推理公式计算,其公式的形式为:

$$Q_P = 0.278 \cdot C \frac{\varphi S_P}{\tau} F$$

$$\tau = 0.278 \frac{L}{v}$$

$$v = m J^{1/3} Q_P^{\lambda}$$

式中　Q_P——设计频率 P 的洪峰流量,m^3/s;

　　　v——平均汇流速度,m/s;

　　　F,L,J——汇流面积(km^2)、主河道长度(km)、主河道坡度;

　　　S_P——设计频率 P 的暴雨雨力,mm/h;

　　　τ——流域汇流时间,h;

　　　m,C,φ——汇流参数、洪峰径流系数、暴雨点面折减系数取1;

　　　λ,n_1——洪峰流量经验指数取0.25,暴雨递减指数按《贵州省暴雨洪水计算实用手册》查取有关参数计算。

洪水总量为流域汇流时间内的洪峰流量总和。计算公式如下:

$$W_P = 1\,000 C \varphi H_{24P} F$$

式中　H_{24P}——最大24 h设计雨量,mm;

　　　其余符号同前。

2)设计暴雨量

根据《贵州省暴雨洪水计算实用手册》年最大24 h暴雨均值等值线图及尾矿库设计资料,可得:

$$H_{24} = 101.36 \text{ mm}, \quad C_v = 0.5 \quad C_s = 3.5 C_v \quad n_1 = 0.7$$

查皮尔逊Ⅲ型曲线得 K_P,并根据公式计算各种历时的设计暴雨量,见表7.2.12。

表7.2.12　S_P 值计算表

频率 $P\%$	n_1	K_P	H_{24}	H_{24P}	S_P
2	0.7	2.42	101.36	245.29	94.54
0.5	0.7	3.06	101.36	310.16	119.54

3)最大洪峰流量

采用推理公式计算最大洪峰流量,见表7.2.13—表7.2.15。

表7.2.13　f、θ、m 值计算表

集水区域	γ_1	J	L	F	f	θ	m
1 区	0.38	0.13	0.263	0.033 7	0.487	1.212	0.396
2 区	0.38	0.026 5	0.247 8	0.014 7	0.239	2.387	0.460
3 区	0.38	0.035 2	0.379 9	0.010 5	0.073	3.621	0.504

表 7.2.14　最大洪峰流量值计算表

集水区域	频率 P/%	γ_1	f	J	F	C'	S_P	Q_P
1 区	2	0.38	0.487	0.13	0.033 7	0.89	94.541	1.350
	0.5	0.38	0.487	0.13	0.033 7	0.9	119.543	1.788
2 区	2	0.38	0.239	0.026 5	0.014 7	0.89	94.541	0.435
	0.5	0.38	0.239	0.026 5	0.014 7	0.9	119.543	0.575
3 区	2	0.38	0.073	0.035 2	0.010 5	0.89	94.541	0.258
	0.5	0.38	0.073	0.035 2	0.010 5	0.9	119.543	0.341

表 7.2.15　汇流时间计算表

集水区域	频率 P/%	m	J	Q_P	λ	V	L	τ
1 区	2	0.396	0.13	1.350	0.25	0.216	0.263	0.338
	0.5	0.396	0.13	1.788	0.25	0.232	0.263	0.315
2 区	2	0.460	0.026 5	0.435	0.25	0.111	0.247 8	0.618
	0.5	0.460	0.026 5	0.575	0.25	0.119	0.247 8	0.577
3 区	2	0.504	0.035 2	0.258	0.25	0.118	0.379 9	0.897
	0.5	0.504	0.035 2	0.341	0.25	0.126	0.379 9	0.836

经计算,设计洪峰流量:1 区为 1.350 m³/s,2 区为 0.435 m³/s,3 区为 0.258 m³/s,总计为 2.043 m³/s。校核洪峰流量:1 区为 1.788 m³/s,2 区为 0.575 m³/s,3 区为 0.341 m³/s,总计为 2.704 m³/s。汇流时间均小于 1 h。

4)洪水总量

设计洪水总量公式如下:

$$W_P = 1\,000 C \varphi H_{24P} F$$

式中　H_{24P}——最大 24 h 设计雨量,mm。

计算结果见表 7.2.16。

表 7.2.16　洪水总量计算表

集水区域	频率 P/%	H_{24P}	C'	φ	F	W_P
1 区	2	245.291	0.89	1	0.033 7	7 357.02
	0.5	310.162	0.9	1	0.033 7	9 407.2
2 区	2	245.291	0.89	1	0.014 7	3 209.14
	0.5	310.162	0.9	1	0.014 7	4 103.44
3 区	2	245.291	0.89	1	0.010 5	2 292.25
	0.5	310.162	0.9	1	0.010 5	2 931.03

经计算,设计洪水总量:1 区为 7 357.02 m³,2 区为 3 209.14 m³,3 区为 2 292.25 m³,总计为 12 858.41 m³。校核洪水总量:1 区为 9 407.2 m³,2 区为 4 103.44 m³,3 区为 2 931.03 m³,总计为 16 441.67 m³。

尾矿库目前堆筑已满,没有调洪库容,库区排水主要靠截洪沟分流截水,目前排水设施能达到快速有效的排出洪水。为了安全闭库,为此本闭库按 200 年一遇设计洪峰流量进行设防,设计洪峰流量 1 区为 1.788 m³/s,2 区为 0.575 m³/s,3 区为 0.341 m³/s,总计为 2.704 m³/s。设计库内洪水量 1 区为 9 407.2 m³,2 区为 4 103.44 m³,3 区为 2 931.03 m³,总计为 16 441.67 m³。

7.2.3　洪水过程线

小流域的设计洪水过程线多简化为某种形式,常用的有三角形概化过程线和概化多峰三角形过程线。

三角形概化过程线计算简便,但洪量过分集中,可能脱离实际情况甚远。概化多峰三角形洪水过程线系结合一定的设计雨型计算绘制的,它结合了推理公式的特点,并能反映我国台风季风区暴雨洪水的特点,比较切合实际,适用于中小型水利工程设计。

概化多峰三角形过程线的基本原理是假定一段均匀降雨可相应产生一个单元三角形洪水过程线,此三角形的面积等于该段降雨产生的洪水量 W_i,三角形的底长相当于该段降雨的产流历时与汇流历时之和,而三角形的高即相当于该段降雨产生的最大流量 Q_m。把设计雨型按下述原则分为若干段,把每段降雨所形成的单元三角形洪水过程线,按时序叠加,即得概化多峰三角形洪水过程线。

1)设计暴雨时程分配雨型的确定

设计暴雨的时程分配雨型,一方面要能反映本地区大暴雨的特点(如时段雨型、时段分配、雨峰出现位置、降雨历时等),另一方面又要照顾到工程设计上的安全要求。有条件时,可按地区编制的综合标准雨型采用。

当无条件取得雨型资料时,则只能从尾矿库安全运用的角度出发,作一些假定,从而定出 H_{24P} 的时程分配。

假定如下:

①一般可将主雨峰置于设计降雨历时的 3/4 或稍后一些的时程上;

②次雨峰对称地出现于主雨峰两侧。

降雨分段的各段历时 t_c,对于主雨峰可取 $t_c=\tau$(τ 为流域汇流历时),对于次雨峰可取 $t_c=\tau$,也可取 $t_c=b\tau$(b 为整数)。

以主雨峰为中心,按式 $H_t=S_p t^{1-n}$ 确定不同历时 t 的降雨量(历时 t 的取值,对于对称区间以内的次雨峰取为两对称时段间各段历时之和,对于对称区间以外的次雨峰则取为计算段起点至一次降雨终点的各段历时之和)。

次雨峰各段的降雨量,对于对称区间以内的次雨峰为 $H_R=\dfrac{H_{ti}-H_{ti-1}}{2}$,对于对称区间以外的次雨峰为 $H_R=H_{ti}-H_{ti-1}$。

2）概化多峰三角形过程线的绘制

（1）时段峰量的确定

各时段均匀降雨产生的单元峰值流量可按式（7.2.17）确定。

$$Q_m = 0.566 \frac{h_R F}{t_c + \tau} \qquad (7.2.17)$$

式中　Q_m——时段峰量，m^3/s；

　　　t_c——时段历时，h；

　　　F——流域面积，km^2；

　　　τ——流域汇流历时，h；

　　　h_R——t_c 时段降雨产生的径流深，mm；

$$h_R = H_R - \mu t_c \qquad (7.2.18)$$

其中　H_R——时段降雨量，mm；

　　　μ——土壤入渗率，mm/h，见式（7.2.5）—式（7.2.8）。

（2）主峰段过程线的绘制

主峰段洪水过程线一般可按三点进行概化。有时为了提高计算准确度，则需根据分析资料按五点进行概化。

①三点概化过程线。

三点概化过程线的起点 A 与时段降雨起点对齐，终点 B 位于时段降雨终止后延长一段集流时间 τ 的地方，最大流量 $Q_m = Q_p$，位于时段降雨终止的地方（图7.2.1）。

②五点概化过程线。

如图7.2.2所示，$DF = Q_a$，为涨水过程线上的特征点流量，$EG = Q_b$，为落水过程线上的特征点流量。

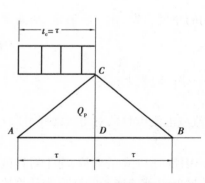

图 7.2.1　三点概化过程线

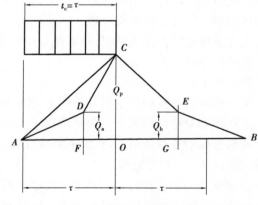

图 7.2.2　五点概化过程线

$$Q_a = K_a Q_p \qquad (7.2.19)$$

$$Q_b = K_b Q_p \qquad (7.2.20)$$

$$t_F = t_A + (1 - 2K_W + K_a)\tau \qquad (7.2.21)$$

$$T_0 = t_A + \tau \qquad (7.2.22)$$

$$t_G = t_A + (2 - K_b)\tau \qquad (7.2.23)$$

$$t_B = t_A + \tau / K_T \qquad (7.2.24)$$

式中　t_A——主峰概化过程线的起点时程坐标;

t_F, t_0, t_G——Q_a、Q_p、Q_b 的坐标;

t_B——主峰概化过程线的终点时程坐标;

$$K_a = \frac{FD}{OC}; K_b = \frac{1 - 2K_w}{\dfrac{1}{K_T - 2}}; K_T = \frac{AO}{AB}; K_w = \frac{\text{面积 } AOCDA}{\text{面积 } ABECDA}$$

K_b、K_w、K_T、K_a 为过程线的形状特征系数,有时可从地区水文手册中查到这些数据。

(3)次峰段过程线的绘制

单元三角形过程线的起点与该段降雨起点对齐,终点则在该段降雨停止后延长一段集流时间 τ 的地方。峰值 Q_m 出现的位置视该段洪水出现于主峰前后而定:如在主峰之前,则峰值位于该段降雨的终点位置(图7.2.3);如在主峰之后,则峰值位于该段降雨起点后延长一段集流时间 τ 的地方(图7.2.4)。

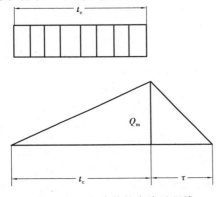

图 7.2.3　主峰前的次峰过程线

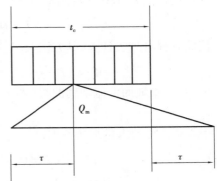

图 7.2.4　主峰后的次峰过程线

按上述方法计算绘制出各段单元洪水过程线之后,将它们按时序叠加,即可得到以暴雨时程分配雨型为根据的一次暴雨概化多峰三角形洪水过程线。

7.3　水量平衡法

本法是非线性汇流计算法,用水动力学方法分别解决坡面、地下和河槽的汇流计算问题,从而求出坝趾断面处的洪水过程线及洪峰流量。故本法尤适用于解决流域内分部计算的问题。

1)基本计算方法

水量平衡方程式为:

$$\bar{I} - Q_{i-1} + M_{i-1} = M_i \qquad (7.3.1)$$

式中　$\bar{I}$——时段平均入流;

Q_{i-1}——按时段初值的出流;

M_{i-1}——时段初 M 值;

M_i——时段末 M 值。

按此方程可列表计算,其方法及步骤如下。

(1)确定设计暴雨 H_{24} 的时程分配

见本节洪水过程线部分及表 7.3.4。

(2)进行坡面汇流计算

①计算与绘制辅助曲线。

按表 7.3.1 所列坡面汇流公式,假设一系列 Q 值求出相应的 M 值(表 7.3.1),绘出坡面汇流[Q-M 辅助曲线(图 7.3.1 曲线 1)]。

②Δt 的取值可根据坡面糙率和平均坡长等因素初步估定,通常可先取 $\Delta t = 1$ h 进行计算。

③根据各时段的降雨量,按式(7.3.1)进行坡面汇流计算,计算可列表进行(表 7.3.5)。

按表 7.3.5 计算时,降雨开始时刻($t = 0$ 的一行)的初始条件,对于小流域可均取为 0 计算。

则坡面汇流 $t = 1.0$ 一行的水量平衡各项:

$$\bar{I} - Q_{i-1} = \bar{I} - 0 = 1.25$$

按此方程可列表计算,其方法及步骤如下。

$$M_i = (\bar{I} - Q_{i-1}) + M_{i-1} = (\bar{I} - Q_{i-1}) + 0 = 1.25$$

据 M_i 值查坡面汇流辅助曲线(图 7.3.1)得

$$Q_i = 0.49$$

$t = 2.0$ 一行的水量平衡各项:

$$\bar{I} - Q_{i-1} = 2.5 - 0.49 = 2.01$$

$$M_1 = (\bar{I} - Q_{i-1}) + M_{i-1} = 2.01 + 1.25 = 3.26$$

查得 $\qquad\qquad\qquad\qquad Q_i = 1.5$

表 7.3.1 坡面汇流辅助曲线计算表

Q	$Q^{0.4}$	$\tau_s = \dfrac{G'}{Q^{0.4}}$	$\tau_s / \Delta t$	$\left(\dfrac{\tau_s}{\Delta t + 0.5}\right)$	$M = \left(\dfrac{\tau_s}{\Delta t} + 0.5\right) Q$
0	0	—	—	—	0
1	1	2.05	2.05	2.55	2.55
5	1.9	1.08	1.08	1.58	7.90
10	2.51	0.82	0.82	1.32	13.20
20	3.31	0.62	0.62	1.12	22.40
30	3.9	0.53	0.53	1.03	30.90
40	4.37	0.47	0.47	0.97	38.80
50	4.78	0.43	0.43	0.93	46.50
75	5.62	0.37	0.37	0.87	65.25
100	6.31	0.33	0.33	0.83	83.00

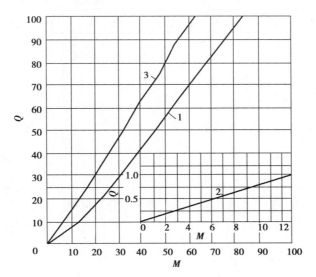

图 7.3.1　各种汇流的辅助曲线

1—坡面汇流;2—地下汇流;3—河槽汇流

以下各行计算均同此,但至历时 24 h 降雨终止,其后各行的计算与前略有不同。

如 $t=25$ 一行:$H_n=0$;地表入渗继续发生,但不是由降雨补给,而是由前期坡面的 M_i 补给,故改填在补渗 B_μ 栏中:$I=0$;$\bar{I}=0$;

$\bar{I}-Q_{i-1}$ 项应改为 $\bar{I}-Q_{i-1}-B_\mu=0-6.0-1.0=-7.0$;

M_i 项应改为 $(\bar{I}-Q_{i-1}-B_\mu)+M_{k-1}=-7.0+9.25=2.25$;

据 M_i 值查坡面汇流辅助曲线,得 $Q_i=0.88$;

以下各行的计算也同此,直至计算到 $M_i=0$ 时为止。

(3)验算 Δt 取值是否适当

由坡面汇流出流过程中查出最大出流深 $Q_{im}(\mathrm{mm})$,再换算成单位面积的出流量 $Q'_{im}[\mathrm{m}^3/(\mathrm{s}\cdot\mathrm{km}^2)]$:$Q'_{im}=\dfrac{Q_{im}}{3.6\Delta t}$;然后按式 $t_0=\dfrac{58.4(N_0 L_0)^{0.6}}{(Q'_{im})^{0.4}E_0^{0.3}}$ 计算 t_0(式中符号见表 7.2.5)。

当计算出的 t_0 与原取的 Δt 大致相等$\left(即\dfrac{t_0}{\Delta t}\approx 1\right)$时,则说明原取的 Δt 是合适的,否则应改变 Δt 重新计算。

(4)进行地下汇流计算

①计算与绘制地下汇流辅助曲线。

按表 7.3.2 所列地下汇流公式,假设一系列 Q 值求出相应的 M 值(表 7.3.3),绘出地下汇流 Q-M 辅助曲线(图 7.3.1 曲线 2)。

表 7.3.2 汇流辅助曲线计算公式

汇流类别	坡面汇流	地下汇流	河槽汇流
计算公式	$M = \left(\dfrac{\tau_s}{\Delta t} + 0.5 \right) Q$ $\tau_s = \dfrac{G'}{Q^{0.4}}$ $G' = 36.5 \dfrac{(N_0 L_0)^{0.6}}{E_0^{0.3}}$ $L_0 = \dfrac{F}{2(L + \sum l)}$ $E_0 = \dfrac{d \sum P}{F}$	$M = \left(\dfrac{\tau_E}{\Delta t} + 1 \right) Q$	$M = \left(\dfrac{\Delta \tau_s}{\Delta t} + 0.5 \right) Q$ $\Delta \tau_s = \dfrac{\gamma \tau}{n_i}$ $\tau = 0.278 \dfrac{l}{v}$ $v = m J^{1/3} Q^0$ 抛物线形河槽: $m = 0.761 \left(\dfrac{1}{N} \right)^{\frac{9}{13}} \dfrac{a^{2/13}}{(1+a)^{6/13}}$ $a = \sqrt{\dfrac{\left(\dfrac{b}{2} \right)^2}{H}}$ 三角形河槽: $m = 0.707 \left(\dfrac{1}{N} \right)^{\frac{3}{4}} \left(\dfrac{m_P}{1 + m_P^2} \right)^{\frac{1}{4}}$ 矩形河槽: $m = \dfrac{1}{b_j^{2/5}} \cdot \dfrac{1}{N^{3/5}}$

注:表中符号说明:

Δt—计算时段长,h;N_0—山坡糙率,查表 7.2.11;l—支流长度,km;L—流域长度,自分水岭起,km;F—流域汇水面积,km^2;P—一条等高线的长度,km;d—相邻等高线的高差,m;τ_E—地下汇流时间,对小汇水面积汇流计算一般可取$\tau_E = 9 \sim 15$ h;n_i—等流时面积分块数,取整数,取值方法见下:a—河槽平均断面形状指数,对三角形 $a = \dfrac{1}{4}$,抛物线形 $a = \dfrac{1}{3}$,矩形 $a = \dfrac{2}{5}$;J—河槽平均坡降,以小数计;m_P—三角形河槽的代表性平均边坡坡度,m,$m_P = c \cot \beta$;a—抛物线形河槽的扩展指数;b—抛物线形河槽水深 H 时的水面宽,m;H—抛物线形河槽任意时刻的水深,m;N—河槽的糙率,查表 7.2.8—表 7.2.10;β—山坡线与水平线之夹角,(°);b_j—矩形河槽的宽度,m;γ—系数,对抛物线形河槽 $\gamma = \dfrac{13}{22}$,三角形 $\gamma = \dfrac{4}{7}$,矩形 $\gamma = \dfrac{5}{8}$。

表 7.3.3 地下汇流辅助曲线计算表

Q	$\dfrac{\tau_E}{\Delta t}$	$\dfrac{\tau_E}{\Delta t}+1$	$M = \left(\dfrac{\tau_E}{\Delta t}+1 \right) Q$
0	12	13	0
0.1	12	13	1.3
0.3	12	13	3.9
0.5	12	13	6.5
0.7	12	13	9.1
1.0	12	13	13.0

②根据坡面汇流计算结果进行地下汇流计算,计算方法与坡面汇流计算完全相同(表 7.3.5)。表中总损失为入渗或补渗与坡面蒸发之和,后者可忽略不计;有效入渗为入渗或补渗与土壤蓄水量之差,后者也可忽略不计;R 为坡面汇流与地下汇流出流 Q_i 值之和。

(5)进行河槽汇流计算

①计算与绘制河槽汇流辅助曲线。

按表 7.3.1 所列河槽汇流公式,假设一系列 Q 值求出相应的 M 值(表 7.3.6),绘出河槽汇流 $Q\text{-}M$ 辅助曲线(图 7.3.1 曲线 3)。

②确定等流时面积分块数 n_i。

n_i 的正规取值应按单位时段的集流长度,Δl 划分流域的干流或最长支流的分段数加以确定。

Δl 可用式(7.3.2)求得:

$$\Delta l = 3.6v\Delta\tau_s \tag{7.3.2}$$

式中　Δl——单位时段的集流长度,km;

v——集流速度,m/s;

$\Delta\tau_s$——单位时段,h。

实用中多用简单方法确定 n_i,先视流域主河槽的长度试取一个 n_i 值(如 2 ~ 3)进行河槽汇流计算,然后按下面所述方法用计算结果进行复核。

③划分等流时块面积。

根据试取的 n_i 值划分主河槽或最长的支流为 n_i 段,过分段点划等流时线,将流域面积划分为 n_i 块等流时块。

上述工作相当繁复,故实际工作中可简单地以直线或圆弧线代替等流时线,这对计算精度尚无重大影响。计算表明,等流时面积的不同划分对最后的计算结果影响不大,故可取 $f_1 = f_2 = \cdots = f_i = \dfrac{F}{n_i}$ 进行计算(F 为流域汇水面积)。

④将坡面和地下汇流计算所得的出流过程 R 值(mm)分配到各等流时块面积上去,并将单位由 mm 化为 m³/s,得 $I = K_iR$。

出流值的单位换算可用式(7.3.3)进行。

$$K_i = \frac{f_i}{3.6\Delta t} \tag{7.3.3}$$

式中　f_i——各块的计算面积,km²;

Δt——时段历时,h。

⑤河槽汇流计算。

计算顺序由河源(上游)向河口(下游)进行。离出口断面最远的一段河槽的入流等于 K_iR;下一河段的入流等于上一河段的出流 Q_i 与本段等流时块面积的 K_iR 值之和。

各时段的水量平衡计算与坡面汇流计算方法完全相同。如此计算到流域出口断面,即可求得一次降雨过程所产生的洪水过程。

(6)验算 n_i 取值是否适当

n_i 值取值是否适当应以 $0.75 \leqslant \dfrac{\tau}{\Delta t} \leqslant 1.25$ 的条件加以校核。由流域洪水过程查得洪峰流量 Q_m 则由表 7.3.1 中的河槽汇流公式可得:

$$\frac{\tau}{\Delta t} = \frac{0.278L}{mJ^{1/3}Q_m^{1/4}\Delta t}$$

当$\frac{\tau}{\Delta t}<0.75$时,说明等流时块数取多了,应予以减少重新计算,反之,如$\frac{\tau}{\Delta t}>1.25$,应予以增加。

(7)小流域面积的简化计算

水量平衡法计算工作量较大,长沙有色冶金设计院已编出 DJS-21 型电子计算机的手编程序,可以大大加快计算速度。经用观测资料、推理公式和概化公式对比验证,水量平衡法计算洪水结果较满意。

对于小汇流面积,用水量平衡法手算时还可以进一步适当简化。

由表 7.3.2 的计算结果可见,当坡面汇流的最大出流值 $Q_i=98$ mm 时,地下汇流的最大出流值仅为 $Q_i=0.78$ mm,这说明地下汇流出流相对很小,对于小汇水面积可以忽略不计。

河槽汇流计算中的 n_i 值,根据大量计算经验,对于 $F<30$ km² 的小汇水面积可取 $n_i=1$ 计算(即不需分块)。对于 $F<5$ km² 的特小汇水面积,河槽长度通常很短(相对于山坡长度而言),即使以 $n_i=1$ 计算也满足不了$\frac{\tau}{\Delta t}<0.75$ 的要求,这说明河槽长度太短,不起调蓄作用。从表 7.3.3 可见,坡面和地下汇流的最大出流量 $Q_{im}=112$ m³/s(98.78 mm),而河槽汇流的最大出流量 $Q_{im}=96.5$ m³/s,二者相差不大。因此对于特小汇水面积也可不计算河槽汇流。

这样,一般汇流面积不大的尾矿库的水量平衡计算只需按上述步骤中的(1)、(3)项进行即可,大大地简化了计算工作量。

表 7.3.4　H_{24P} 的时程分配计算表

分段类别	段号	t/h	t^{1-n}	H_t/mm	$H_{t_n}-H_{t_{n-1}}$	H_R/mm
主雨峰段	1	1	1.000	137.5	137.5	137.5
对称区间以内的次雨峰段	2	3	1.316	181	43.5	21.75
	3	5	1.496	206	25	12.5
	4	7	1.627	224	18	9.0
	5	9	1.732	238.5	14.5	7.25
	6	11	1.822	250.5	12	6.0
对称区间以外的次雨峰段	7	12	1.862	256	5.5	5.5
	8	13	1.900	261.5	5.5	5.5
	9	14	1.935	266	4.5	4.5
	10	15	1.970	271	5	5.0
	11	16	2.000	275	4	4.0
	12	17	2.030	279.5	4.5	4.5
	16	18	2.060	283.5	4	4.0
	14	19	2.090	287.5	4	4.0
	15	20	2.115	291	3.5	3.5

分段类别	段号	t/h	t^{1-n}	H_t/mm	$H_{t_n}-H_{t_{n-1}}$	H_R/mm
对称区间以外的次雨峰段	16	21	2.142	295	4	4.0
	17	22	2.166	298	3	3.0
	18	23	2.191	301.5	3.5	3.5
	19	24	2.215	305	3.5	3.5

注：表中 $n=n_2=0.75$。

表7.3.5 坡面与地下汇流计算表

降雨历时 t/h	时段雨量 H_R/mm	入渗 μ/mm	坡面汇流/mm						总损失 h/mm	地下汇流/mm				$R=\sum Q_i$ /mm
			$I=H_R-\mu$	$\bar{I}=\dfrac{I_i+I_{i-1}}{2}$	$\bar{I}-Q_{i-1}$	$M=\bar{I}-Q_{i-1}+M_{i-1}$	Q_i（由辅助曲线查得）	B_μ（补渗）		有效入渗 $\bar{I}$	$\bar{I}-Q_{i-1}$	M_{i-1}	Q_i	
0	0	0	0	1	0	0	0		0	0	0	0	0	0
1	3.5	1	2.5	1.25	1.25	1.25	0.49		1	0.5	0.5	0.5	0.04	0.53
2	3.5	1	2.5	2.5	2.01	3.26	1.50		1	1	0.96	1.46	0.11	1.61
3	3.0	1	2.0	2.25	0.75	4.01	2.00		1	1	0.89	2.35	0.18	2.18
4	4.0	1	3.0	2.5	0.50	4.51	2.20		1	1	0.82	3.17	0.24	2.44
5	3.5	1	2.5	2.75	0.55	5.06	2.60		1	1	0.76	3.93	0.30	2.90
6	4.0	1	3.0	2.75	0.15	5.21	3.00		1	1	0.70	4.63	0.36	3.36
7	4.0	0	3.0	3.0	0.00	5.21	3.00		1	1	0.64	5.27	0.41	3.41
8	4.5	1	3.5	3.25	0.25	5.46	3.10		1	1	0.59	5.86	0.45	3.55
9	4.0	1	3.0	3.25	0.15	5.61	3.15		1	1	0.55	6.41	0.49	3.64
10	5.0	1	4.0	3.50	0.35	5.96	3.30		1	1	0.51	6.92	0.53	3.83
11	4.5	1	3.5	3.75	0.45	6.41	3.60		1	1	0.47	7.39	0.57	4.17
12	5.5	1	4.5	4.0	0.40	6.81	3.80		1	1	0.43	7.82	0.60	4.40
13	5.5	1	4.5	4.5	0.70	7.51	4.50		1	1	0.40	8.22	0.63	5.13
14	6.0	1	5.0	4.75	0.25	7.76	4.80		1	1	0.37	8.59	0.66	5.46
15	7.25	1	6.25	5.63	0.83	8.59	5.50		1	1	0.34	8.93	0.70	6.20
16	9.0	1	8.0	7.13	1.63	10.22	7.10		1	1	0.30	9.23	0.71	7.81
17	12.5	1	11.5	9.75	2.65	12.87	9.70		1	1	0.29	9.52	0.73	10.43
18	21.75	1	20.75	16.13	6.43	19.30	16.20		1	1	0.27	9.79	0.75	16.95
19	137.5	1	136.5	78.63	62.43	81.73	98.00		1	1	0.25	10.04	0.78	98.78

续表

降雨历时 t/h	时段雨量 H_R /mm	入渗 μ /mm	坡面汇流/mm						总损失 h /mm	地下汇流/mm				$R = \sum Q_i$ /mm
			$I = H_R - \mu$	$\bar{I} = \dfrac{I_i + I_{i-1}}{2}$	$\bar{I} - Q_{i-1}$	$M = \bar{I} - Q_{i-1} + M_{i-1}$	Q_i（由辅助曲线查得）	B_μ（补渗）		有效入渗 $\bar{I}$	$\bar{I} - Q_{i-1}$	M_{i-1}	Q_i	
20	21.75	1	20.75	78.63	-19.37	62.36	70.80		1	1	0.22	10.26	0.79	71.59
21	12.5	1	11.5	16.13	-54.67	7.69	4.60		1	1	0.21	10.47	0.81	5.41
22	9.0	1	8.0	9.75	5.06	12.75	9.80		1	1	0.19	10.66|	0.82	10.62
23	7.25	1	6.25	7.13	-2.67	10.08	6.50		1	1	0.18	10.84	0.84	7.34
24	6.0	1	5.0	5.63	-0.83	9.25	6.00		1	1	0.16	11.00	0.85	6.85
25	0	—	0	0	-7.00	2.25	0.88	1.00	1	1	0.15	11.15	0.86	1.74
26	0	—	0	0	-1.88	0.37	0.15	1.00	1	1	0.14	11.29	0.87	1.02
27	0	—	0	0	-0.37	0	0	0.22	0.22	0.61	-0.26	11.03	0.85	0.85
28	0	—	0	0							-0.85	10.18	0.78	0.78
29	0	—	0	0							-0.78	9.40	0.72	0.72
30	0	—	0	0							-0.72	8.63	0.66	0.66
31	0	—	6	0							-0.66	7.97	0.61	0.61
32	0	—	0	0							-0.61	7.36	0.57	0.57

表 7.3.6　河槽汇流辅助曲线计算表

Q	$Q^{\frac{1}{4}}$	$\Delta \tau_s$	$\dfrac{\Delta \tau_s}{\Delta t}$	$\dfrac{\Delta \tau_s}{\Delta t} + 0.5$	$M = \left(\dfrac{\Delta \tau_s}{\Delta t}\right) + 0.5$
0	0				0
5	1.196	0.261	0.261	0.761	3.80
10	1.780	0.219	0.219	0.719	7.19
20	2.130	0.183	0.183	0.683	13.66
30	2.340	0.167	0.167	0.667	20.01
40	2.520	0.155	0.155	0.655	26.20
60	2.785	0.140	0.140	0.640	38.40
80	2.990	0.131	0.131	0.631	50.48
100	3.165	0.123	0.123	0.623	62.30
150	3.500	0.112	0.112	0.612	91.80

2）考虑受库内水面影响的洪水计算

当库内水面面积超过汇水面积的 10% 时,应考虑水面对尾矿库汇流条件的影响,可用水量平衡法计算洪水。

3）截洪沟的排洪流量计算

截洪沟一般通过多个沟谷,各沟谷的洪水分别于不同的里程上汇入截洪沟,各汇入点的洪峰流量可按推理公式求解。对于 $F<0.1\ \mathrm{km}^2$ 的特小排水块,直接用推理公式计算有较大误差,可用坡面汇流方法计算,或用下述简化公式近似计算:

$$Q_P = 0.278(S_P - 1)F \tag{7.3.4}$$

式中　S_P——设计频率的雨力,mm/h;

　　　F——排水块的汇水面积,km^2。

7.4　调洪演算

调洪演算的目的是根据既定的排水系统确定所需的调洪库容及泄洪流量。对一定的来水过程线,排水构筑物越小,所需调洪库容就越大,坝也就越高。设计时应通过几种不同尺寸的排水系统的调洪演算结果,合理地确定坝高及排水构筑物的尺寸,以便使整个工程造价最小。

①对于洪水过程线可概化为三角形,且排水过程线可近似为直线的简单情况,其调洪库和泄洪流量之间的关系可按式(7.4.1)确定。

$$q = Q_P\left(1 - \frac{V_t}{W_P}\right) \tag{7.4.1}$$

式中　q——所需排水构筑物的泄流量,m^3/s;

　　　Q_P——设计频率 P 的洪峰流量,m^3/s;

　　　V_t——某坝高时的调洪库容,m^3;

　　　W_P——频率为 P 的一次洪水总量,m^3。

②对于一般情况的调洪演算,可根据来水过程线和排水构筑物的泄水量与尾矿的蓄水量关系曲线,通过水量平衡计算求出泄洪过程线,从而定出泄流量和调洪库容。

尾矿库内任一时段 Δt 的水量平衡方程式如式(7.4.2)所示。

$$\frac{1}{2}(Q_s + Q_z)\Delta t - \frac{1}{2}(q_s + q_z)\Delta t = V_z - V_s \tag{7.4.2}$$

式中　Q_s,Q_z——时段始、终尾矿库的来洪流量,m^3/s;

　　　q_s,q_z——时段始、终尾矿库的泄洪流量,m^3/s;

　　　V_s,V_z——时段始、终尾矿库的蓄洪量,m^3。

令 $Q = \frac{1}{2}(Q_s + Q_z)$,将其代入式(7.4.2),整理后得

$$V_z + \frac{1}{2}q_z\Delta t = \overline{Q}\Delta t + \left(V_s - \frac{1}{2}q_s\Delta t\right) \tag{7.4.3}$$

求解式(7.4.3)可列表计算,但需预先根据泄流量曲线(H-q)调洪库容曲线(H-V)绘出

$q \sim \left(V+\dfrac{1}{2}q\Delta t\right)$ 和 $q \sim \left(V-\dfrac{1}{2}q\Delta t\right)$ 辅助曲线备查,然后列表计算。

调洪演算的结果是否符合实际及其符合的程度如何,主要取决于:

①调洪的起始水位。它关系到正常运行时滩长的控制。控制水位的最后确定,又取决于最高洪水位时滩长的确定。在设计时,主要计算初期坝运行期和终期的情况,在管理阶段应根据每年的度汛情况予以分析。

②调洪用的库容曲线是沉积尾矿后的库容曲线。事先确定淤积滩面的坡度和形状极为重要。

③泄流曲线和泄流构筑物的尺寸。

例:某尾矿库调洪演算实例。

1)调洪演算

库区上游汇水区域 500 年一遇洪峰流量为 14.359 m³/s,大于单个排洪斜槽的泄洪能力,为保证防洪可靠性,并考虑终期坝排洪斜槽 Z2 位于最终库面库尾,排洪能力最强,对其和最终库面形成的调洪库容进行调洪演算。

2)调洪库容

终期坝顶宽 3 m,高程 897 m,并以 1:50 的坡度向上游形成最终尾矿库面。考虑三等库要求的 70 m 最小干滩长度和 1:50 的坡度,可知最高洪水水位为 895.6 m,最终尾矿库面和 895.6 m 的最高洪水水位间形成调洪库容。具体见表 7.4.1。

表 7.4.1　调洪库容计算表

洪水位/m	S/m²	S_p/m²	ΔH/m	V_i/m³	调洪总库容/m³
892	626.00	—	—	0.0	0.0
893	3 364.52	1 995.3	1.00	1 995.3	1 995.3
894	7 006.17	5 185.3	1.00	5 185.3	7 180.6
895	11 102.44	9 054.3	1.00	9 054.3	16 234.9
895.6	13 770.82	12 436.6	0.60	7 462.0	23 696.9

3)洪水过程

根据项目区库区上游汇水区域面积和暴雨参数,采用概化多峰三角形过程线绘制洪水过程线,计算成果见表 7.4.2。

表 7.4.2　$P=0.2\%$ 洪水过程线

序　号	汇流历时/h	洪水流量/(m³·s⁻¹)
1	0	0
2	1	0.015
3	2	0.025
4	3	0.033
5	4	0.052

序　号	汇流历时/h	洪水流量/(m³·s⁻¹)
6	5	0.040
7	6	0.072
8	7	0.095
9	8	0.086
10	9	0.134
11	10	0.089
12	11	0.159
13	12	0.227
14	13	0.215
15	14	0.344
16	15	0.429
17	16	0.892
18	17	1.354
19	18	10.022
20	18.3368	18.167
21	19	1.643
22	20	1.180
23	21	0.718
24	22	0.398
25	23	0.265
26	24	0.103
27	25	0.001

$P=0.2\%$ 洪水过程线曲线图如图 7.4.1 所示。

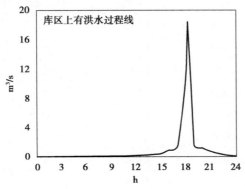

图 7.4.1　$P=0.2\%$ 洪水过程线曲线图

4)调洪验算

调洪采用水量平衡法,公式如下:

$$\frac{1}{2}(Q_s + Q_z)\Delta t - \frac{1}{2}(q_s + q_z)\Delta t = V_z - V_s \tag{7.4.4}$$

式中　Q_s,Q_z——时段始、终的来洪流量,m^3/s;

　　　q_s,q_z——时段始、终的泄洪流量,m^3/s;

　　　V_s,V_z——时段始、终的蓄洪量,m^3;

　　　Δt——该时段的时间,h。

调洪成果见表7.4.3。

表7.4.3　$P=0.2\%$ 洪水调洪成果表

序　号	t/h	$Q/(m^3 \cdot s^{-1})$	$(Q_s+Q_z)\Delta t/2$	$q/(m^3 \cdot s^{-1})$	$(q_s+q_z)\Delta t/2$	V/m^3
1	0	0	0	0	0	0
2	0.15	0.002	0.59	0	0	1
3	0.3	0.004	1.76	0	0	2
4	0.45	0.007	2.94	0	0	5
5	0.6	0.009	4.11	0	0	9
6	0.75	0.011	5.29	0	0	15
7	0.9	0.013	6.46	0	0	21
8	1.05	0.015	7.58	0	0	29
9	1.2	0.017	8.53	0	0	37
10	1.35	0.018	9.37	0	0	47
11	1.5	0.020	10.22	0	0	57
12	1.65	0.021	11.06	0	0	68
13	1.8	0.023	11.90	0	0	80
14	1.95	0.024	12.74	0	0	93
15	2.1	0.026	13.52	0	0	106
16	2.25	0.027	14.18	0	0	120
17	2.4	0.028	14.81	0	0	135
18	2.55	0.029	15.45	0	0	151
19	2.7	0.030	16.08	0	0	167
20	2.85	0.032	16.71	0	0	183
21	3	0.033	17.34	0	0	201
22	3.15	0.036	18.42	0	0	219
23	3.3	0.038	19.95	0	0	239
24	3.45	0.041	21.49	0	0	261
25	3.6	0.044	23.02	0	0	284

续表

序　号	t/h	$Q/(m^3 \cdot s^{-1})$	$(Q_s+Q_z)\Delta t/2$	$q/(m^3 \cdot s^{-1})$	$(q_s+q_z)\Delta t/2$	V/m^3
26	3.75	0.047	24.55	0	0	308
27	3.9	0.050	26.08	0	0	334
28	4.05	0.051	27.20	0	0	361
29	4.2	0.049	27.10	0	0	388
30	4.35	0.048	26.19	0	0	415
31	4.5	0.046	25.27	0	0	440
32	4.65	0.044	24.36	0	0	464
33	4.8	0.043	23.44	0	0	488
34	4.95	0.041	22.52	0	0	510
35	5.1	0.043	22.77	0	0	533
36	5.25	0.048	24.76	0	0	558
37	5.4	0.053	27.33	0	0	585
38	5.55	0.058	29.89	0	0	615
39	5.7	0.062	32.46	0	0	647
40	5.85	0.067	35.03	0	0	682
41	6	0.072	37.60	0	0	720
42	6.15	0.075	39.82	0	0	760
43	6.3	0.079	41.71	0	0	802
44	6.45	0.082	43.60	0	0	845
45	6.6	0.086	45.49	0	0	891
46	6.75	0.089	47.37	0	0	938
47	6.9	0.093	49.26	0	0	987
48	7.05	0.095	50.70	0	0	1 038
49	7.2	0.093	50.81	0	0	1 089
50	7.35	0.092	50.02	0	0	1 139
51	7.5	0.090	49.24	0	0	1 188
52	7.65	0.089	48.45	0	0	1 237
53	7.8	0.088	47.66	0	0	1 284
54	7.95	0.086	46.88	0	0	1 331
55	8.1	0.090	47.65	0	0	1 379
56	8.25	0.098	50.77	0	0	1 429
57	8.4	0.105	54.67	0	0	1 484
58	8.55	0.112	58.56	0	0	1 543

续表

序　号	t/h	$Q/(m^3 \cdot s^{-1})$	$(Q_s+Q_z)\Delta t/2$	$q/(m^3 \cdot s^{-1})$	$(q_s+q_z)\Delta t/2$	V/m^3
59	8.7	0.119	62.46	0	0	1 605
60	8.85	0.126	66.35	0	0	1 672
61	9	0.134	70.25	0	0	1 742
62	9.15	0.127	70.38	0	0	1 812
63	9.3	0.120	66.74	0	0	1 879
64	9.45	0.113	63.11	0	0	1 942
65	9.6	0.107	59.47	0	0	2 001
66	9.75	0.100	55.83	0	0	2 057
67	9.9	0.093	52.20	0	0	2 110
68	10.05	0.092	50.11	0	0	2 160
69	10.2	0.103	52.69	0	0	2 212
70	10.35	0.113	58.38	0	0	2 271
71	10.5	0.124	64.06	0	0	2 335
72	10.65	0.134	69.75	0	0	2 404
73	10.8	0.145	75.44	0	0	2 480
74	10.95	0.155	81.12	0.001	0.30	2 561
75	11.1	0.166	86.75	0.002	0.95	2 647
76	11.25	0.176	92.29	0.004	1.68	2 737
77	11.4	0.186	97.79	0.005	2.44	2 833
78	11.55	0.196	103.30	0.007	3.25	2 933
79	11.7	0.207	108.81	0.009	4.19	3 037
80	11.85	0.217	114.32	0.020	7.79	3 144
81	12	0.227	119.83	0.032	13.98	3 250
82	12.15	0.225	122.11	0.043	20.20	3 351
83	12.3	0.224	121.17	0.054	26.29	3 446
84	12.45	0.222	120.23	0.065	32.06	3 535
85	12.6	0.220	119.29	0.074	37.43	3 616
86	12.75	0.218	118.35	0.083	42.41	3 692
87	12.9	0.217	117.41	0.091	47.04	3 763
88	13.05	0.222	118.37	0.112	54.80	3 826
89	13.2	0.241	125.00	0.133	66.11	3 885
90	13.35	0.260	135.41	0.153	77.25	3 943
91	13.5	0.280	145.83	0.173	87.89	4 001

序　号	t/h	$Q/(\mathrm{m}^3 \cdot \mathrm{s}^{-1})$	$(Q_\mathrm{s}+Q_\mathrm{z})\Delta t/2$	$q/(\mathrm{m}^3 \cdot \mathrm{s}^{-1})$	$(q_\mathrm{s}+q_\mathrm{z})\Delta t/2$	V/m^3
92	13.65	0.299	156.25	0.192	98.45	4 059
93	13.8	0.318	166.66	0.212	108.98	4 117
94	13.95	0.338	177.08	0.231	119.48	4 174
95	14.1	0.353	186.32	0.250	129.97	4 231
96	14.25	0.365	193.80	0.269	140.33	4 284
97	14.4	0.378	200.70	0.287	150.32	4 334
98	14.55	0.391	207.59	0.304	159.77	4 382
99	14.7	0.404	214.48	0.320	168.70	4 428
100	14.85	0.416	221.37	0.336	177.21	4 472
101	15	0.429	228.27	0.351	185.39	4 515
102	15.15	0.498	250.45	0.365	193.31	4 572
103	15.3	0.568	287.92	0.384	202.41	4 658
104	15.45	0.637	325.39	0.413	215.38	4 768
105	15.6	0.707	362.86	0.452	233.57	4 897
106	15.75	0.776	400.33	0.501	257.20	5 040
107	15.9	0.845	437.80	0.563	287.28	5 191
108	16.05	0.915	475.27	0.653	328.47	5 338
109	16.2	0.984	512.74	0.741	376.52	5 474
110	16.35	1.054	550.21	0.823	422.27	5 602
111	16.5	1.123	587.68	0.913	468.64	5 721
112	16.65	1.192	625.16	1.004	517.69	5 828
113	16.8	1.262	662.63	1.087	564.66	5 926
114	16.95	1.331	700.10	1.162	607.26	6 019
115	17.1	2.221	959.12	1.233	646.82	6 331
116	17.25	3.521	1 550.46	1.527	745.23	7 137
117	17.4	4.822	2 252.57	2.421	1 065.87	8 323
118	17.55	6.122	2 954.69	3.404	1 572.89	9 705
119	17.7	7.422	3 656.81	5.321	2 355.99	11 006
120	17.85	8.722	4 358.92	7.911	3 572.71	11 792
121	18	10.022	5 061.04	9.399	4 673.56	12 180
122	18.15	13.650	6 391.49	9.875	5 203.80	13 367
123	18.3	17.277	8 350.28	10.402	5 474.64	16 243
124	18.45	15.347	8 808.43	11.041	5 789.61	19 262

续表

序　号	t/h	$Q/(m^3 \cdot s^{-1})$	$(Q_s+Q_z)\Delta t/2$	$q/(m^3 \cdot s^{-1})$	$(q_s+q_z)\Delta t/2$	V/m^3
125	18.6	11.609	7 278.10	11.506	6 087.87	20 452
126	18.75	7.872	5 259.93	11.683	6 261.15	19 451
127	18.9	4.135	3 241.75	11.535	6 268.87	16 424
128	19.05	1.620	1 553.70	11.070	6 103.24	11 874
129	19.2	1.550	855.99	9.499	5 553.60	7 176
130	19.35	1.481	818.52	2.477	3 233.68	4 761
131	19.5	1.412	781.05	0.449	790.18	4 752
132	19.65	1.342	743.58	0.446	241.72	5 254
133	19.8	1.273	706.11	0.691	307.02	5 653
134	19.95	1.204	668.64	0.952	443.79	5 878
135	20.1	1.134	631.17	1.125	560.95	5 948
136	20.25	1.065	593.70	1.179	622.14	5 920
137	20.4	0.995	556.23	1.157	630.80	5 845
138	20.55	0.926	518.76	1.100	609.44	5 755
139	20.7	0.857	481.29	1.030	575.17	5 661
140	20.85	0.787	443.82	0.958	536.90	5 568
141	21	0.718	406.35	0.887	498.13	5 476
142	21.15	0.670	374.67	0.824	461.88	5 389
143	21.3	0.622	348.78	0.772	430.83	5 306
144	21.45	0.574	322.89	0.723	403.48	5 226
145	21.6	0.526	297.01	0.674	377.19	5 146
146	21.75	0.478	271.12	0.626	351.20	5 066
147	21.9	0.430	245.23	0.578	325.30	4 986
148	22.05	0.392	221.86	0.534	300.44	4 907
149	22.2	0.372	206.06	0.505	280.48	4 833
150	22.35	0.352	195.29	0.476	264.84	4 763
151	22.5	0.332	184.53	0.450	250.12	4 697
152	22.65	0.312	173.76	0.427	236.69	4 635
153	22.8	0.292	163.00	0.405	224.65	4 573
154	22.95	0.272	152.23	0.385	213.32	4 512
155	23.1	0.249	140.67	0.364	202.15	4 450

序　号	t/h	$Q/(m^3 \cdot s^{-1})$	$(Q_s+Q_z)\Delta t/2$	$q/(m^3 \cdot s^{-1})$	$(q_s+q_z)\Delta t/2$	V/m^3
156	23.25	0.225	127.90	0.343	191.01	4 387
157	23.4	0.200	114.73	0.322	179.67	4 322
158	23.55	0.176	101.56	0.300	168.02	4 256
159	23.7	0.151	88.38	0.278	156.07	4 188
160	23.85	0.127	75.21	0.255	143.87	4 119
161	24	0.103	62.04	0.232	131.47	4 050

由表7.4.3可知,库内最高洪水位出现在洪水历时开始后的18.60 h,对应的最大下泄流量为11.50 m³/s,水位高程为895.24 m,最小干滩长度约87.8 m,安全超高1.76 m,对应的调洪库容约为2.045万m³。此时,尾矿库干滩长度和安全超高能满足最小干滩长度(70 m)和最小安全超高(0.7 m)要求,防洪安全状况良好。

7.5　径流分析及其调节计算

径流分析的主要任务是确定尾矿库控制流域面积的来水总量厂、年内分配、年际变化等。由于尾矿库对径流的调节程度差,加上工业供水的保证率高(要求达到95%),因此,径流分析可用所在地区水利部门的计算成果。根据所在地区水文手册,确定95%保证率的年内水量。月分配也可参考当地的数据。这样,就可求得年径流的月分配过程(表7.5.1和表7.5.2)。

表7.5.1　以一年或月平均水位相应的水面面积降落水深表示

水文地质情况	降落水深/m	
	以年计	以月计
良好(透水性不强)	0.3～0.5	0.04
中等	0.5～1.0	0.04～0.08
不良(透水性大)	1.0～2.0	0.08～0.16

表7.5.2　以一年或月的渗漏损失占尾矿库蓄水容积的百分数表示

水文地质情况	渗漏损失量(以蓄水容积百分比计)	
	以年计/%	以月计/%
良好(透水性不强)	5～10	0.5～1.0
中等	10～20	1.0-1.5
不良(透水性大)	20～40	1.5-3.0

径流调节计算的任务,是确定尾矿库调节水量的库容量。其计算方法采用逐时段水量平衡法,即

$$\overline{W}_{来水} - \overline{W}_{用水} = \pm V \qquad (7.5.1)$$

式中　V——余缺水量,+表示余水量,-表示缺水量;

　　　$\overline{W}_{来水}$——尾矿库的来水,主要包括河道来水量,即上述径流分析结果,以 W_{L1} 表示。矿浆进库的水量,按设计的固水比计算,或按矿浆浓度计算,以 $\overline{W}_{12}$ 表示,并列出逐月的过程;

　　　$\overline{W}_{用水}$——选矿厂生产所需的回水量,以月过程表示,用 $\overline{W}_H$ 示之;尾矿库渗漏损失,可按类似尾矿库的实测资料计算,且应考虑逢枯水季节的变化,以 $\overline{W}_S$ 示之。

库区蒸发损失是以气象站实测的蒸发量为依据计算。库区有陆面蒸发量,建库后为水面蒸发,因此,库建成后增加的蒸发损失是尾矿库的水面蒸发量减去陆面蒸发量。

蒸发损失 $y=(0.6×$多年平均水面蒸发量-多年平均陆面蒸发量$)(mm)$ 式中,多年平均水面蒸发量系指 20 cm 口径蒸发皿测得的蒸发量,由于 20 cm 蒸发皿观测的蒸发量比大面积水面的蒸发量大,所以须乘一折算系数,一般情况下以 20 cm 口径蒸发皿测得的蒸发量资料换算成 80 cm 蒸发皿数值,折算系数为 0.75~0.8,80 cm 蒸发皿测得的蒸发量数值换算成大面积水面蒸发量,折算系数为 0.8。所以将 20 cm 口径蒸发皿测得的蒸发量换算成大面积水面蒸发量,折算系数 $0.75×0.8=0.6$。

陆面蒸发量 y_0 按照水量平衡方程式,多年平均陆面蒸发量为多年平均降水量减去多年平均径流深。

当缺乏实测资料时,可从各地《水文手册》中的等值线图查得,换算成尾矿库蒸发水量损失的公式为

$$W_{sh} = 1\,000(y - y_0)F(m^3) \qquad (7.5.2)$$

式中　y——折算成库面蒸发的蒸发量,mm;

　　　y_0——陆面蒸发量,mm;

　　　F——库面面积,km^2。

由于尾矿库的年内水面变化很小,可按固定数取用,并根据库面积与高程关系图选用。

这样,上述计算过程可列式为

$$\overline{W}_{L1} + \overline{W}_{L2} - (W_H + W_S + \overline{W}_{sh}) = \pm \overline{V}$$

将上式举例列表计算可以看出,连续枯水期的缺水总和就是所需的调节库容。故本例所需调节库容为:$1+2+2=5$ 万 m^3,见表 7.5.3。

表 7.5.3　尾矿库水量平衡计算表

月　份	来水量/万 m^3			用水量/万 m^3				余、缺水量	
	W_{L1}	W_{L2}	$W_{来水}$	W_H	W_s	W_{sh}	$W_{用水}$	余	缺
7	25	10	35	8	4	6	18	17	
8	40	10	50	8	3	6	17	23	
9	30	10	40	8	2	6	16	24	
10	30	10	40	8	3	6	17	23	

续表

月　份	来水量/万 m³			用水量/万 m³				余、缺水量	
	W_{L1}	W_{L2}	$W_{来水}$	W_H	W_s	W_{sh}	$W_{用水}$	余	缺
11	20	10	30	8	4	6	18	12	
12	8	10	18	8	4	6	18	0	
1	5	10	15	8	3	5	16		1
2	4	10	14	8	3	5	16		2
3	6	10	16	8	4	5	17		1
4	18	10	28	8	4	5	17	11	
5	20	10	30	8	4	5	16	14	
6	20	10	30	8	2	5	15	15	

7.6　排水构筑物

7.6.1　排水构筑物的类型

排水构筑物的主要功能,是排泄尾矿库集水面积内的洪水或者将库内的澄清水送至库外,排水构筑物是预防尾矿坝漫坝溃坝的主要设施,同时也可兼做保证生产回水的任务。所以,尾矿库随着尾矿不断向高堆积,其排水系统的进水口必须随之提高。

根据排水流量和地形地质条件不同,排水构筑物有以下4种基本类型。

(1)井—涵洞(或隧洞)式排水构筑物

进水构筑物主要是直立的塔式建筑。塔下可以接竖井,也可以无竖井。塔为一次建成,预留泄流孔口,随着尾矿堆积坝的不断升高,逐步封闭即将被尾矿埋没的孔口。目前,塔的类型有窗口式、框架式和砌块式3种。塔的位置则以保持泄洪时所要求的安全超高和沉积滩的滩长及不泄浑水为原则。塔的结构以混凝土和钢筋混凝土为主。塔可以分级建筑,塔与塔之间接力排水。

输水构筑物主要是涵管(洞)或隧洞。涵洞分沟埋式和平埋式两种。涵管的断面形状有圆形、拱形和矩形等。其结构视受力状况不同而有钢筋混凝土、混凝土及砌石3种;流量小时,可以用钢管、铸铁管和预应力钢筋混凝土管等形式。隧洞因岩性、断面、水头不同可以是砌石、混凝土、钢筋混凝土、锚喷和不衬砌等结构形式。

输水构筑物的出口形式有扩散平台、突然放大底流消能及挑流等和下游连接的方式。

从整个排水系统来看,既有隧洞、涵洞共用的,也有单独用涵洞或隧洞的。

(2)斜槽—涵洞(隧洞)式排水构筑物

这种系统和井—涵洞(隧洞)系统的主要区别,是进水部分为斜卧岸坡的明槽。当尾矿堆放到标高前,槽是敞开的,随着尾矿堆积高度上升,逐步封闭明槽。本系统的输水部分和出口的连接与井—涵洞(隧洞)相同。

（3）开敞式溢洪道

这种排水系统同前两种的主要区别,是其进水口和输水部分均为明流开敞式。它同样由进口部分、输水部分和出口消能 3 部分组成。进口部分视溢流前缘和输水段轴线的方位,分为侧槽式和正堰式两种。输水部分一般为明渠陡坡。出口部分一般采取挑流或底流等形式与下游河道衔接。为了适应尾矿堆积坝的不断上升,正堰式溢洪道采用分次加高的办法,侧槽式溢洪道则采取进水侧槽不断接力的办法,也就是分次修侧槽。总之,采用溢洪道排水,堆积坝的高度不能太大。

（4）分洪截洪式

当尾矿库流域面积较大时,为了减轻尾矿库的洪水负担,采用分洪方式。有的在上游筑坝,使河水改道,洪水不进入库内;有的沿库区筑环库的截洪沟,将洪水引出库外。

尾矿库的排水构筑物按进水口形式可分为塔式、斜槽式和开敞式 3 种。输水部分又可分为隧洞式、涵洞管式和陡坡明渠式 3 种。以出口形式分,则有挑流式和底流消能等两种。这几种典型的形式,有的在一座尾矿库中可以混合布置,也可以在一套排洪系统中混合使用,有的则可能是某种变形。

7.6.2 排水构筑物的布置

尾矿库中排水构筑物位置的选择及其布置,直接关系到尾矿库的安全和排水效果。

1）排水构筑物布置的一般原则

根据尾矿库的使用经验,排水构筑物布置的基本原则是:

①排水构筑物的进口位置应能满足尾矿库不同使用阶段的防洪安全和水质澄清要求。它和堆积坝(包括主坝和副坝)之间的距离和高差应能满足滩长、澄清距离、调蓄库容、调洪库容、安全超高等的需要。

②排水构筑物应选择良好的地形条件和地质条件,以节省处理费用。

③排水构筑物布置应以长度最短的为宜。

④排水构筑物按排水流量和跌差区分流速范围,当流速为高流速时,其布置应满足高流速的要求。

⑤有利于施工,方便管理,交通方便。

⑥出口布置应有利于环保的要求,便于水质处理。出口的位置一般应位于工业、民用水源的下方。

⑦排水构筑物应考虑出口沟道的行洪能力,且和下游河道的衔接应简单可靠。

2）进水口位置选择

根据上述布置原则,当用塔式进水口时,塔的基础要完整、坚硬,塔周围的边坡要稳定,塔基开挖及使用期间边坡也较稳定。当在沟谷中布置塔时,应使塔布置在岸坡上,使之避开沟谷主流,以防止可能发生泥石流威胁塔的安全。同时,还应考虑输水涵洞或隧洞的走向。应当注意的是塔若布置在坚硬完整的岩体上,则涵洞的基础不宜放在软基上。当用斜槽排水时,其走向宜和等高线近乎直交,因为斜交的斜槽,由于一边岸坡的影响,进水不均匀,容易形成陡坡上的折冲水流,影响进口的进流能力。当斜槽需放在沟槽时,沟槽应对称开挖,以创造均匀的进流能力。为防止泥石流在主沟堵塞斜槽事故的发生,斜槽应沿山坡布置,其基础应稳固,附近不存在威胁斜槽安全的滑坡,且其沿线基础应比较均匀,避免发生不均匀沉降。

塔和斜槽比较,塔的优点是进水条件好,泄流能力可靠;其缺点是施工、管理都比斜槽复杂、麻烦和困难。斜槽的优点是施工、管理都较方便;其缺点是进口流态较差,泄流能力较小。因此,一般情况是,当泄流能力大时用塔,反之则用斜槽。

尾矿库排洪隧洞进口要和斜槽或塔相连,它没有单独的进口,在施工时,要特别注意洞脸的稳定。由于在运行期间,接近隧洞进口浅埋的洞段承受着尾矿的压力,作用其上的外水压力也较大,因此,进口必须选在地形,地质条件较好的岩体上。

3) 隧洞洞线的选择

(1)隧洞进口要求的地形条件

①洞口地段的地形要陡,以确保进口段顶盖厚度大,受力均匀。

②正地形优于负地形,山体厚大比山体单薄好;山沟里比沟口好。一般不宜在冲沟或溪流的源头布置进口。因为在这类地段除有地面径流汇流外,也多属构造破碎的软弱地带。

③进口段应尽量垂直地形等高线,交角不宜小于30°。

④当洞口选在悬崖陡壁下时,要避开风化岩,防止岩体产生崩塌,且利于处理危岩。

⑤当在地形陡或坡度大的地段选择洞口时,要考虑不削坡或少削坡,必要时可筑人工洞口,以利边坡的稳定。

(2)隧洞进口的地质条件

①进出口应布置在岩体新鲜、完整、出露完好,且有足够厚度的陡坡地段。

②反倾向的岩体有利于洞口的稳定。顺倾向的岩体不利于洞口的稳定,且当倾角在20°~75°时,软弱结构面易产生滑动。

③岩脉,断层、破碎带、岩体软弱及风化破碎严重的地段,一般不宜选作洞口。

④进口应避开不良工程地质地段,如有滑坡、崩塌、危石、乱石堆、泥石流和岩溶现象等。

(3)隧洞洞线的条件

隧洞洞线的正确选择,有助于降低工程造价,缩短施工工期和运行安全。因此,在满足尾矿库总体布置要求的条件下,洞线宜选在沿线地质构造简单、岩体完整稳定、岩石坚硬、上覆岩层厚度大、水文地质条件简单和施工方便的地段。

①洞线与岩层,构造断裂带走向及主要软弱带应有较大的夹角。在整体块状结构的岩体中,夹角不宜小于30°。在层状岩体中,特别是层间夹有疏松的倾角大的薄岩层时,夹角一般不宜小于45°。地应力大的地区的隧洞,洞线应与最大水平地应力方向一致,或尽量减小其夹角。

②洞顶以上和傍山隧洞岸边一侧岩体的最小覆盖厚度,应根据地质条件、隧洞断面形状及尺寸、施工成洞条件、内水压力、衬砌形式、围岩渗透特性、结构计算成果等因素综合分析确定。在有条件的地方,宜厚不宜薄。对于有压隧洞,洞身部位的最小覆盖厚度一般按洞内静水压力小于洞顶以上围岩重量的原则确定。

③相邻两隧洞间的岩体厚度,应根据布置需要、围岩的受压和变形、应力情况、隧洞横断面尺寸、施工方法和运行条件(一洞有水、邻洞无水)等因素,综合分析决定,一般不宜小于2倍的洞径(或洞宽)。岩体较好时可适当减小,但不应小于1倍洞径(或洞宽)。当洞线穿过坝基、坝肩和其他建筑物地基时,建筑物与隧洞间应有足够的岩体厚度,以满足结构和防渗的要求。

④当洞线遇有沟谷时,应根据地形、地质、水文及施工条件,进行绕沟或跨沟方案的技术

经济比较。当采用跨沟方案时,应合理选择跨沟位置,对跨沟建筑物地基、隧洞的连接部位及其洞脸山坡,应加强工程措施。

⑤洞线在平面上应尽可能布置为直线。若由于某些原因需采用曲线时,则应注意以下几点:

a.低流速无压隧洞的弯曲半径,不宜小于 5 倍的洞径(或洞宽),转角不宜大于 60°,低流速有压隧洞则不受上述原则限制。

b.高流速无压隧洞在平面上应尽量避免设置曲线段。对高流速有压隧洞,其弯曲半径和转角,应通过试验决定。

c.在弯道的首尾应设置直线段,其长度不宜小于 5 倍洞径(或洞宽)。

d.当在洞身段必须设置竖曲线时,对高流速隧洞的竖曲线,其形式和半径宜通过试验决定。对低流速无压隧洞的竖曲线半径一般不宜小于 5 倍的洞径(或洞宽),低流速有压隧洞可适当降低要求。在布置竖曲线时,还应考虑采用的施工方法。

⑥洞身段的纵坡,应根据运行需要,上下游衔接,沿线建筑物底部高程,以及施工检修条件等,通过技术经济比较确定。一般不小于 0.003,当为轻轨矿车出渣时不大于 0.02,当为平推车出渣时,不宜大于 0.05。

⑦有压隧洞全线洞顶上各处的最小压力即使在最不利的运行条件下也不得小于 2 m。当隧洞作为导流隧洞,且必须在明满流过渡条件下运行时,则不受此条件的限制。

⑧当选择的隧洞洞线较长时,宜开措施支洞,以利缩短工期。支洞的数目及长度以有利于均衡各段隧洞的工程量及工期为准则。

⑨当采用分叉隧洞布置(支洞向主洞汇入)时,交汇点可按前述弯道要求处理,也可采取突然放大的连接方式。若采用突然放大布置,在其汇入口主洞的上游应留有足够的空腔,其长度应为主洞洞宽的 2.5 ~ 3.0 倍。

⑩隧洞布置,垂直岸坡较为有利。若平行岸坡,浅埋的洞段容易形成偏压。

⑪隧洞出口应选在工程地质条件较好的地段。洞脸应尽量避免在高边坡处开挖,若无法避开,则需分析开挖后的稳定性,并采取加固措施。

4)涵洞洞线的选择

①涵洞洞线应尽量和坝轴线垂直。这样使涵洞长度最短。若涵洞轴线平行坝轴线或与坝轴线夹角较小,势必跨过河谷,涵洞轴线也容易穿过几个地貌单元,使地质条件不均一。

②涵洞顺河向布置时或走河谷,或走岸坡。当沿河谷或岸边台地布置时,地形平坦,涵洞两边边坡高度较低,基础有可能较均一。当沿岸坡布置时,如果坡度较陡容易形成上下两个边坡。当和沟谷交叉时,地基基础不易均一。

③布置涵洞时要求地形平缓,沿线不宜起伏太大。地质条件要求基础承载力够,变形小,不易丧失稳定。在满足上述要求的前提下,尽量均一,沿线不要差别太大,避免不均匀变形。涵洞基础下面若遇软弱黏土层,一定要认真加固处理,在布置上尽量避开这些不良的地质条件。

④涵洞穿越坝体应严格按照本书有关章节所述要求处理。涵洞一定要沟埋,基础要坚实可靠。涵洞宜按无压明流设计,进口应对称平顺。

⑤若涵洞轴线不能布置成直线时,低流速可用转角井连接,高流速应通过模型试验决定体形。

⑥涵洞出口布置应避免冲刷坝脚,与下游河道的连接应根据河槽地形、地质、水流特性确定消能和防冲加固措施。

⑦涵洞沿岸坡走向布置时,上、下边坡一定要保持稳定,特别是浸水后的稳定。

在具体设计中,常常遇到是选涵洞还是选隧洞。一般说,若在地质条件好的地段构筑隧洞,所需的衬砌材料较涵洞少,反之,两者差不多。隧洞的施工技术较复杂,涵洞较简单容易。在运行安全和维修方面,隧洞比涵洞好。因涵洞的结构节缝较多,且埋于坝和尾矿下,容易出故障。因此,对具体工程来说,是用隧洞,还是用涵洞,需作全面的技术经济比较择优选用。流量小的工程宜用涵洞涵管排水方法。

5)溢洪道轴线选择

溢洪道是在库水位变幅不大,有布置溢洪道的有利的地形地质条件而采用的。

溢洪道选线主要是有利的地形地质条件。具体条件如下:

①有天然的垭口可以利用,邻谷有较好的排洪条件。这样开挖溢洪道不但方量小,而且不易出现较高的边坡。

②坝肩附近有做陡坡的有利地形地质条件,如比较平顺,坡度不太陡也不太缓,较均一,地层坚实稳定,陡坡末端与下游河道的连接比较方便,不会造成危及坝脚及其下游河道的冲刷等。

③库内岸坡接近坝头的部分,坡度较缓,有开挖引渠或侧槽的条件,开挖溢洪道时不会出现不稳定的边坡。

④溢洪道的轴线要短,一般来说,垭口部位宜做正堰式溢洪道,坝肩部位宜做侧槽溢洪道。

⑤引渠布置应注意平顺,有利于进水均匀。

⑥在陡坡地段布置溢洪道时,应顺应地形。若在非岩基上,当 $\tan \delta \leqslant \tan \delta_e$($\delta$、$\delta_e$ 分别为陡坡坡角和土壤的内摩擦角)时,可以用多级陡坡或变坡布置。

⑦在大跌差陡坡地段布置溢洪道时,应尽可能采取直线等底宽或对称扩散的布置形式,避免转弯或横断面尺寸的不规则变化,使水流平顺通过,保证工程安全运行。陡坡段的收缩和扩散,必须成渐变式,渐变段总收缩角不宜大于20°～30°,也就是说边墙收敛(或扩散)不能大于5:1或按下述条件控制:

$$\tan \alpha = \frac{1}{3Fr} \tag{7.6.1}$$

式中　α——边墙和陡坡中心线的夹角,(°);

　　　Fr——弗劳德数,$Fr = \dfrac{V}{\sqrt{gh}}$;

　　其中　V,h——渐变段起点断面和终点断面平均流速和水深。

⑧当在平面上布置溢洪道而又需在陡坡上转弯时,应采取克服折冲波的措施。

⑨溢流堰的基础地质条件要好,尽量减少基础处理工程。

7.6.3　排水构筑物的水力计算

1)水力计算的基本任务

①研究排水构筑物的过水能力,合理确定排水构筑物的形式和断面尺寸。

②研究和改善排水构筑物及河道的水流流态,合理设计排水构筑物,保证其正常运行。

③研究水流对构筑物和地基的作用,以便采取有效措施,消除水流对构筑物的破坏作用。

由于尾矿库的排水构筑物体型和一般水利工程上的排水建筑物体型有差别,且现有的水力计算手册的实验数据,是以水利工程体型试验为依据的,难以适合尾矿排水构筑物体型使用,使尾矿排水构筑物设计产生困难。根据已往的设计经验,水力计算的正确与否决定于对流态的正确判断,而流态判别的依据与体型又有很大的关系。一般水力学计算手册上提供的数据难以直接用在尾矿排水构筑物上。因此,在水力设计上应当总结尾矿排水构筑物的实验数据,积累这方面的经验。

2)排水塔—隧洞排水系统的水力设计

(1)栗西沟及大厂灰岭尾矿库排水系统模型试验

金堆城钼业公司栗西沟尾矿库排水系统采用排水塔—隧洞的排水系统,共有1号及2号两个系统。两个系统的差别主要是竖井高度不同。1号排水井竖井深52 m,2号排水井竖井深93 m。两个排水塔高均为48 m,是目前国内高度较高的排水系统。1986年水利水电科学研究院为该工程作了系统的模型试验,现将试验结果简介如下。

①系统简介。排水塔高48 m,为钢筋混凝土框架结构,共有6个立柱,沿高度方向每3 m设圈梁一道,立柱之间随尾矿堆积面的升高,用预制拱板封堵,拱板厚度15 cm,拱板外径4 m,塔内径3 m。塔座下设竖井,竖井内径2 m,塔座和竖井之间有高3 m、上径2.5 m、下径2 m的渐变段,井下接消力坑,为圆柱形,直径3.5 m,深10 m,试验改为6 m,后接明流隧洞。2号排水井构造简图如图7.6.1所示。

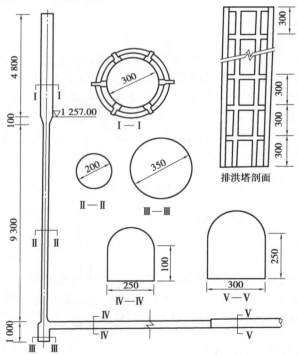

图7.6.1　2号排水井构造简图

②泄流能力。由于进流位置不同,堰的厚度不一,溢流长度也不一,因此按不同进流位置提出流量系数。

计算公式为:

堰流:

$$Q = ML\sqrt{2g}H^{3/2} \tag{7.6.2}$$

式中 M——流量系数;

H——进口水头;

L——溢流长度。

孔流:

$$Q = \frac{2}{3}\mu b\sqrt{2g}\left(H_2^{3/2} - H_1^{3/2}\right) \tag{7.6.3}$$

式中 μ——流量系数;

b——孔口宽度;

H_1, H_2——孔口顶部和底部水头。

各种不同情况的流量系数如下:

a. 圈梁与拱板齐平,堰壁厚度 0.45 m,溢流长度 $L=3\pi-0.4\times6$(m)。

H	0.216	0.376	0.628	0.78	0.796	0.858	0.938
Q	3.654	6.733	12.432	16.897	17.524	19.322	21.798
M	0.813	0.652	0.558	0.548	0.551	0.542	0.536

$M_{cp}=0.482$。

以上为 1 号井实测值,2 号井实测值略高,其 $M_{cp}=0.50$。

b. 拱板在圈梁之上 0.9 m 处,堰壁厚 0.15 m,溢流长度 $L=\pi\times3.6-0.2$(m)。

H	0.216	0.376	0.628	0.78	0.796	0.858	0.938
Q	3.654	6.733	12.432	16.897	17.524	19.322	21.798
M	0.813	0.652	0.558	0.548	0.551	0.542	0.536

$M_{cp}=0.6$。

c. 拱板在圈梁上 2.1 m 处,当水头较低时,拱板顶溢流同 b,水头增加到一定值时,变成圈梁和拱板之间的孔口流;当水头再增加,圈梁顶也进水,成为孔堰混合流。有孔口时,泄流能力较 a、b 两种情况时的泄流能力强。溢流长度同 b。

H	0.8	0.58	0.64
Q	4.791	9.248	10.746
M	0.457	0.467	0.616

即 $M=0.457\sim0.467$, $\mu=0.616$。

d. 塔顶全部周长溢流,堰壁厚 0.45 m,无立柱、溢流长度 $L=3\pi$(m)。

H	0.198	0.398	0.608	0.742	0.824	0.848	0.902	1.118
Q	1.93	5.12	10.26	14.04	16.43	17.21	19.32	22.68
M	0.525	0.488	0.518	0.526	0.526	0.528	0.540	0.460

$M_{cp}=0.51$。

e. 在 a 的条件下对称封 3 孔,3 孔进流。

H	0.46	0.754	0.992	1.222	1.426	1.68	1.886	2.078
Q	2.8	5.67	8.53	11.60	14.38	18.49	22.12	25.75

M	0.577	0.556	0.555	0.552	0.543	0.546	0.548	0.552

$M_{cp}=0.554$。

f. 在 b 的条件下,对称开 3 孔。

H	0.428	0.576	0.824	1.076	1.376	1.516	1.584	1.930
Q	2.640	4.510	7.440	10.300	14.630	17.050	18.310	23.350
M	0.421	0.461	0.444	0.412	0.405	0.408	0.406	0.398

$M_\sigma=0.42$。

以上各种实测数据 H 以 m 计,Q 以 m^3/s 计。

另外还做了一组试验,2 孔堵,3 孔开的情况是,一孔在圈梁,一孔在圈梁以上 0.9 m 拱板,一孔在圈梁以上 2.1 m,3 孔同时泄,流量为 22 m^3/s 时,水头 2.83 m。

③水流流态。当流量很小时,水流沿着塔身拱板内面贴壁而下,流量稍稍增大,但小于 8 m^3/s 时,进塔水流呈堰流流态,分六股汇集于塔中心,在塔内形成从上至下无掺气透明实心水柱。随着流量的增加,中心水柱从下至上逐渐变为掺气水流溅在井壁上,即使流量大于校核洪水($Q=22$ m^3/s)时,塔井系统均不会满流。

水流夹带大量空气,在消力坑内充分掺混消能。掺气水流从消力坑侧壁往上撞击隧洞进口顶部。然后以无压掺气流进入隧洞。隧洞进口为宽顶堰流态,沿途波动逐渐减小,水流在离隧洞进口 56~60 m 处趋于平稳。整个隧洞为无压明流。2 号井隧洞与已建隧洞连接的 60°转角处,水流撞击已建隧洞右侧壁,形成壅水波,当流量为 22 m^3/s 时,撞击右侧壁的水面一直到洞顶附近,水流进入已建隧洞后逐渐平稳流向出口。

堵 3 孔留 3 孔的试验表明,进水塔在这 3 种泄流情况下振动很厉害。水流自敞开的孔口流入塔内,冲到对面的拱板和圈梁上。撞击后下泄,使整个塔身以低频大幅度振动。因此,应尽量不采取这种泄流方式。

④系统消能。由于进塔水流大量掺气,在消力坑内消除了大部分能量,消能率在 95% 以上,水流从消力坑出来进入隧洞后逐渐平稳,隧洞最大流速 1 号井不超过 8.5 m/s,2 号井不超过 9.5 m/s。系统消能良好,即使有 142 m 水头的水流,经消能后,流速也不超过 10 m/s。

⑤动水压力。塔身压力:不同进流情况,其压力也不同。进水塔及竖井上部出现负压,最大负压区在塔上部,进流 a 比 b、c 负压大。d 比 a 负压大。最大负压值,进流 a 为 1.9 m,进流 b 为 0.8 m,进流 d 为 2.0 m。

在进流 a 的情况时,当 $Q>11$ m^3/s($H=0.8$ m),塔身发生振动,这是由于拱板与圈梁齐平重叠进水。立柱内缘与过水堰内壁在同一圆周上,其分流作用不如 b、c。大流量时 6 股水进入塔中心汇合,立柱后的气孔时开时合,引起塔内压力周期性变化。在运行时应增加拱板高度,不使拱板与圈梁齐平,则可避免这种情况发生。进流 d 为后期塔顶全周堰溢流。没有立柱分流,则负压最大,在塔顶设 6 个三角形对称分流墩,以减少负压值。进水塔身也可以设通气孔以减小负压。

竖井和隧洞压力:竖井压力随流量增加而增加,竖井压力沿程随时间而波动,隧洞全部为无压明流,无负压。

(2)排水塔—隧洞排水系统设计方法

根据栗西沟尾矿库排水系统模型试验,提出排水塔—隧洞排水系统的设计方法。

①流态选择。为使塔—隧洞系统运行可靠,宜选无压流态。栗西沟排水系统消能效果良

好,主要是在塔井、消力池完全形成了掺气水流。许多试验研究和工程实践证明,要使竖井—隧洞排洪系统在各级流量下均呈满流是难以实现的。若在设计流量 Q_3 时,为达到满流工作,当 $Q<3$ 时,在塔和竖井中将出现很大的负压,在隧洞中将出现不稳定的流态。同时在隧洞和竖井交接处将出现较大负压,且在泄流时也会出现啸声、振动、气团喷射等不良现象。一般说,这种排水系统在流量变化时,从无压流态变为有压流态的过渡段,其主要危险是正压值的气囊,而在洪水消退时由有压流态变无压流态的过渡段,其主要危险是负压值的真空。

②塔进水流量公式的选择。进口一般按自由堰流来设计,栗西沟尾矿库的模型试验可供各种排水塔的设计参考。

框架式排水塔:从试验中的几种进水位置中选最不利的一种进行设计,3 种主要进水位置的流量曲线如图 7.6.2 所示。

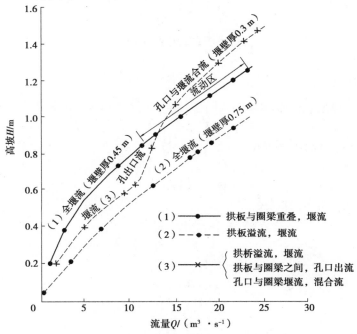

图 7.6.2   1 号井水头流量关系曲线(3 种进流情况)

若为圆形孔口可用一般水力学手册的圆孔公式,也可近似地仍用上述 M、L_1 过水面积换成圆形孔的面积。

砌块式排水井可选有关章节的流量系数。

③塔径及井径的确定。根据试验可知,当水头增加,流速加大,将冲击对面拱板和立柱形成振动,因此对 $\dfrac{B}{R}$(H 为堰上水头,R 为塔的内径)应加以限制,并以 $\dfrac{H}{R}<0.9$ 为宜,据此限值,再根据泄流量,便可确定塔径。

井径:按形成孔口流的断面积来控制,孔口流流量计算公式为

$$Q = \frac{2d^2}{4}\sqrt{2g \times 0.9H_a} \tag{7.6.4}$$

式中 d——断面直径,m;

H_a——上游水位至所论断面间的高差,m。

171

其中,$0.9H_a$ 表示为入射流收缩、摩阻、纵向变形损失之和。

　　根据塔的最低水位分别计算竖井上径和下径,用上径确定竖井的尺寸。

　　④消力井的尺寸。目前,对于消力井的计算尚无合适公式可用。当跌差很小时,可用直落式跌水的经验公式估算(见《尾矿工程》)。对较大工程应参照已建成工程的经验确定。

　　大厂灰岭水库,塔高 21.5 m,泄流量 57 m^3/s,井深 1.63,消力井直径 3.0 m。这些数据可以控制一般尾矿库工程的大体范围。

　　⑤隧洞流态设计。按明流隧洞设计,进口呈宽顶堰流态,洞身比降按陡坡设计,即隧洞比降 $i>i_k$(临界坡)。进口水深为 h_k(临界水深),洞后为正常水深即 h_0,通过推算水面线由 h_k 变为 h_0 的长度,从水工试验上看只有 60 m 左右。

　　a. 正常水深 h_0:按明渠均匀流公式计算

$$Q = C\sqrt{Ri} \tag{7.6.5}$$

$$C = \frac{1}{n}R^y(舍齐系数)$$

$$R = \frac{W}{X} \quad (水力半径)$$

式中　n——糙率,根据表面平整程度选用,混凝土 $n=0.014\sim0.017$;

　　　　W——面积,m^2;

　　　　X——湿周 m 过水边界周长;

　　　　i——隧洞坡降。

　　X、W、R 根据水深 h 按断面形状计算,y 可取 $1/6$。

　　b. 临界水深:按下式计算

$$\frac{\alpha Q^2}{g} = \frac{\omega_k^3}{B_k} \tag{7.6.6}$$

式中　α——动能系数,一般 $\alpha=1.05\sim1.1$。

　　当断面形状确定后,假定 h_k 即可算 ω_k、B_k。

　　对矩形断面:

$$h_k = \sqrt[3]{\frac{\alpha q^2}{g}} \tag{7.6.7}$$

式中　q——单宽流量。

$$B_k = \frac{Q}{q}$$

$$x_k = B_k + 2h_k$$

$$\omega_k = B_k h_k$$

$$R_k = \frac{B_k h_k}{B_k + 2h_k}$$

　　式中各符号意义同 a,加脚标 k 表示临界水深对应各数。

　　c. 临界比降:

$$i_k = \frac{g x_k}{\alpha C_k^2 B_k} \tag{7.6.8}$$

式中　g——重力加速,$9.8\ m/s^2$。

d. 水面线的推求：水面线的推求属明渠非均匀流计算，可用分段求和法。用分段求和法求水面曲线，就是把非均匀流分成若干段，利用能量方程由控制水深的一端逐段向另一端推算，最后将求得的各断面水深连起来就得非均匀流的水面曲线。

计算依据的基本公式为

$$\frac{\left(h_i + \dfrac{v_i^2}{2g}\right) - \left(h_{i+1} + \dfrac{v_{i+1}^2}{2g}\right)}{\Delta L} = i - \bar{J} \tag{7.6.9}$$

式中　ΔL——流段的长度；

　　　$\bar{J}$——流段的平均水力坡度，由下式计算

$$\bar{J} = \frac{\bar{v}}{\bar{C}^2 \bar{R}} \tag{7.6.10}$$

其中

$$\bar{v} = \frac{v_i + v_{i+1}}{2}$$

$$\bar{C} = \frac{C_i + C_{i+1}}{2}$$

$$\bar{R} = \frac{R_i + R_{i+1}}{2}$$

式(7.6.9)和式(7.6.10)中，具有下标 i 和 $i+1$ 的量，分别表示计算流段的下游断面和上游断面的水力要素。

对隧洞，当已知流量 Q、糙率 n、底坡 i、底宽 b，以及计算流段中一个断面的水深，则取定另一欲求断面的水深值（该值与流段的另一断面水深不要相差太大），利用式(7.6.9)就能直接求出该流段长度 Δl。如是逐段推求，即可求得。

e. 净空及掺气水深计算。

净空面积和净空高度：为了保证隧洞为无压流，在设计断面时必须在洞内通过最大流量的时候，其洞内水面以上还应留有一定的净空。根据水工隧洞设计规范，对低流速的无压隧洞，在通气良好的条件下，净空断面积一般不要小于隧洞断面面积的15%，净空高度也不要小于 40 cm。对于不衬砌隧洞或喷锚衬砌隧洞和较长的隧洞，上述数字尚需适当增加。对高流速的无压隧洞的净空，要考虑掺气的影响，在掺气水面以上的净空一般为隧洞断面面积的15% ~ 25%，且水面线不超出直墙范围（对门洞型），当有冲击波时，应将冲击波限制在直墙范围之内。高速水流的无压隧洞的断面尺寸宜通过试验确定。

无压隧洞掺气水深的计算：隧洞掺气水流不同于溢流坝和陡槽的掺气水流，其特点是隧洞的底坡较缓，水深较大，沿程壅高。有人针对它进行了试验，得出了对矩形过水断面的隧洞掺气水流进行估算的经验公式

$$l\frac{h_a - h}{\Delta} = 1.77 + 0.008\,1\,\frac{v^2}{gR} \tag{7.6.11}$$

式中　h_a——掺气后的水深；

　　　h, v, R——未掺气水流的水深、流速和水力半径；

　　　Δ——表面的绝对粗糙度，对糙率 $n = 0.014$ 的混凝土，$\Delta \approx 0.002$ m。

应用上式,最好不超过如下范围:$h>1.2$ m;0.6 m$<R<1.4$ m;15 m/s$<v<30$ m/s。隧洞的洞高等于水深加上掺气水深,再加上净空。

7.6.4 斜槽—涵洞排水系统的水力设计

1)石人嶂梅坑尾矿库斜槽的模型试验

斜槽是进水口和涵洞合一的进水构筑物,其纵横剖面如图7.6.3所示。

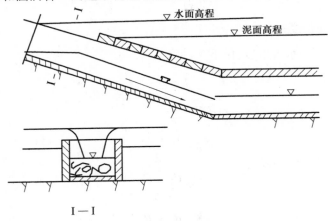

I—I

图7.6.3 斜槽进水纵横剖面图

槽牙为一矩形槽,槽顶为一活动盖板,随着水位上升,盖板逐渐盖上,库内泥面低于最上一块盖板高程,泄洪时水位高程高于盖板高程。进水时,从总体上看,既有盖板顶部的进流,又有两边侧墙变水头的进流,流态十分复杂,水流互相干扰。广东石人嶂钨矿梅坑尾矿库设计时,做了斜槽进水的水工模型试验,该斜槽底坡为0.065,断面为4 m×4 m的方圆形,由试验可以看出,斜槽进水的流态是十分复杂的。在未采取通气措施前,由于进口形状不光滑,水流条件复杂,局部损失大,加上沿程多弯道,洞内为陡坡,极易形成折冲水流,流态多变。当$H/D<1.198$(H为从涵洞底算起的水头,D为洞高)时,洞口出现稳定的立轴贯穿吸气旋涡,为半有压孔流。当$H/D=1.55$时,开始出现间隙性贯穿吸气旋涡,水流进入涵洞时有明显的变形,如水流扭曲,向洞顶爬升,促使洞顶和周边产生真空的封闭区域,间隙性的贯穿吸气旋涡消失时,涵洞内失去补气条件,洞内形成满流;待吸气旋涡再次出现时,空气引入真空区,洞内又恢复明流状态,洞内出现周期性的明满交替的流态,洞内的压力也处于正压和负压的交替变化中。用测压管测得平均值为$-2.1 \sim +3.2$ m水柱,并且正负压交替变化快,难以测准,瞬时脉动值比测压管测的平均值大得多。在吸气的同时还伴随着强烈的振动,威胁涵洞的安全,这种恶劣流态的界限值是$1.55 \leqslant \dfrac{H}{D} \leqslant 2.91$。当$\dfrac{H}{D}>2.91$时,有可能产生有压流。由此可以看出,斜槽进水口的流态是很复杂的,该斜槽在进口后2 m的位置加了40 cm的通气孔,使涵洞在整个运行过程中,流态均较稳定,进口为半有压流,洞内呈明流,在流量106.4 m³/s时,通气孔后约有6 m长的一段内顶部余幅还达不到明流余幅的要求(洞顶余幅为最大流量时清水深度的40%~50%)。加通气孔后,宣泄各级流量时,正负压交替现象完全消失,整个涵洞内无负压发生。从试验观察,涵洞进口流态甚为复杂。当$\dfrac{H}{D} \leqslant 0.95$时,水流沿右侧墙前沿进入斜槽,然后转90°进入涵洞,呈侧堰流态;当流量加大水位上升后,涵洞左侧(靠山坡)也开始进流,受其影响,在洞口呈螺旋阻流态,进口阻力加大,这种流态在水位淹没洞顶后演变成顺时针方向旋转的立轴贯穿吸气旋涡。

根据试验结果,斜槽泄流的流态可分为堰流、堰孔过渡和孔流3种流态。堰流和过渡流态的分界是 $\dfrac{H}{D}=0.95$。孔流和堰流过渡流态的分界是 $\dfrac{H}{D}=1.198$。根据这次试验,总结出斜槽各种流态的经验公式列于表7.6.1中。

表7.6.1　各种流态的经验公式

堰　流		堰孔过渡	半有压孔流
$\dfrac{H}{D}<0.795$	$0.795<\dfrac{H}{D}<0.95$	$0.95\leqslant\dfrac{H}{D}<1.198$	$1.198\leqslant\dfrac{H}{D}$
$Q=0.196\sqrt{g}\,H_0^{3/12}$	$Q=57\left(\dfrac{H_0}{D}\right)^{5.6}$	$Q=3.656H_0^{1.78}$	$Q=13.655H_0^{0.927}$ $Q=m_\phi\sqrt{2g\left[H_0-10.708-2iD\right]}$

表中公式的符号:

m_ϕ——可由图7.6.4查用;

D——涵洞高,m;

H_0——从涵洞底部高程起算水头,包括行近流速水头。

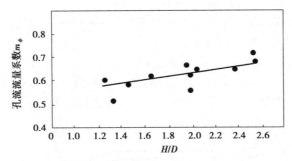

图7.6.4　孔流流量系数 m_ϕ-H/D 的关系曲线

2)斜槽—涵洞排水系统的设计方法

(1)进口进水能力的计算

根据上述试验,对斜槽进水口的泄流能力按下述流态划分标准予以计算。

当 $\dfrac{H}{D}\leqslant 1$ 时,采用侧堰公式,即

$$Q=mb\sqrt{2g}\,H_1^{3/2} \tag{7.6.12}$$

式中　H_1——从侧墙顶算起的水头,一般不考虑行近流速;

$\quad\;\; b$——进水前沿长度,$b=iH$;

$\quad\;\; m$——流量系数,0.19。

当 $\dfrac{H}{D}\geqslant 1.2$ 时,半有压孔流,采用半有压洞的流量公式

$$Q=\mu\omega\sqrt{2g(H_0-\eta D)} \tag{7.6.13}$$

式中,$\mu=0.576$;$\eta=0.715$。

应当指出,由于堰孔过渡流无合适的计算式,则按孔流和堰流分界值计算结果内插。

(2)涵洞的水力计算

由于涵洞很难形成压力流,所以涵洞的水力计算主要是非均匀流的水力计算。

①斜槽进口的收缩水深 h。明渠非均匀流计算主要是起始水深,由于斜槽起控制作用的是半有压流,所以主要研究半有压流时收缩水深的计算

$$\frac{h_c}{a} = 0.037\frac{H}{a} + 0.573\mu + 0.182 \tag{7.6.14}$$

式中 h_c——计算的收缩水深;

$\quad\quad a$——洞高;

$\quad\quad H$——进口水头;

$\quad\quad \mu$——流量系数。

h_c 距进口距离 $l_1 = 1.4a$。

当 $h_0 < h_c < h_k$ 水流呈 S_2 形降水曲线,趋向正常水深。

当 $h_c < h_0 < h_k$ 水流呈 S_3 形壅水曲线,趋向正常水深。

②连续变坡的多级陡坡(图7.6.5)。

连续变坡的布置,实际上是多级陡坡,图7.6.5所示的各级陡坡的坡度关系是:

$$i_3 > i_1 > i_2 > i_4 > i_k$$

各级陡坡的临界水深都相等,均为 h_k。

各级陡坡的正常水深,即以各级坡角 θ 的正弦值 $\sin\theta = i$ 为坡度计算的明渠均匀流水深是不相等的,当坡度陡时,正常水深小,即

$$h_{03} < h_{01} < h_{02} < h_{04}$$

各级陡坡的水面线,一级坡为 b_{II} 型,二级坡为 c_{II} 型,三级坡为 b_{II} 型,四级坡为 c_{II} 型,一、三级坡的水深在正常水深和临界水深之间,二、四两级的坡均低于其正常水深(图7.6.5)。

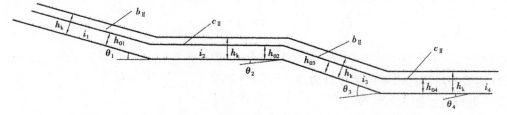

图7.6.5 连续变坡的多级陡坡

③用跌水井连接起来的布置(图7.6.6)。

$$i_3 > i_1 > i_2$$
$$h_{03} < h_{01} < h_{02}$$

由于各跌水井为消力池,各池出口相当于堰,堰上水深按临界水深,各段都是 S_2 形降水曲线,各陡坡的水深变化为 $h_k \sim h_0$。

根据以上分析,陡坡涵洞可由临界水深确定各级陡坡的水深再加上设计要求的余幅。对于多级连续陡坡,有的陡坡比临界水深小,这时以正常水深为所需水深。但为断面均一起见,仍可用临界水深。

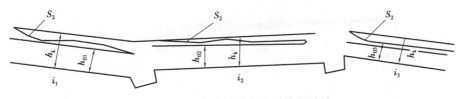

图 7.6.6　跌水井连接起来的多级陡坡

7.6.5　溢洪道的水力计算

1)溢洪道泄流计算

溢洪道的泄流计算按堰流计算

$$Q = bM\sqrt{2g}\,H_0^{3/2} \tag{7.6.15}$$

式中　b——溢流宽度,m;

　　　M——流量系数;

　　　g——重力加速度,9.8 m/s²;

　　　H_0——堰上水头,计入行近流速水头,m。

尾矿库上的溢洪道堰型主要有两种:一种是折线型的实用断面堰 $M = 0.32 \sim 0.46$;另一种是无底坎宽顶堰 $M = 0.32 \sim 0.385$。

M 的详细选值见《水力学计算手册》。

2)陡坡水面线计算方法

（1）确定起始断面和起始水深

对大落差陡坡段水面线的推求,先要确定起始断面,起始断面是水面线计算的起点,该断面上的水深和流速是计算的起始条件。长期以来,无论是水力学文献,或是工程设计陡坡水面线中,都是把陡坡起始水深规定为缓变流的临界水深 h_k,然后用缓变流的能量方程推求陡坡水面线;但这种计算法仅适用于小底坡渠槽,其陡坡角通常在 6° 以内。而在实际工作中,陡坡角度常大于此,因此用上述方法计算大底坡水面线时,导致了计算值与实测值的严重不符。

由于陡坡控制断面附近的水流系急变流,对控制断面水深影响的因素较多,因此只能用经验公式计算。通过大量试验阐明了控制面水深变化的特性如图 7.6.7 所示,并提出陡坡控制断面水深 h_{ko} 与临界水深的关系式为

$$h_{ko} = K_i h_k \tag{7.6.16}$$

$$K_i = \frac{0.01 - i_2}{0.35 + 2.65 i_2} + 0.953 \tag{7.6.17}$$

或

$$K_i = 1.013 \left(\frac{i_2}{i_k}\right)^{-0.037\,76} \tag{7.6.18}$$

式中　K_i——陡坡坡度校正系数,见表 7.6.2;

　　　i_2——陡坡坡度;

　　　i_k——临界坡度。

用式(7.6.16)—式(7.6.18)来确定平底堰陡坡控制断面水深,适用范围 $i_2 = 1 \sim 0.005$。

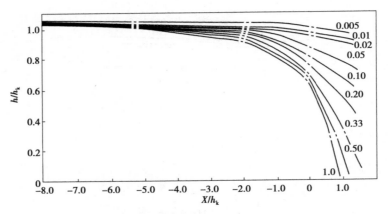

图 7.6.7　平底堰无闸溢洪道水面线

表 7.6.2　坡度校正系数 K_i 计算

i_1	1	0.5	0.33	0.25	0.20	0.167	0.125	0.100	0.067
K_1	0.623	0.660 5	0.690 8	0.316 0	0.757 1	0.755 1	0.784 2	0.806 7	0.8454
i_2	0.050	0.04	0.025	0.02	0.012 5	0.010	0.006 7	0.005	
K_2	0.870 1	0.887 2	0.917 0	0.928 2	0.946 5	0.953 0	0.962 0	0.966 8	

　　由试验得知,在控制断面及向下游的一段距离内,水流呈急剧变化,并渐趋于缓变流,最终向正常水深趋近。这一过渡段的水平长度为 $3h_k$;急变流与缓变流分界断面的水深约等于 $0.6h_k$,二者均与其他因素无关。陡坡控制断面与急变流及缓变流分界断面之间的水面线呈曲线变化,由于距离较短,为简化计算,以直线代替曲线,并以分界断面水深为下一段水面线的起始水深,再用缓变流方程推求各段水面线。

$$X_B = 3h_k \tag{7.6.19}$$
$$h_B = 0.841\varphi_{h_k}\cos\theta \tag{7.6.20}$$

进口影响系数 φ 与陡坡坡角 θ 及堰型有关,根据现有资料得出:

对于 $\theta = 8.5°$ 的宽堰顶进口,$\varphi = 0.786$;

对于 $\theta = 30°$ 的实用堰进口,$\varphi = 0.672$;

对于平底坡接斜坡的矩形断面渠槽,φ 随 θ 的变化如图 7.6.8 所示。

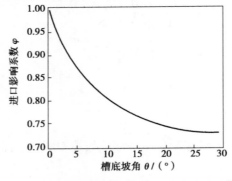

图 7.6.8　平底坡接斜坡的矩形断面渠槽 $\varphi\text{-}\theta$ 曲线

关于堰口水深 h_B 和临界水深 h_k 的关系,根据相关研究,当陡坡上游进口断面为无收缩的矩形缺口,单宽流量不太大时,可用下式求 h_{cB}

$$h_{cB} = \frac{0.626}{(\tan \delta)^{0.077}} \left(\frac{b_c}{h_k} \right)^{0.64} \cdot h_k \qquad (7.6.21)$$

式中　$\tan \delta$——陡坡的比降。

式(7.6.21)适用范围 $\tan \delta = \frac{1}{100} \sim \frac{1}{4}$,当 $\tan \delta = \tan \delta_k$($\tan \delta_k = i_k$,即临界底坡)时,$h_{cB}/h_k = 1.0$,当 $\tan \delta = \frac{1}{4}$ 时,$h_{cB}/h_k = 0.715$,此时 h_{cB} 与缺口自由跌差水流的 h_k 一致,由此可知起始断面的水深并不等于 h_k。但在实际工程设计中,为了简化步骤,常采用 h_k 作为起始断面水深,偏于安全,对于一般工程是允许的,但对重要工程则需按式(7.6.16)—式(7.6.20)来计算,或由水工模型试验来确定 h_{cB}。

(2)利用分段求和法求陡坡水面线

利用分段求和法计算陡坡段的水面线,陡坡段水流为非均匀流,可用伯努利方程分段求和法来计算水面线,一般可分为 5～7 段,其精度已可满足工程上的实用要求。

分段求和法的基本公式为(符号参见图 7.6.9):

$$\frac{\alpha_1 v_1^2}{2g} + h_1 + i\Delta L_{1-2} = \frac{\alpha_2 v_2^2}{2g} + h_2 + h_{f1-2} \qquad (7.6.22)$$

即

$$\frac{\left(\frac{\alpha_2 v_2^2}{2g} + h_2 \right) - \left(\frac{\alpha_1 v_1^2}{2g} + h_1 \right)}{\Delta L_{1-2}} = i - \frac{h_{f1-2}}{\Delta L_{1-2}} = i - \frac{v^2}{C^2 R} = i - J \qquad (7.6.23)$$

平均水面坡降

$$\bar{J} = \frac{1}{2}(J_1 + J_2)$$

任意断面坡降 J 可按下式计算

$$J = \frac{n^2 Q^2}{\omega^2 R^{4/3}} = \frac{n^2 v^2}{R^{4/3}} \qquad (7.6.24)$$

当陡坡较陡时($i > 0.3$),用水深 h 表示压能,将出现较大的错误,此时式(7.6.23)应改为

$$\frac{\alpha_1 v_1^2}{2g} + h_1 \tan \delta + i\Delta L_{1-2} = \frac{\alpha_2 v_2^2}{2g} + h_2 \tan \delta + h_{f1-2} \qquad (7.6.25)$$

式中　h_1——断面 1—1 水深,m;

　　　h_2——断面 2—2 水深,m;

　　　ΔL_{1-2}——两断面间距离,m;

　　　v_1——断面 1—1 平均流速,m/s;

　　　v_2——断面 2—2 平均流速,m/s;

　　　g——重力加速度;

　　　$\tan \delta$(即 i)——陡坡比降;

　　　α_1, α_2——流速不均匀系数;

　　　h_{f1-2}——两断面间的摩擦损失水头,m。

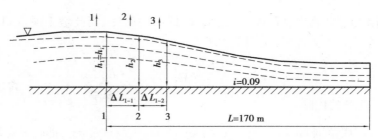

图 7.6.9　陡坡段的水面线

（3）陡坡掺气水深的计算及安全超高

掺气水深按下式估算

$$\Delta h_c = h \frac{v}{100} \qquad (7.6.26)$$

式中　h——不掺气时的水深，m；

　　　v——断面平均流速，m/s。

掺气后的水深：

$$h_a = h + \Delta$$

$$边墙高度 = h + \Delta h_c + 超高$$

超高：一般混凝土护面陡坡 30 cm；浆砌石护面陡坡 50 cm。

对大陡坡，由于水流状态复杂，合理定出超高比较困难。美国垦务局提出计算水面以上超高 Δ 的公式为：

$$\Delta = 0.61 + 0.037\ 2vh^{1/2} \qquad (7.6.27)$$

各符号意义同前。

7.6.6　压力洞的水力计算

上述排水塔—隧洞和斜槽—涵洞系统若需设计成压力流，其计算公式为

$$Q = \mu \sqrt{2gH} \qquad (7.6.28)$$

式中　H——上、下游水头差。

$$\mu = \frac{1}{\sqrt{1 + \sum \xi_i \left(\dfrac{\omega}{\omega_i}\right)^2 + \sum \dfrac{2gl_i}{C_i^2 R_i}\left(\dfrac{\omega}{\omega_1}\right)^2}} \qquad (7.6.29)$$

　　其中　ω——隧洞出口断面面积；

　　　　　ξ_i——某一局部能量损失系数，与之相应的流速所在的断面为 ω_1（ω_i 指根号内第二项中的 ω_i）；

　　　　　l_i——系统某一段的长度，与之相应的断面面积、水力半径和舍齐系数分别为 ω_1（指根号内第三项中的 ω_1）、R_i 和 C_i。

系统各部分的局部阻力损失系数可查有关水力学计算手册。

7.6.7　下游消能

1）平台扩散水跃消能

这种布置如图 7.6.10 所示，主要由平台扩散段、渥奇段、消能池 3 部分组成。平台扩散可使涵洞出口水流单宽流量减少，渥奇段适应射流的运动轨迹。

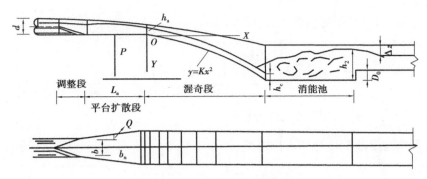

图 7.6.10 平台扩散消能布置

（1）平台扩散段其扩散角为 θ

$$\tan \theta = \frac{K}{Fr} \tag{7.6.30}$$

式中，$K = 1.0 \sim 1.15$；$Fr = \frac{v}{\sqrt{gh}}$ 为涵洞出口断面水流的弗劳德数。当涵洞为圆形断面时，洞出口应接修一与洞径等宽的调整段，使断面由圆渐变为方，其长度为出口水深的 $1.5 \sim 4.5$ 倍，以此作为平台的始端。

平台段的长度按经验公式求得

$$L_a = 5.8\sqrt{AFr} \tag{7.6.31}$$

式中 A——平台始端的过水断面积，m^2。

平台扩散段末端的宽度为

$$b_a = b + 2L_a \tan \theta \tag{7.6.32}$$

式中 b——平台始端的宽度，m。

（2）渥奇段

按平台末端水流质点的抛物线轨迹来设计。平台末端的水流速度，可根据连续方程，近似按平台段无摩阻条件求得，即把该面流速看作是不变的，等于平台始端的流速，即 $v_a = v$，则运动轨迹为

$$y \equiv \frac{gx^2}{2Kv^2} \tag{7.6.33}$$

或

$$x = 0.54v\sqrt{y}$$

式中 K——安全系数，一般可取 1.0；当 $v > 30$ m/s 时，可取 $1.1 \sim 1.2$。

渥奇段的宽度一般可与平台末端相同。

（3）消能池的水力设计

对矩形断面情况，池首端的收缩水深按下式计算

$$h_c = \frac{q}{\varphi\sqrt{2g(P + H_0 - h_c)}} \tag{7.6.34}$$

式中 P——渥奇段的落差，m；

H_0——平台末端的水流比能，m；

φ——流速系数，可在 $0.8 \sim 0.9$ 选用。

为简化计算,通常将根号内的 h_c 可略去。

跃后水深

$$h_2 = \frac{h_c}{2}(\sqrt{1 + 8Fr^2} - 1) \tag{7.6.35}$$

其中,$Fr = \sqrt{\dfrac{v_c^2}{gh_c}}$,为收缩断面的弗劳德数。

消能池末端与下游衔接处的水位落差

$$\Delta z = \frac{q^2}{2g\varphi'^2 h_\mathrm{下}^2} - \frac{q^2}{2gh_3^2} \tag{7.6.36}$$

其中,φ' 可在 0.95 ~ 1.0 选用。

当跃后水深 h_2 小于下游水深加上池深,即可确定池深,池长按一般经验确定。

2) 挑流

当下游具有适当的条件,如尾水较深、基岩较好,或洞出口距河床落差较大等条件时,可考虑在隧洞出口接修一挑流鼻坎,把水舌抛至远方。

在平面上可以是扩散的或不扩散的,当为扩散鼻坎时,其扩散角可参照式(7.6.30)确定。

鼻坎挑流水舌的射程 L 按图 7.6.11 和下式确定

$$x = L = \frac{v_0^2 \sin\theta\cos\theta}{g}\left(1 + \sqrt{1 + \frac{2gy}{v_0^2\sin^2\theta}}\right) \tag{7.6.37}$$

式中　v_0——鼻坎末端平均流速,m/s;

　　　θ——鼻坎挑角,(°)。

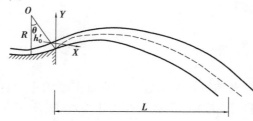

图 7.6.11　鼻坎挑流水舌

由图 7.6.11 可知,y 值是由坎顶水深中点算起的距离,高于此点时 y 值为正,低于此点则为负,该中心点距坎顶的垂直距离为 $\left(\dfrac{h_0}{2}\right)\cos\theta$。

式(7.6.37)表明,在不计空气阻力的情况下,挑距 L 主要取决于 v_0(一般可看作近似等于涵洞出口流速)、挑角 θ 和落差 y。当 y 值较小(指负值,即下游水面在坐标原点以下的高差),θ 选在 30°左右;当 y 值较大时,θ 应适当减小。根据原型观测研究,当 $v_0 < 20$ m/s 时,按式(7.6.37)计算的挑距与实测的水舌外缘挑距相当;$v_0 = 20$ m/s 时,计算值要较实测水舌外缘挑距值大 10% 左右。此外,为保证水流在鼻顶上作自由的圆周运动,鼻坎的反弧半径最小应为坎上水深的 4 ~ 6 倍,可能时采用 8 ~ 12 倍的坎上水深为好。

挑流水舌对下游河床的冲刷坑深度可由下式估算。

$$t_s = Kq^{0.5}Z^{0.25} \tag{7.6.38}$$

式中　q——单宽流量,一般用鼻坎末端的 q 为计算值;

Z——上下游水位落差；

K——与地质条件有关的系数，一般估计可用 1.25，或分别按下列情况选取：坚硬、较完整、抗冲能力强的岩石，$K<1.0$；半坚硬，完整性较差的岩石，$K=1.0\sim1.5$；岩石破碎、裂隙发育，完整性很差的松软岩层，$K=1.5\sim2.0$。

以上适用于连续式鼻坎，当为差动式鼻坎时，其冲坑深较连续式约减少 15%。估算下游冲刷主要目的在于对建筑物的安全提供论证。一般认为冲坑最深点大体与水舌外缘的落水点相当。冲坑上游坡以不陡于 1:3 为宜。此外，还应考虑小流量起挑或终挑时的贴流冲刷。为此，鼻坎一般应放在基岩上，或对基础作认真的加固。齿墙应有足够深度，坡脚要适当砌护。

有时由于布置条件的要求，鼻坎可以是扭曲式，以达高速水流转弯导向的目的。扭曲鼻坎的形状及尺寸宜通过水工试验确定。此外，采用矩形差动式挑坎，当落差为 20~40 m、单宽流量 30 m³/s 左右时，其挑角宜在 15°~20° 间选用，以避免发生空蚀。

根据工程布置条件，洞出口也可以排架式伸出，构成悬臂式挑流消能，其水力计算同上所述，但应注意做好排架的基础处理及防冲工作。

例：贵州某尾矿库排洪构筑物计算实例

为确保尾矿库安全，按照《尾矿设施设计规范》（GB 50863—2013）规定，"尾矿库的一次洪水排出时间应小于 72 h"，在 72 h 之内须将库内贮存的设计洪水的一日洪量全部排至库外调节水池，恢复尾矿库正常运行水位。

排水竖井泄流能力计算：

按照自由泄流公式进行计算，每座竖井泄流能力见表 7.6.3。

$$Q = 2.7n_c \times w_c \times \sum (H_i)^{0.5} \qquad (7.6.39)$$

式中　n_c——同一横断面上排水口的个数；

　　　w_c——一个排水窗口的面积，m²；

　　　H_i——第 i 层全淹没工作窗口的泄流计算水头，m。

表7.6.3　不同调洪高度时单个竖井的泄流能力

调洪池水深/m	0.6	1.6	2.6	3.6
泄流量/(m³·s⁻¹)	0.67	2.89	5.96	9.70

按照半压力流公式进行复核：

$$Q = \phi F_s \sqrt{2gH}$$

$$\phi = \frac{1}{\sqrt{1 + \lambda_j \dfrac{l}{d} + f_1^2 + \xi_1 f_2^2 + \xi_2 + 2\xi_3 f_1^2}}$$

当一个竖井内水深达到 2.6 m 时，其泄流能力为 $Q=7.78$ m³/s；

当一个竖井内水深达到 3.6 m 时，其泄流能力为 $Q=8.85$ m³/s。

根据排水竖井的布置，从 830.00 m 高程开始，当调洪高度达到 3.6 m 时，最大泄流能力 9.70 m³/s 已大于洪峰流量 4.09 m³/s，水位将不再上涨，因此初期坝最初使用时库区调洪高度不会大于 3.6 m。

将2座竖井设置为底部5 m范围内重合,即当较低一侧竖井完全封堵时,正运行的竖井内水深已高于3.6 m,因此窗口式排水竖井满足泄洪要求。

进入竖井的洪水经过底部排水管排出库外至防渗池。排水管为C25钢筋混凝土圆形结构,内径1.6 m,壁厚0.4 m,水力坡度最小值6%,其排洪能力按明渠公式计算得16.03 m³/s,大于洪峰流量4.09 m³/s。因此底部排水管的排洪能力可以满足设计频率下的排洪需要。

例:贵州某尾矿库排洪构筑物计算实例

尾矿库目前只在堆积坝下游库区与两岸边坡接触处设置排洪沟,堆积坝上游库区未设置排洪系统。现有截洪沟比降1/400,左岸截洪沟断面尺寸$B×H=0.8$ m×0.8 m,右岸截洪沟断面尺寸$B×H=0.7$ m×0.7 m,用C15混凝土浇筑。按照满流校核现有截洪沟排洪能力,右岸截洪沟为0.404 m³/s,左岸截洪沟为0.576 m³/s,总的排洪能力为0.98 m³/s,不能满足库区排洪要求,需对现有截洪沟进行扩建,同时堆积坝上游库区也要设置排洪系统。

为消除尾矿库安全隐患,快速排出库区汇水,防止雨水冲刷平整库区,平整库内设置两条永久库面排洪沟$B×H=1.0$ m×0.8 m(设计水深为0.6 m),总长345 m;环绕库区设置一条环形截洪沟$B×H=1.2$ m×0.9 m(设计水深为0.7 m),总长544 m;坝体与山体结合处设置岸边排洪沟$B×H=1.2$ m×0.9 m(设计水深为0.7 m),总长197 m,同时排到库区下游消能池,保证尾矿库的安全闭库。同时堆积坝上游坝面与库面结合处及排水棱体顶修筑排水沟与岸边排洪沟相接,尺寸为$B×H=0.3$ m×0.2 m。

截洪沟按全流域汇水的洪峰流量进行设计,截洪沟结构采用浆砌结构,计算公式:

流量公式:$Q=\omega \cdot v$

流速公式:$v=C\sqrt{R \cdot I}$

曼宁公式:$C=\dfrac{1}{n}R^{\frac{1}{6}}$

式中　Q——流量,m³/s;

　　　ω——过水断面面积,m²;

　　　v——流速,m/s;

　　　R——水力半径(过水断面面积与湿周的比值),m;

　　　I——水力坡度;

　　　C——流速系数(谢才系数);

　　　n——沟壁粗糙系数(据材料而定)。

参数选取:坡度取1%,粗率$n=0.023$,计算断面为明渠矩形断面,具体尺寸及具体计算见表7.6.4和表7.6.5。

表7.6.4　ω、R、C值计算表

排洪设施	B/m	H(设计水深)/m	ω	R/m	n	C
库面排洪沟	1	0.6	0.6	0.273	0.023	35.013
环形截洪沟	1.2	0.7	0.84	0.323	0.023	36.016
岸边排洪沟	1.2	0.7	0.84	0.323	0.023	36.016

表 7.6.5　排洪流量 Q 值计算表

排洪设施	R/m	C	I	ω/m^2	Q/(m$^3 \cdot$ s^{-1})
库面排洪沟	0.273	35.013	0.01	0.6	1.097
环形截洪沟	0.323	36.016	0.01	0.84	1.720
岸边排洪沟	0.323	36.016	0.01	0.84	1.720

注:经计算,水深为 0.6 m 时,库面排洪沟泄洪流量为 $Q=1.097$ m^3/s,两条共 2.194 m^3/s,大于库面校核洪峰流量,满足库面(1 区)排洪;水深为 0.7 m 时,环形截洪沟和岸边排洪沟泄洪流量为 $Q=1.720$ m^3/s,由于岸边排洪沟左右岸各一条,因此总的泄洪流量为 3.439 m^3/s,大于库区校核洪峰流量,满足库区排洪。

例:贵州某铅锌矿尾矿库

1)排洪(水)方案

整个库区的平面展布形态呈"V"字形,本设计从经济性、施工方便可行性的角度出发,经多种排洪方案的技术经济对比后,库区排洪设施采用窗口式排水井—排洪管的形式,排水井内径为 2 m,壁厚为 300 mm,钢筋混凝土结构,每层 6 个窗口,孔径 300 mm,层间窗口错开呈梅花形,上、下两层孔间距为 0.5 m;排洪管为钢筋混凝土结构,内径为 1.5 m。经计算,过流能力为 24.82 m^3/s,大于校核洪峰流量 $Q=24.26$ m^3/s,能满足库区最大排洪要求。

库区北侧的防洪设施采用截洪沟连接排洪管,将库区北侧的汇水导出库区。设计 1 号截洪沟水流方向为由西向东,2 号截洪沟水流方向为由东向西,两条截洪沟所截洪水汇聚于距工业广场北约 50 m 处,经排洪管将汇集洪水沿库底导出库外。设计排洪管为钢筋混凝土结构,内径为 1.5 m,沿库底布置,最小敷设坡降为 0.08。经计算,过流能力为 14.92 m^3/s,大于校核洪峰流量 $Q=12.45$ m^3/s,能满足库区北侧最大排洪要求。

2)排(洪)水系统的水力计算

(1)排水井进流能力计算

采用窗口自由泄流公式对排水井的进水能力进行计算:

$$Q = Q_1 + Q_2$$
$$Q_1 = n_c A D_c^{2.5}$$
$$Q_2 = 2.7 n_c \omega_c \sum \sqrt{H_i}$$

式中　Q——排水井进流量,m^3/s;

Q_1——水位在窗口部位时排水井进流量,m^3/s;

Q_2——水位在两层窗口之间时排水井进流量,m^3/s;

n_c——同一断面上排水口的个数;

A——圆孔堰系数;

D_c——排水窗口直径,m;

ω_c——窗口面积,m^2;

H_i——第 i 层全淹没时的计算水头,m。

经计算,当水头 8 m 时,$Q=24.85$ m^3/s>24.26 m^3/s。

(2)排洪管进水能力计算(半压力流)

计算公式:

$$Q = \mu A \sqrt{2g(H - \eta a)}$$

式中　Q——流量,m^3/s;

　　　A——断面面积,m^2;

　　　μ——流量系数,取0.6;

　　　g——重力加速度,m/s^2;

　　　H——水头,m;

　　　η——洞口水流收缩系数,取0.7;

　　　a——洞高,m。

经计算,当最高洪水位时,$Q = 24.82~\text{m}^3/\text{s} > 24.26~\text{m}^3/\text{s}$。

(3)截洪沟泄流能力计算

设计截洪沟断面均为底宽1.2 m,深1.5 m,边坡1:1,平均坡降0.02,浆砌石结构。当过流水深为1.2 m时计算结果如下:

$$Q_{泄} = AC\sqrt{R \cdot i}$$

$$= 2.88 \times 46.26 \times \sqrt{0.63 \times 0.02}$$

$$= 14.92~\text{m}^3/\text{s} > 12.45~\text{m}^3/\text{s},满足泄流要求。$$

第**8**章
尾矿输送系统概述

8.1 尾矿浓缩设施

选矿排出的尾矿浆,浓度一般较低,为了节省新水消耗,降低选矿厂供水和尾矿输送设施的投资及经营费用,常在厂前修建浓缩池,回收尾矿水供选矿生产循环使用。

尾矿浓缩通常使用机械浓缩池、斜板(斜管)浓缩池和平流式沉淀池等。

8.1.1 浓缩池的计算与选择

1)所需浓缩池有效面积的确定

(1)按生产性试验或模型试验

所需浓缩池面积,按式(8.1.1)计算

$$A = KaW \tag{8.1.1}$$

式中 A——所需浓缩池的有效面积,m^2;

K——校正系数,对于生产性试验,可采用1;对于模型试验,可采用1.05~1.20,当试验的代表性较好且准确性较高、处理矿浆的量与性质稳定以及选择浓缩池的直径较大时,可取小值,反之取大值;

a——在满足溢流水水质要求的条件下,处理每吨固体所需浓缩池面积,由试验确定,$m^2/(t \cdot h^{-1})$;

W——尾矿固体量,t/h。

(2)按静止沉降试验的两种方法

①试验方法。取有代表性选矿试验流程的尾矿浆100~200 kg(固水比为1:4时),经脱水和自然干燥后将尾矿缩分,再用原矿浆澄清水配制要求浓度的矿浆试样。

a.自然沉降试验:

• 配制5种以上浓度的试样,最小浓度与设计给矿浓度相当,最大浓度与自由沉降带最浓层矿浆的浓度相当(可取比设计排矿浓度稍小一点或等于排矿浓度);

• 取刻度相同的1 000 mg(或2 000 mg)量筒若干个,注入同体积等浓度的矿浆并充分进行搅拌；

- 测沉降速度：从停止搅拌开始，每隔一定的时序测记澄清界面下降高度 S；
- 测澄清水水质：测记沉降高度后，即用虹吸管吸取澄清水，测定水中悬浮固体量 M；
- 测沉渣浓度：测记沉降高度同时，记下沉渣高度，测定其质量浓度 P 和容量 γ_k；
- 改变矿浆浓度，重复上述步骤试验；
- 绘制不同浓度试样的 $S\text{-}t$、$M\text{-}t$、$P\text{-}t$ 关系曲线（图 8.1.1）。

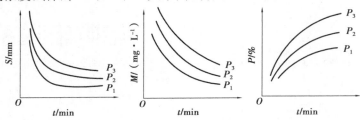

图 8.1.1　静止沉降试验曲线

b. 混凝沉降试验。当自然沉降试验效果不好（静沉 60 min 以上，澄清液中悬浮固体量仍超过设计要求）时，则应酌情进行混凝沉降试验。

选择几种常用的凝聚剂，配成浓度各为 1% 的溶液。在几个量筒中盛以等量、等浓度的矿浆，用滴定管分别注入等量不同种类的凝聚液，经充分混合后，静置观察各量筒中矿浆的沉降澄清情况。按初步对比试验结果，并根据凝聚剂的价格和货源供应情况选择一种或两种凝聚剂进一步做试验，绘出不同凝聚剂添加量时的沉降试验关系曲线。

②计算方法：

a. 对于沉降曲线可由两条直线近似代替的情况：如图 8.1.2 所示的沉降曲线，用折线 H_0KL 代替该曲线，则 H_0K 为自由沉降过程线，KL 为压缩过程线，K 为临界点。按式（8.1.2）可求出尾矿的集合沉降速度：

$$u_P = \frac{H_0 - H_K}{t_K - t_0} \tag{8.1.2}$$

式中　u_P——矿浆浓度为 P 时的尾矿集合沉降速度，m/h；

　　　H_0——量筒中尾矿浆的高度，m；

　　　H_K——临界点的高度，m；

　　　t_K——由开始沉降时刻到临界点的历时，h；

　　　t_0——开始沉降的时刻，h。

然后按式（8.1.3）求出处理每吨尾矿所需的沉降面积 a_p，以其最大值 a_m 按式（8.1.4）计算浓缩池的面积。

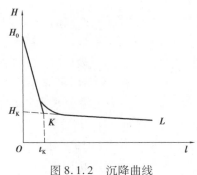

图 8.1.2　沉降曲线

$$a_P = \frac{K(R_1 - R_2)}{u_P} \tag{8.1.3}$$

$$A = a_m W \tag{8.1.4}$$

式中　a_P——试验矿浆浓度为 P 时，处理每吨固体所需的沉降面积，m^2/t；

　　　K——校正系数，一般采用 1.05 ~ 1.20。当试验的代表性较好且准确性较高，处理矿

浆的量与性质稳定以及选择浓缩池的直径较大时,可取小值,反之取大值;

R_1——试验矿浆的水固比;

R_2——设计浓缩池排矿矿浆的水固比,此值应根据矿浆静止沉降资料以及参照处理类似尾矿浓缩池所能达到的正常排矿浓度确定;

A——所需浓缩池的有效面积,m^2;

a_m——试验的不同浓度矿浆中,a_p 的最大值,m^2/t;

W——浓缩池处理尾矿量,t/h。

例:已知某选矿厂尾矿量为 15 t/h,矿浆水固比为 6:1,要求浓缩后的排矿水固比为 2:1,试求所需浓缩池的有效面积。

解:配制水固比为 6、4.94、4、3.54、3 五种浓度的矿浆试样做静止沉降试验,分别测得尾矿的集合沉降速度 u_p。根据式(8.1.3)求得处理每吨固体所需的沉降面积 a_p 值,列于表 8.1.1。

表 8.1.1 处理每吨固体所需的沉降面积计算表

编 号	矿浆试样水固比	$u_p/(m \cdot h^{-1})$	$a_p/(m^2 \cdot t^{-1})$
1	6	0.666	7.22
2	4.94	0.36	9.81
3	4	0.27	8.9
4	3.54	0.23	7.87
5	3	0.18	6.67

注:表中 a_p 值按 $K=1.2$ 算出。

选取最大值 $a_m = 9.81$ m^2/t 作为设计依据,则所需浓缩池的有效面积为:

$$A = aW = 9.81 \times 15 \approx 147 \ m^2$$

b. 对于沉降曲线不能由两条直线近似代替的情况:当试验所得沉降不能或不宜用折线代替时,可按下述步骤进行计算:

● 在沉降曲线上选取几点 $A_i(H_i, t_i)$ 分别作切线交纵轴于 $B_i(H_{ci})$ 点(图 8.1.2);

● 按式(8.1.5)计算各 B_i 点以下矿浆的平均浓度

$$P_i = \frac{P_0 H_0}{H_{0i}} \qquad (8.1.5)$$

式中 P_i——澄清界面沉降到 B_i 时,B_i 以下矿浆的平均浓度,%;

P_0——试验矿浆的浓度,应取浓缩池给矿矿浆的浓度,%;

H_0——量筒中矿浆面的高度,m;

H_{0i}——纵轴上 B_i 点的高度,m。

c. 按式(8.1.6)计算沉降曲线上所选各点的沉降速度

$$u_i = \frac{H_{0i} - H_i}{t_i} \qquad (8.1.6)$$

式中 u_i——沉降曲线上所选各点的沉降速度,m/h;

H_i——上述各点的高度,m;

t_i——上述各点的沉降时间，h。

d. 按式(8.1.7)计算沉降曲线上反选各点的比面积

$$a_i = \frac{1}{u_i}\left(\frac{1}{P_i} - \frac{1}{P}\right) \tag{8.1.7}$$

式中　a_i——沉降曲线上所选各点所需的浓缩池比面积，m^2/t；

　　　　P——设计浓缩池排矿浓度，%。

e. 按式(8.1.8)计算浓缩池面积

$$A = Ka_m W \tag{8.1.8}$$

式中　A——所需浓缩池的有效面积，m^2；

　　　　W——浓缩池处理尾矿量，t/h；

　　　　a_m——沉降曲线上所选各点的 a 值最大值，m^2/t；

　　　　K——同式(8.1.4)。

(3)理论计算法

当无条件进行试验时，则需借助理论计算确定浓缩池所需面积。

$$A = \frac{KQ_y}{u} \tag{8.1.9}$$

式中　A——所需浓缩池的有效面积，m^2，

　　　　K——校正系数，一般采用 1.05～1.2。当选用浓缩池直径较大时取小值，反之取大值；

　　　　Q_y——浓缩池的溢流水量，m^3/h；

　　　　u——浓缩池应截留的最小颗粒粒径(或溢流临界粒径)的沉降速度，m/h，可先求出该颗粒粒径。

浓缩池应截留的最小颗粒粒径(或溢流临界粒径)可按下述方法确定。

根据工艺对回水水量和水质的要求，求出浓缩池溢流固体颗粒数量在尾砂中所占的比率 α(考虑浓缩池的分级效率)，然后从尾矿颗粒组成曲线上查得该颗粒的粒径。

α 值可近似地按式(8.1.10)计算

$$\alpha = \frac{PQ_y(1 - \eta K)}{W\eta K} \tag{8.1.10}$$

式中　α——浓缩池溢流固体颗粒数量在尾矿中所占的比率，%；

　　　　P——回水最大允许浓度，%；

　　　　η——浓缩池的分级效率，计算时可取 0.4～0.6，溢流固体颗粒中细粒级多取大值，反之取小值；

　　　　K——系数，$K = \dfrac{Q_y}{Q_x}$；

　　　其中　Q_x——进入浓缩池矿浆中的含水量，m^3/h；

　　　其他符号意义同前。

2)浓缩池高度的确定

浓缩池中心部分的高度 H，按式(8.1.11)确定(有关尺寸如图8.1.3和图8.1.4所示)。

$$H = h_c + h_z + h_p + h_n \tag{8.1.11}$$

式中 H——浓缩池中心部分的高度,m;

h_c——澄清带的高度,为 0.3 ~ 0.6 m;

h_z——自由沉降带的高度,m;

h_p——耙子运动带的高度,m;

$$h_p = \frac{D}{2}\tan\alpha$$

其中 D——浓缩池的直径,m;

α——浓缩池池底倾角,(°);

h_n——浓缩带的高度,m。

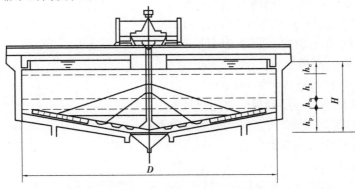

图 8.1.3 中心传动浓缩池

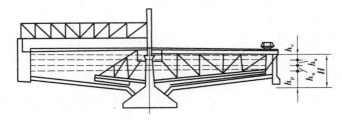

图 8.1.4 周边传动式浓缩池

浓缩带高度可按式(8.1.12)和式(8.1.13)确定。

$$h_n = \frac{W_x(\gamma_g - 1)t}{(\gamma_k - 1)\gamma_g A} \tag{8.1.12}$$

式中 W_x——进入浓缩池的固体量,t/h;

γ_g——尾矿的密度,t/m³;

t——矿浆在浓缩带内的停留时间,h;根据静止沉降试验资料确定:对于澄清界面清晰的砂质尾矿,即为矿浆压缩至设计排矿浓度所需的时间与矿浆沉降至临界点的时间之差;对于澄清界面不清的泥质尾矿,则为矿浆压缩至设计排矿浓度所需的时间与矿浆沉降至开始出现沉渣的时间之差;

γ_k——浓缩池底部排出矿浆的密度,根据矿浆沉降试验资料,并参考处理类似尾矿浓缩池所能达到的正常排矿浓度确定;

A——浓缩池的面积,m²。

$$h_n = \frac{W_P(\gamma_g - 1)t_P}{(\gamma_h - 1)\gamma_g A} \tag{8.1.13}$$

$$W_P = W_x - K(W_x + W_y) \tag{8.1.14}$$

$$t_P = \frac{nt_0}{d_n^2 - d_0^2}\left[\frac{1}{6}(d_1^2 - d_0^2)(n+1)(2n+1) + \frac{1}{3}(d_2^2 - 3d_1^2 + 2d_0^2)(n^2 - 1)\right]$$

$$\tag{8.1.15}$$

式中　W_P——须经耙泥设备刮至池中心并排出池外的沉积物量,t/h;

　　　K——系数,$K=\dfrac{Q_P}{Q_x}$;

　　　Q_P——浓缩池底部排矿的含水量,m^3/h;

　　　Q_x——进入浓缩池的矿浆含水量,m^3/h;

　　　W_y——浓缩池溢流水中的固体含量,t/h;

　　　t_P——沉积物在池内的平均停留时间,h;

　　　n——浓缩机的刮板层数;

　　　t_0——浓缩机耙架每转时间,min/r;

　　　d_n——浓缩机最外一层刮板的作用直径,m;

　　　d_1,d_2——浓缩机最里一、二层刮板的作用直径,m;

　　　d_0——浓缩机中心给矿筒的直径,m;

　　　其他符号意义同前。

对于标准规格的浓缩池,其浓缩带的计算高度 h_n,应满足式(8.1.16)的要求。

$$h_n \leqslant H - (h_e + h_z + h_P) \tag{8.1.16}$$

式中符号意义同前。

一般 $h_e + h_z = 0.8 \sim 1.0$ m。

当计算的 h 值不能满足式(8.1.16)的要求时,则应增加浓缩池的面积。

3)浓缩池的选择

浓缩池的规格应按定型产品进行选择,使其有效面积、池深以及耙泥设备的荷载能力均应满足设计要求。

浓缩池的个数应考虑与选矿系列配合,一般不宜少于两个,当采用两个或多个浓缩池时,其型号与规格应力求一致。

选定浓缩池的总面积,应满足下式:

$$A_s \geqslant A + A_1 \tag{8.1.17}$$

式中　A_s——选定浓缩池的总面积,m^2;

　　　A——所需浓缩池的有效面积,m^2;

　　　A_1——其他面积,m^2。

如中心柱断面积以及溢流槽表面积(溢流槽在池内时)。

8.1.2　斜板、斜管浓缩池的计算与选择

斜板、斜管浓缩池效率的提高同斜板、斜管的配置,如板(管)长、倾角、间距(管径)、材质等多种因素有关。通常可通过试验来确定这些因素的最佳条件,并据此确定浓缩池的尺寸。

当无条件进行试验时,须通过理论方法进行计算,但目前尚无完整、成熟的计算方法。下面所列的有关理论计算方法供设计参考。

1）斜板有效长度的理论计算

对于斜板：

$$L_y = \left(\frac{v - u \sin \alpha}{u \cos \alpha} \right) b \tag{8.1.18}$$

对于斜管：

$$L_y = \left(\frac{1.33v - u \sin \alpha}{u \cos \alpha} \right) d \tag{8.1.19}$$

式中　L_y——斜板、斜管的有效长度，mm；

　　　u——尾矿的集合沉降速度或固体颗粒沉降速度，mm/s，前者可根据静止沉降试验确定，后者参见式（8.1.9）符号说明；

　　　v——斜板、斜管内的水流上升速度，mm/s；

　　　b——斜板间垂直净距，mm；

　　　α——斜板、斜管的倾角，（°）；

　　　d——斜管的内径（圆形）或内切圆直径（正多边形），mm。

2）斜板、斜管浓缩池有效面积的确定

①按生产性试验或模型试验，其公式为

$$A = KaW \tag{8.1.20}$$

式中　A——斜板、斜管浓缩池的有效面积，m^2；

　　　K——校正系数，对于生产性试验，可取 1；对于模型试验，可取 1.05 ~ 1.20，当试验值的代表性较好且准确性较高、处理矿浆的量与性质稳定以及选择浓缩池的直径较大时取小值，反之取大值；

　　　a——在满足溢流水水质要求的条件下，处理每吨固体所需斜板、斜管浓缩池的面积，由生产性试验或模型试验资料确定，m^2/t；

　　　W——尾矿总固体量，t/h。

②经验计算法：当缺乏生产性试验或模型试验资料时，可按下列经验公式进行估算

$$A = \frac{K_1 Q}{u K_2} \tag{8.1.21}$$

式中　A——斜板、斜管浓缩池的有效面积，m^2；

　　　K_1——校正系数，可采用 1.05 ~ 1.20；浓缩池直径大取小值，反之取大值；

　　　Q——浓缩池的溢流水量，m^3/s；

　　　u——尾矿的集体沉降速度或固体颗粒的沉降速度，m/s，前者可根据矿浆静止沉降试验确定，后者参见式（8.1.9）符号说明；

　　　K_2——斜板、斜管浓缩池上升水流速度系数，即加斜板、斜管后比不加时处理能力提高的倍数。

对于斜浓缩池，K_2 可按式（8.1.22）计算

$$K_2 = 0.018\,1\,\frac{(100b)^{0.29}}{n(100L)^{0.38}}(1 + mL \cos \alpha) \tag{8.1.22}$$

式中　b——两板间垂直净距，m；

　　　L——斜板的计算长度，m，当斜板的实长 $l > \dfrac{1}{\cos \alpha}$ 时，取 $L = \dfrac{1}{\cos \alpha}$；当 $l \leqslant \dfrac{1}{\cos \alpha}$ 时，取 $L = l$；

n——板面粗糙系数,一般为 $0.012 \sim 0.02$,当板面有沉积物时,可取 $n=0.016$;

m——每平方米面积斜板的块数,$m=\dfrac{0.866}{\delta+b}$;

δ——斜板厚度,m;

α——斜板的倾角,(°)。

为便于计算,将式(8.1.22)以 $\alpha=60°$,$\delta=1$ mm,$n=0.16$ 制成表 8.1.2,可从表中直接查得经济合理的板长及板距。

表 8.1.2　K 值表

b/m	0.04	0.05	0.06	0.07	0.08	0.09	0.1	0.11	0.12	0.13	0.14	0.15
$m/$块　　L/m	21	17	14.2	12.2	10.7	9.5	8.6	7.8	7.2	6.6	6.2	5.7
0.5	2.39	2.14	1.96	1.82	1.72	1.64	1.57	1.51	1.47	1.42	1.4	1.36
0.6	2.61	2.32	2.11	1.96	1.84	1.74	1.67	1.59	1.55	1.5	1.46	1.42
0.7	2.81	2.49	2.26	2.09	1.95	1.84	1.76	1.69	1.63	1.57	1.53	1.48
0.8	3.01	2.67	2.41	2.22	2.07	1.94	1.85	1.77	1.71	1.64	1.6	1.54
0.9	3.19	2.82	2.54	2.34	2.17	2.04	1.94	1.85	1.78	1.71	1.66	1.66
1.0	3.38	2.98	2.68	2.46	2.28	2.14	2.03	1.93	1.86	1.78	1.73	1.66
1.1	3.55	3.12	2.81	2.57	3.38	2.24	2.11	2.01	1.93	1.85	1.79	1.72
1.2	3.72	3.28	2.94	2.69	2.49	2.32	2.2	2.08	2.01	1.92	1.86	1.78
1.3	3.9	3.42	3.07	2.8	2.59	2.42	2.29	2.17	2.08	1.98	1.93	1.84
1.4	4.05	3.56	3.18	2.9	2.68	2.5	2.37	2.24	2.14	2.04	1.98	1.88
1.5	4.22	3.7	3.3	3.01	2.79	2.59	2.45	2.32	2.22	2.11	2.05	1.95
1.6	4.36	3.82	3.42	3.11	2.88	2.67	2.52	2.38	2.28	2.17	2.1	2
1.7	4.52	3.97	3.54	3.22	2.97	2.77	2.61	2.47	2.35	2.23	2.16	2.07
1.8	4.68	4.09	3.65	3.32	3.05	2.85	2.68	2.53	2.42	2.3	2.22	2.12
1.9	4.82	4.22	3.76	3.42	3.15	2.92	2.75	2.6	2.49	2.36	2.28	2.17
2.0	4.97	4.34	3.88	3.51	3.24	3	2.83	2.67	2.55	2.42	2.34	2.22

注:本表由 $\alpha=60°$,$\delta=1$ mm,$n=0.16$ 制成。

③理论计算法:

a. 所需浓缩池的有效沉降面积。

$$A_x = \frac{KQ_y}{u} \tag{8.1.23}$$

式中　A_x——所需斜板、斜管浓缩池的有效沉降面积,m²;

Q_y——浓缩池的溢流水量,m³/h;

u——尾矿集合沉降速度或固体颗粒的沉降速度,m/s,前者可根据矿浆静止沉降试验确定;后者参见式(8.1.9)符号说明;

K——修正系数。

b. 浓缩池的直径和有效沉降面积。

- 当斜板布置成圆形时如图 8.1.5 所示。

$$D = D_1 + 2\left[L\cos\alpha + \frac{m(b+\delta)}{\sin\alpha}\right] \tag{8.1.24}$$

$$A_0 = \frac{\pi m L_0\left[D_1 + L\cos\alpha + \dfrac{m(b-\Delta) + (\delta+\Delta)(m+1)}{\sin\alpha}\right]}{1 + \dfrac{3.13 n L_0}{(b-\Delta)^{1.2}}\left(\cos\alpha + \dfrac{L\sin\alpha}{L_0}\right)} \tag{8.1.25}$$

式中　D——斜板浓缩池的直径，m；

　　　D_1——斜板浓缩池中心给矿筒直径，m；

　　　L——斜板实长，m；

　　　α——斜板的倾角，(°)；

　　　m——斜板层数(不计最里边的一层)；

　　　b——两板间的垂直净距，m；

　　　δ——斜板的厚度，m；

　　　A_0——浓缩池的有效沉降面积，m²；

　　　L_0——$L_0 = L\cos\alpha + \dfrac{b-\Delta}{\sin\alpha}$；

　　　Δ——斜板异重流厚度，m，可通过试验确定；

　　　n——板面的粗糙系数，当板上有沉积物时，n 值可取 0.12～0.02。

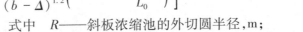

图 8.1.5　圆形斜板浓缩池计算示意图

- 当斜板布置成正多边形时如图 8.1.6 所示。

$$R = R_1 + \frac{1}{\cos\phi}\left[L\cos\alpha + \frac{m(b+\delta)}{\sin\alpha}\right] \tag{8.1.26}$$

$$A_0 = m m_1 L_0\tan\phi\left[2R_1\cos\phi + L\cos\alpha + \frac{m(b-\Delta)(\delta+\Delta)(m+1)}{\sin\alpha}\right]\Big/$$

$$\left[1 + \frac{3.13 n L_0}{(b-\Delta)^{1.2}}\left(\cos\alpha + \frac{L\sin^2\alpha}{L_0}\right)\right] \tag{8.1.27}$$

式中　R——斜板浓缩池的外切圆半径，m；

　　　R_1——中心给矿筒的外切圆半径，m；

　　　ϕ——$\phi = \dfrac{360°}{2m_1}$；

　　　m_1——正多边形斜板浓缩池的边数；

　　　A_0——浓缩池的有效沉降面积，m²；

其他符号意义同前。

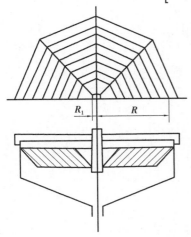

图 8.1.6　正多边形斜板浓缩池
计算示意图

3)斜板、斜管浓缩池高度的确定

①带耙泥设备的斜板、斜管浓缩池如图 8.1.7 所示。

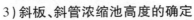

$$H = h_c + h_x + h_n + h_p \tag{8.1.28}$$

式中　H——浓缩池中心部分的高度，m；

　　　h_c——澄清带的高度，为 0.3～0.6 m；

　　　h_x——斜板、斜管区的高度，m；

$$h_x = L \sin \alpha$$

其中　L——斜板、斜管的长度，m；

　　　α——斜板、斜管的倾角，(°)；

h_n——浓缩带的高度，m，见式(8.1.12)；

h_p——耙子运动带的高度，m。

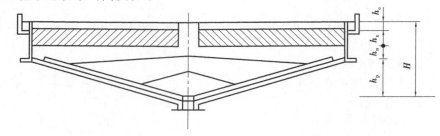

图 8.1.7　斜板、斜管浓缩池示意图

②自排式斜板、斜管浓缩池如图 8.1.8 所示。

$$H = h_c + h_x + h_w + h_n \tag{8.1.29}$$

$$h_n \geqslant 3.82 \frac{(\gamma_g - 1)t}{D_i^2(\gamma_k - 1)\gamma_g} \tag{8.1.30}$$

式中　H——浓缩池中心部分的高度，m；

　　　h_w——稳流区的高度，m；

　　　h_n——浓缩带的高度，m；

　　　γ_g——尾矿的密度，t/m³；

　　　t——矿浆在浓缩带的停留时间，h；

　　　D_i——浓缩带锥体直径，m；

　　　γ_k——浓缩池底部出矿浆的比重，根据矿浆沉降试验资料，并参考处理类似尾矿浓缩
　　　　　　池所达到的正常排矿浓度确定；

　　　其他符号意义同前。

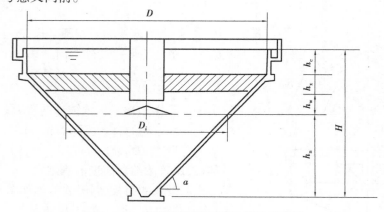

图 8.1.8　自排式斜板、斜管浓缩池示意图

8.2　尾矿的水力旋流器分级

尾矿分级的目的是得到浓度大、颗粒粗的尾矿用于筑坝。

8.2.1　概述

在重力场中,由于重力加速度 g 在一定的地方为定值,使微细颗粒的沉降速度受到限制,设备的处理能力和分选效果也难以提高。为了强化分级和选分作业,近几十年来,人们广泛利用回转流产生的惯性离心力大大提高了颗粒的运动速度。

生产中使矿浆做回转运动的方法基本有两种,一种是矿浆在压力作用下沿切线给入圆形分选容器中,迫使其做回转运动,这样的回转流厚度较大,如各种形式的旋流器属于这种;另一种是借回转的圆鼓带动矿浆做圆周运动,如各种卧式离心选矿机和卧式离心脱水机属于这种。

在回转流中颗粒的惯性离心加速度 a 与同步运动的流体向心加速度方向相反,数值相等。即

$$a = \omega^2 r = \frac{u_\tau^2}{r} \qquad (8.2.1)$$

式中　r——圆形分选器的半径,m;

　　　ω——回转运动的角速度,rad/s;

　　　u_τ——回转运动的切向速度,m/s。

因此离心力强度为:

$$i = \frac{a}{g} = \frac{\omega^2 r}{g} \qquad (8.2.2)$$

水力旋流器是利用回转流进行分级的设备,也可用于浓缩、脱泥(也可以脱砂)甚至分选。由于它的构造简单,便于制造,处理量大,且工艺效果良好,因而在问世后迅速得以推广应用。

旋流器的构造示意图如图 8.2.1 所示,它主要由一个空心圆柱体和圆锥体连接而成。圆柱体的直径代表旋流器的规格,有 50～1 000 mm,常用者为 125～500 mm。在圆柱体中心插入一个溢流管,沿切线方向接有给矿管,在锥体下部留有沉砂(或称底流)口。

8.2.2　水力旋流器的工艺计算

水力旋流器工艺计算包括分离粒度和处理量的计算。它们的计算公式很多,有的公式很烦琐,不便应用;有的公式计算值与实际值差别太大,这里不再赘述。现将常用公式列出如下。

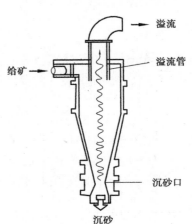

图 8.2.1　旋流器的构造示意图

溢流

溢流管

给矿

沉砂口

沉砂

1) 旋流器的处理能力 $Q(\text{L/min})$

$$Q = K_1 d_G d_y \sqrt{gp} \qquad (8.2.3)$$

式中 d_G, d_y——给矿管直径及溢流管直径,cm;当矿口为矩形断面时,其中 $d = \sqrt{\dfrac{4}{\pi}bl}$,cm;$b$

        和 l 为给矿管矩形断面的宽和长,cm;

         p——旋流器的进口压力(表压力),MPa;

         g——重力加速度,以 $9.8 \text{ m}^2/\text{s}$ 计;

         K_1——系数,按表8.2.1确定。

表 8.2.1   旋流器在不同 d_0/D 值条件下的 K_1 值

d_G/D	0.10	0.15	0.20	0.25	0.30
K_1	1.83	2.46	3.10	3.85	4.93

注:D 指旋流器直径。

2) 旋流器的分离粒度

分级的临界粒度 $d_F(\text{cm})$ 为:

$$d_F = \frac{0.75 d_G^2}{\phi_x} \sqrt{\frac{\pi\mu}{Qh(\delta - \rho)}} \qquad (8.2.4)$$

式中 h——溢流管下缘到锥壁的轴向距离,为简单计可取锥体高度的2/3;

         μ——介质黏度,Pa·s;

         Q——给矿矿浆体积,各物理量单位均按 CGS 单位制计;

         ϕ_x——速度变化系数,其值大于1。

     ϕ_x 计算方法常用两种:

①达尔扬提出的计算公式:

$$\phi_x = \left(\frac{D}{d_y}\right)^n \qquad (8.2.5)$$

式中,$n = 0.5 \sim 0.9$,一般取 $n = 0.64$。

    ②苏联选矿研究设计院提出的公式:

$$\phi_x = \frac{6.6 A_G a^{0.3}}{D d_y} \qquad (8.2.6)$$

式中 A_G——给矿口的面积,cm;

         D——旋流器内径,cm;

         α——旋流器锥角,(°);$\alpha^{0.3}$ 值见表8.2.2。

表 8.2.2   公式(8.2.6)中 $\alpha^{0.3}$ 的值

α	10°	15°	20°	60°	90°
$\alpha^{0.3}$	2	2.25	2.46	3.40	3.85

8.3 尾矿压力输送

选矿厂尾矿水力输送应结合具体情况因地制宜。如果有足够的自然高差能满足矿浆自流坡度,应选择自流输送;如果没有自然高差,可选择压力输送,如部分地段有自然高差可利用,则可选择自流和压力联合输送。压力联合输送常采用管道输送,采用泵站设备加压。

1)尾矿输送管线布置原则

尾矿输送管道(或流槽)线路的布置,一般应综合考虑以下原则:

①尽量不占或少占用农田;

②避免通过市区和居民区;

③结合砂泵站位置的选择,缩短压力管线;

④避免通过不良地质地段、矿区崩落和洪水淹没区;

⑤便于施工和维护。

2)尾矿输送管的敷设方式

①明设:将尾矿输送管(或流槽)设置在路堤、路堑或栈桥上。其主要优点是便于检查和维护,所以一般多采用此式。但受气温影响较大,容易造成伸缩节漏矿。

②暗设:将尾矿输送管(或流槽)设置在地沟或隧道内。一般在厂区交通繁华处或受地形限制时,才采用这种形式。

③埋设:将尾矿输送管(或封闭流槽)直接埋设在地表以下。其优点是地表农田仍可耕种,同时受气温影响较小,可少设甚至不设伸缩接头,因而漏矿事故较少;其缺点是一旦漏矿,检修非常麻烦。东鞍山、通化等选矿厂部分尾矿管道采用了这种敷设方式。

此外,还有半埋设形式,即管道半埋于地下或沿地表敷设,其上用土简单覆盖。它也可减少气温变化的影响,甚至可不设伸缩接头,如大冶金山殿的尾矿管道即采用此法。

管道敷设时尽可能成直线,弯头转角尽可能小些,转角较大的弯头尽可能圆滑些。

3)砂泵站的形式及连接方式

尾矿压力输送是借助于泵站设备运行得以实现的,因此,砂泵站在尾矿设施中占有很重要的地位。

(1)砂泵站的形式

砂泵站有地面式和地下式两种。最常见的一种是地面式砂泵站,它具有建筑结构要求低,投资少,操作、检修方便等优点。因此,被国内矿山广泛采用。另一种是地下式砂泵站,这种泵站是在地形及给矿等条件受到限制的情况下所采用的。地面式砂泵站一般采用矩形厂房,而地下式砂泵站往往采用圆形厂房。

(2)砂泵站的连接方式

我国有些矿山的尾矿库往往建在距选矿厂较远的地方,因此,一级泵站难以将尾矿一次输送到尾矿库,所以采用多级泵站串联输送的方式,将尾矿输送到最终目的地。串联方式有直接串联和间接串联,它们的优点、缺点见表8.3.1。

表 8.3.1　泵站连接方式特点

连接方式	优　点	缺　点	使用单位
直接串联	省掉了爬矿仓的水头损失，充分利用砂泵扬程；省掉了矿仓的有关工程及操作	目前矿浆输送系统的安全措施尚不完善，所以发生事故的可能性大；操作管理要求严格	大孤山、水厂、锦屏、凡口等
间接串联	管理简单；发生事故的可能性小，易发现问题，便于处理事故	多消耗矿仓的一段水头，泵的扬程不能充分利用；多了矿仓有关工程，占地面积也相应大些	较普遍

8.4　尾矿自流输送

当尾矿库低于选矿厂且有足够的自然高差能满足矿浆自流坡度要求，可选择自流输送。尾矿自流输送多采用流槽的形式。必要时，也可采用管道自流输送。由于它不需动力，又易于管理和维护，被很多矿山采用。

8.5　回水再用

尾矿水循环再用，并尽量提高废水循环的比例，以达到闭路循环，这是当前国内外废水治理技术的重点。只有在不能做到闭路循环的情况下，才作部分外排。尾矿废水经净化处理后回水再用，既可以解决水源，减少动力消耗，又解决了对环境的污染问题。

尾矿回水一般有下列几种方法。

1)浓缩池回水

由于选矿厂排出的尾矿浓度一般都较低，为节省新水消耗，常在选矿厂内或选矿厂附近修建尾矿浓缩池或倾斜板浓缩池等回水设施进行尾矿脱水，尾矿砂沉淀在浓缩池底部，澄清水由池中溢出，并送回选矿厂再用。浓缩池的回水率一般可达40%～70%。

2)尾矿库回水

将尾矿排入尾矿库后，尾矿矿浆中所含水分一部分留在沉积尾矿的空隙中，一部分经坝体池底等渗透到池外，一部分在池面蒸发。尾矿库回水就是把余留的这部分澄清水回收，供选矿厂使用。由于尾矿库本身有一定的集水面积，因此尾矿库本身起着径流水的调节作用。

尾矿库排水系统常用的基本形式有：排水管、隧洞、溢洪道和山坡截洪沟等。应根据排水量、地形条件、使用要求及施工条件等因素经过技术经济比较后确定所需要的排水系统。对于小流量多采用排水管排水；中等流量可采用排水管或隧洞；大流量可采用隧洞或溢洪道。排水系统的进水头部可采用排水井或斜槽。对于大中型工程如果工程地质条件允许，隧洞排洪常较排水管排洪经济而可靠。国内的尾矿库一般多将洪水和尾矿澄清水合用一个排水系统排放。尾矿库排水系统应靠在尾矿库一侧山坡进行布置，选线力求短直，地基均一，无断层、滑坡、破碎带和弱地基。其进水头部的布置应满足在使用过程中任何时候均可以进入尾矿澄清水的要求。当进水设施为排水井时,应认真考虑其数量、高程、距离和位置,如第一井(位置最低的)既能满足初期使用时澄清距离的要求,又能满足尽早地排出澄清水供选矿厂使用的要求,其余各井位置逐步抬高,并使各井筒有一定高度的重叠。澄清距离的目的是确保排水井不跑浑水。当尾矿库受水面积很大,在短时间内可能下来大量洪水。为能迅速排出大部分或部分洪水,可靠尾矿库一侧山坡上,在尾矿坝附近修筑一条溢洪道。所有流经排水系统设施的排水井窗口、管道直径、沟槽断面、隧洞断面等尺寸和泄流量需经计算后再结合实际经验给予确定。

尾矿库回水率一般可达 50% 。如矿区水源不足,尾矿库集水面积较大,并有较好的工程地质条件(如没有溶洞、断层等严重漏水的地质构造),则回水率可高达 70% ~80% 。

尾矿库回水的优点是回水的水质好,有一部分雨水径流在尾矿库内调节,因此回水量有时会增多;缺点是回水管路长,动力消耗大。

3) 沉淀池回水

沉淀池回水的利用,一般只适用于小型选矿厂。由于沉淀在池底的尾矿砂,需要经常清除,花费大量人力,故选矿厂生产规模大、生产的年限长时,不宜采用沉淀池回水。

第**9**章
尾矿库安全运行及管理

9.1 安全管理

9.1.1 尾矿库管理的总体要求

①合理选择库(坝)址,精心设计和施工,是尾矿库安全的基础。尾矿库管理人员要配合有关部门认真做好设计和施工管理工作,确保设计和施工质量。

②从思想上重视尾矿设施管理工作。实践证明,凡是领导重视尾矿设施管理的单位,事故就少,生产稳定,尾矿排放成本低,回水率高,资源流失和环境污染等问题也较少。

③尾矿库启用后,尾矿设施的管理、操作人员,要根据各时期的运行情况主动作好预防事故的各项工作,如发现隐患或违反设计要求的情况,应及时向主管部门反映,并采取相应的保安措施。

④尾矿设施管理应纳入企业生产工作。建立严格的奖惩制度,对在确保尾矿设施安全运行方面有突出贡献的管理、操作人员,实行立功受奖,并作为晋级条件之一,对瞎指挥和违反管理规程的人员及酿成事故的直接责任者,要严肃处理。

⑤提高人民群众对尾矿库(坝)的认识,除取得当地政府的支持外,应积极向尾矿库(坝)所在地区群众宣传尾矿库(坝)安全运行的重要性,使其明确它与当地工农业生产的利害关系,从而得到他们的支持。

⑥设置尾矿库(坝)工程安全技术监督站,其成员应具备:

a.掌握尾矿设施的基本专业知识及其设计文件的要求;

b.熟悉尾矿处理的工艺流程;

c.了解国家部门有关的标准和规范。

⑦逐步使尾矿设施管理工作走上规范化、标准化的轨道,企业要结合本单位尾矿设施的具体情况制定实施细则,修订或制定各级尾矿设施管理机构和人员的业务保安条例和职责条例,以及尾矿设施各工种工序的操作技术规程和作业标准,定期组织有关人员学习讨论检查执行情况。

⑧重视尾矿设施的中长期规划和运行计划的编制和实施。尾矿设施建设周期较长且选址征地等都较困难，尾矿库的扩建或新建工作应在使用期满之前，至少 5 年甚至更长时间，及早制订计划并筹备建设，切忌临渴采井，采取修修补补的临时措施，留下安全隐患。

尾矿处理应根据企业的生产年限，结合选矿厂的总体规划，做到既有中、长期规划有久安之计，又有近期安排，解决好当务之急，远近结合，分期实施，确保新、老库的合理衔接。

每年年末，要在实测库内尾矿堆积状况的基础上，结合生产计划拟订第二年的尾矿排放计划，对尾矿堆坝的排洪等库内尾矿增加后的相应措施，必须通过认真核算，一一作出安排，有条不紊，按计划实施。

尾矿库在使用期满之前 3 年，必须按"不留后患，造福人民"的方针，做出闭库设计和安全维护方案，从坝体稳定性验算，库内疏干，截洪排洪，复田还耕等有关方面，作出具体安排，并付诸实施。闭库后的尾矿库，无设计论证不得重新启用或改作他用，必要时可在办妥有关手续后正式移交地方政府管理。

⑨严格执行设计要求，认真抓好技术重点。在尾矿设施管理中，设计意图的有效贯彻是保证尾矿库安全的基础。在管理工作中，从尾矿排放方法、堆坝方法、坝体浸润线、排洪、回水等各个环节都要结合实际，贯彻设计要求。坝体浸润线与干滩长、水位控制、尾矿特性等密切相关，渗流往往是使坝体产生破坏的原因，没有渗流控制就没有坝的安全。尾矿技术管理中，应以坝的渗流控制为重点，全面抓好尾矿库各项运行技术指标的落实。

要修改设计规定的运行技术指标，必须通过技术论证，征得设计单位同意和上级有关部门批准。

⑩抓好尾矿设施的检查、监测，及时发现和处理安全隐患。尾矿设施的检查工作分为下列四级：

a. 经常检查：由厂矿、车间、工段级机构组织进行，分别制定检查制度，确定路线和顺序。

b. 定期检查：由上级管理机构组织进行每年检查 2～3 次（汛期、汛后、冻路期）。

c. 特别检查：当工程遇特大洪水、地震等情况时由管理单位负责人临时组织进行。

d. 安全鉴定：定期对尾矿设施运行进行评价。

检查工作内容包括查清堆积坝的现状，筑坝工艺是否满足设计要求，排洪回水是否正常，对坝体安全提出结论性的意见。

对各种构筑物的检查内容及基本要求如下：

a. 当尾矿设施遇到特殊运行情况或遭受严重外界影响时，例如，放矿初期、湿度骤变或地震等，对工程的薄弱部位和重要部位，应特别仔细检查。发现威胁工程安全的严重问题，必须昼夜连续监视，并采取有效措施。

b. 对尾矿坝和其他土工构筑物的检查应注意它们有无裂缝、塌陷、隆起、流土、滑裂和滑落等现象，坝顶高程是否一致，滩面是否平整，滩长、坡比是否符合设计要求，坝坡有无冲刷，渗水是否出逸，排渗设施是否完善等。

c. 对混凝土和砖石构筑物应针对不同工程的结构特点，注意检查结构有无裂缝，表面是否剥蚀、脱落，有无冲刷、渗漏。对排水管道应特别注意检查伸缩缝，止水有无损坏，填充物是否流失。对于井、塔应着重检查是否倾斜，连接部位有无异常等。

d. 对金属构筑物应重点检查结构的变形、裂缝、锈蚀，焊缝是否开裂，铆钉、螺帽是否松动，管道是否磨损等。

每次检查结果均应仔细记录。如发现异常情况,除详细记述时间、部位、险情和绘出草图外,需同时记录当天的尾矿入库量、库内水位等有关资料,必要时应测图、摄影或录像且采取应急措施,并上报主管部门。

尾矿坝监测工作是掌握尾矿库(坝)运行状态的耳目,也是搞好尾矿库管理的基本前提,必须高度重视,长期坚持。

⑪尾矿设施的各种技术资料应统一归档,妥善保存。从尾矿库建设开始到闭库,都必须责成有关人员整理相关的资料。每年年末要进行全面总结,将尾矿设施的设计文件、竣工验收资料、生产中的试验报告及各种技术经济指标,以及观测记录、经验总结、事故分析报告,有关的文件、纪要、规章制度,设备仪器图纸和说明书等统一归档,妥善保管。

9.1.2 安全管理机构及管理制度

1)安全管理机构

企业应设置尾矿库安全管理机构,尾矿库工作制度采用连续工作制,工作日贯穿全年。人员按各岗位实际所需人员并考虑法定节假日在籍人员系数进行编制。

尾矿库安全管理机构设立安全管理领导小组,由企业分管安全的负责人担任组长,至少配备1名专职安全管理人员,尾矿库抢险应急救援工作由公司统一调配及管理。尾矿库主管、尾矿库专职安全管理人员必须持有安全主要负责人、安全管理人员证件且证件在有效期内。

2)管理制度

企业设置的安全专职机构,必须建立健全安全生产岗位责任制、安全生产管理制度和安全技术操作规程。负责人必须经过安全培训和考核,具备安全专业知识、具有领导安全生产和处理事故的能力;安全专职人员必须由经过安全培训有一定技术水平,从事相关矿山工作5年以上,能坚持经常下现场的人员担任。

安全生产管理制度主要有:岗位安全生产责任制、安全检查制度、安全教育培训制度、生产安全事故管理制度、重大危险源监控和重大隐患整改制度、安全生产档案管理制度、安全生产奖惩制度等规章制度、交接班制度、安全技术设施专项费用管理制度、设备安全管理维修制度、伤亡事故报告处理制度、巡坝护坝制度、制定作业安全规程和各工种操作规程。

9.1.3 日常管理要求

根据《尾矿库安全规程》(GB 39496—2020),制定日常安全管理要求如下:

①建立、健全堆场安全生产责任制,制订完备的安全生产规章制度和操作规程,实施安全管理。

②对垮坝、漫顶等安全生产事故和重大险情制订应急救援预案,并进行预案演练。

③建立尾矿库工程档案,特别是施工隐蔽工程的档案,并长期保管。

④从事尾矿库尾矿运输、筑坝、排洪和排渗设施的专职工作人员必须取得特种作业人员操作资格证书,方可上岗作业。

⑤尾矿库的勘察、设计、安全评价、施工及施工监理等,业主应当委托具有相应资质的单位承担。

⑥尾矿库增容工程建设项目应当进行安全设施设计并经审查合格后,方可施工。无安全设施设计或者安全设施设计未通过审查,不得施工。

⑦施工中需要对设计进行局部修改的,应当经原设计单位认可;对涉及尾矿库等别、堆积坝坝型、排洪方式等重大设计方案变更时,应当由原设计单位重新设计,并报尾矿库增容工程建设项目安全设施的原审批部门审批。

⑧业主应按照规定,为其尾矿库申请安全生产许可证。未依法取得安全生产许可证的尾矿库,不得生产运行。

⑨每三年至少应进行一次尾矿库安全评价,并采取必要措施,消除安全隐患。尾矿库安全评价工作应委托有资质的安全评价单位。

⑩入库车辆应服从尾矿库统一管理。

9.1.4 防汛管理要求

①建立健全防汛责任制,实施 24 h 监测监控和值班值守。

②在库内设置防洪高度标志及水位控制标志:堆积坝两侧应设置清晰牢固的标高标志,场内应设置醒目、清晰和牢固的水位观测标尺,标明正常运行水位和度汛警戒水位。

③汛期前,必须对尾矿库和排洪系统进行全面检查。尾矿库有无裂缝、滑坡、沼泽化、浸润线抬高等影响坝体稳定安全的情况,防排洪构筑物应注意有无异常变形、位移、冲刷、损毁等影响构筑物安全的情况,发现问题及时解决。

④准备好必要的抢险物资、工具、运载机械、通信、供电及照明器材或设备。维护整修上坝道路,确保交通安全畅通。

⑤应主动了解掌握气象预报和汛期水情。

⑥加强值班和巡逻,设置警报信号和组织抢险队伍。密切注视场内水情变化和坝体两侧沟谷地表径流和山体稳定、泥石流动态,发现险情及时报告,采取紧急措施,严防事态恶化,截洪沟和排水竖井、排水管等排水设施在任何情况下均不允许树枝、泥沙等淤积或堵塞,场内进水口和下游排水管出水口必须保证畅通。

⑦结合尾矿库实际情况,制订尾矿库安全度汛方案,确保尾矿库安全度汛。

⑧洪水过后应对坝体和防排洪构筑物进行全面检查,发现问题及时修复,防备连续暴雨的袭击。

9.1.5 应急管理

《尾矿库安全监督管理规定》(国家安全生产监督管理总局令第 38 号)第二十一条规定,"生产经营单位应当建立健全防汛责任制,实施 24 小时监测监控和值班值守,并针对可能发生的垮坝、漫顶、排洪设施损毁等生产安全事故和影响尾矿库运行的洪水、泥石流、山体滑坡、地震等重大险情制定并及时修订应急救援预案,配备必要的应急救援器材、设备,放置在便于应急使用的地方。应急预案应当按照规定报相应的安全生产监督管理部门备案,并每年至少进行一次演练。"

企业应组织编制尾矿库应急救援预案并报主管应急局备案,每年至少进行一次演练并及时修订,配备必要的应急救援器材、设备,放置在管理站内。企业与地方消防、医疗机构建立联络机制,保证突发事故应急抢救及时展开。

1）应急救援预案

在尾矿库可能出现各种溃坝的紧急状态下，为使企业员工能够有序地开展事故抢救和安全撤离，减少人员伤亡和财产损失，按照《尾矿库安全规程》（GB 39496—2020）要求，企业应编制应急救援预案，并组织演练。

（1）编制应急预案时应考虑下列因素

①尾矿坝垮坝、溃坝；

②洪水漫顶；

③水位超警戒线；

④排水设施损毁、排洪系统堵塞；

⑤坝坡深层滑动；

⑥发生暴雨、山洪、泥石流、山体滑坡、地震等灾害；

⑦防震抗震。

（2）尾矿库应急救援预案应包含以下主要内容

①确定应急救援机构、组成人员及其职责。

应急救援领导小组：负责组织应急救援措施队伍实施应急救援；检查督促做好预防、预警措施和应急救援的各项准备工作。

应急救援指挥部：发生上述各类事故状况时，由指挥部组织实施应急救援措施；向应急救援组织机构、生产运行部门报告事故情况；负责抢救受伤人员；配合事故调查，总结应急救援经验。

抢险队：发生上述各类事故状况时，服从指挥部命令、做好事故的处置、抢修，抢救受伤人员和国家财产，防止事故扩大。

②应急救援预案体系。

③尾矿库风险描述。

④预警及信息报告。

⑤应急响应与应急通信保障。

⑥抢险救援的人员、资金、物资准备。

⑦应急救援预案管理。

企业每年汛前至少进行一次应急救援演练，并长期保存演练方案、记录和总结评估报告等资料。

（3）编制应急救援预案的要点

①事故受害范围；

②人员抢救与工程抢险；

③灾民撤离与安置；

④医疗救护与防疫；

⑤交通运输保障与消防；

⑥通信保障与接收外援；

⑦电力保障与信息发布；

⑧粮食食品物资供应与应急资金；

⑨基础设施应急抢险与恢复；

⑩社会治安维护与重要目标警卫。

（4）演练应急救援预案

①报警程序；

②应急预案启动；

③现场应急救援：

a. 现场应急救援指挥；

b. 应急人员进场；

c. 应急物资进入；

d. 处理方案实施；

e. 紧急工作撤离；

f. 应急扩大；

g. 应急预案关闭。

④后期处置：

a. 现场清理；

b. 生产、生活设施恢复；

c. 善后处理；

d. 事故调查；

e. 总结评审。

（5）修订应急救援预案

企业应每三年进行一次应急救援预案评估，有下列情形之一的，应及时修订预案：

①制定预案所依据的法律、法规、规章、标准发生重大变化；

②应急指挥机构及其职责发生调整；

③尾矿库生产运行面临的潜在风险发生重大变化；

④重要应急资源发生重大变化；

⑤在预案演练或者应急救援中发现需要修订预案的重大问题。

2）事故类型和危害分析

（1）堆积坝垮坝、堆积体坝坡深层滑动

尾矿库在堆积过程中，若堆积体高差太大、排水不畅，浸润线埋深较浅，不满足规范要求，有可能造成堆积体深层滑动。

当任何一处堆积体出现深层滑动，治理不及时而造成滑坡，甚至垮坝，即可能对堆积体下游的作业人员造成伤亡。

（2）排洪设施损毁及排洪系统堵塞

尾矿库排洪设施损毁或尾矿库内尾矿、杂物进入排洪系统造成堵塞，使排洪系统失效或排洪量达不到设计要求。

出现暴雨须进行排洪时，因排洪设施损毁及排洪系统堵塞而无法正常排洪，将造成洪水漫坝并导致垮坝危害。

（3）地震

场址所在区域发生地震时，可能使堆积体发生严重变形导致滑坡垮塌事故。

3）预防和预警

（1）堆积体坝坡深层滑动

在尾矿库堆积过程中,控制好坝体坡度,定期对堆积坝进行变形观测,发生异常情况,及时请设计、地质进行论证,并及时对坝体采取有效加固措施。按规范要求定期对场区、坝体进行稳定性分析和安全现状评价。

（2）排洪设施损毁及排洪系统堵塞

对排洪设施进行日常检查和定期检查,发现问题及时处理。

（3）地震

接到地震预报时,根据实际情况作出防震、抗震计划和安排,并与下游相关单位和人员保持密切联系。

平时加强坝体监测,及时消除裂缝、变形等事故隐患。

4）信息报告

尾矿库日常检查人员发现险情应立即报告值班人员,值班人员现场调查落实情况后,立即向尾矿库事故应急救援领导小组报告。组长立即通知小组成员、副组长立即通知"抢险队"队长,所有人员30分钟内赶到事故现场。

实施应急救援后,事故无法得到有效控制并有继续扩大的趋势时,应急救援领导小组组长应立即向上级报告,请求启动"尾矿库事故应急救援预案"。

5）应急处置

发生"堆积坝垮坝、堆积体坝坡深层滑动、排洪设施损毁及排洪系统堵塞、水位超警戒线、洪水漫顶、地震"等事故状况时,以领导小组为基础,立即成立应急救援预案指挥小组赶赴现场,同时报政府相关部门,并及时通知下游相关人员疏散,及时通知公路管理部门。

（1）堆积坝垮坝、堆积体坝坡深层滑动

停止该区域及相邻处的排料作业,将尾矿改排到库尾或较远处。

在设计部门和相关部门确认可行及安全的前提下,采用机械运土减缓堆积体坝坡并压实。

（2）排洪设施损毁及排洪系统堵塞

迅速对排洪设施损毁处进行抢修。查找堵塞处进行疏通。

（3）地震

地震发生后立即启动应急救援预案,抢修受损的坝体和排洪设施,防止事故扩大。

6）事故原因分析、总结

应急救援结束后,由应急救援领导小组负责配合有关部门对事故原因进行调查、分析、总结,将有关资料整理、归档。

9.2 尾矿库安全监控

①尾矿库运行时,应按设计及时设置人工安全监测设施和在线安全监测系统,并应按照设计定期进行各项监测。

②尾矿库应每天日常巡查,大雨或暴雨期间应在现场实时巡查。人工安全监测设施安装初期应每半个月监测1次,6个月后应每月监测不少于1次。遇下列情况之一时,应增加监测

次数：

 a. 汛期；

 b. 地震、连续多日下雨、暴雨、台风后；

 c. 尾矿库安全状况处于黄色预警、橙色预警、红色预警期间；

 d. 排洪设施、坝体除险加固施工前后；

 e. 其他影响尾矿库安全运行情形。

 ③人工安全监测应符合下列规定：

 a. 应采用相同的观测图形、观测路线和观测方法；

 b. 应使用相同技术参数的监测仪器和设备；

 c. 应采用统一基准处理数据；

 d. 每次监测应不少于2名专业技术人员。

 ④在线安全监测频率应符合下列规定：

 a. 尾矿库处于正常状态时，在线安全监测频率为1次/10 min～1次/24 h；

 b. 尾矿库安全状况处于非正常状态时，在线安全监测频率为1次/5 min～1次/30 min。

 ⑤尾矿库在线安全监测和人工安全监测的监测成果应定期进行对比分析。每年应进行一次专门数据分析，下列情况下应增加专门数据分析：

 a. 尾矿库竣工验收时；

 b. 尾矿库安全现状评价时；

 c. 尾矿库闭库时；

 d. 出现异常或险情状态时。

 ⑥安全监测系统调试运行正常后，在线安全监测与人工安全监测的结果应基本一致，相同监测点在同一监测时间的在线安全监测成果与人工安全监测成果差值，不应大于其测量中误差的2倍。

 ⑦尾矿库在线安全监测系统的管理和维护应设置专门技术人员负责。

 ⑧尾矿库在线安全监测系统应全天候连续正常运行。系统出现故障时，应尽快排除，故障排除时间不得超过7 d，排除故障期间应保持无故障监测设备正常运行，并加强人工监测；系统改建、扩建期间，不得影响已建成系统的正常运行。

 ⑨尾矿库安全监测数据应及时整理，如有异常，应及时分析原因，采取对策措施。安全监测信息的分析、管理和发布，应综合现场巡查、人工安全监测和在线安全监测成果进行。

9.3 尾矿库隐患及重大险情处理

 ①尾矿库存在下列一般生产安全事故隐患之一时，应在限定的时间内进行整治，消除事故隐患：

 a. 尾矿库调洪库容不足，在设计洪水位时不能同时满足设计规定的安全超高和干滩长度的要求；

 b. 排洪设施出现不影响安全使用的裂缝、腐蚀或磨损；

 c. 经验算，坝体抗滑稳定最小安全系数满足规范规定值，但部分高程上堆积边坡过陡，可能出现局部失稳；

　　d. 坝体浸润线埋深小于 1.1 倍控制浸润线埋深；

　　e. 坝面局部出现纵向或横向裂缝；

　　f. 干式堆存尾矿的含水量偏大，实行干式堆存有一定困难，且没有设置可靠防范措施；

　　g. 坝面未按设计设置排水沟，冲蚀严重，形成较多或较大的冲沟；

　　h. 坝肩无截水沟，山坡雨水冲刷坝肩；

　　i. 堆积坝外坡未按设计设置维护设施；

　　j. 其他不影响尾矿库基本安全生产条件的非正常情况。

　　②尾矿库存在下列重大生产安全事故隐患之一时，应立即停产，生产经营单位应制定并实施重大事故隐患治理方案，消除事故隐患：

　　a. 库区和尾矿坝上存在未按批准的设计方案进行开采、挖掘、爆破等活动；

　　b. 坝体出现大面积纵向裂缝，且出现较大范围渗透水高位出逸，出现大面积沼泽化；

　　c. 坝外坡坡比陡于设计坡比；

　　d. 坝体超过设计坝高，或者超设计库容贮存尾矿；

　　e. 尾矿堆积坝上升速率大于设计堆积上升速率；

　　f. 经验算，坝体抗滑稳定最小安全系数小于《尾矿库安全规程》（GB 39496—2020）中表 7 规定值的 0.98 倍；

　　g. 坝体浸润线埋深小于控制浸润线埋深；

　　h. 尾矿库调洪库容不足，在设计洪水位时，安全超高和干滩长度均不满足设计要求；

　　i. 排洪设施部分堵塞或坍塌、排水井有所倾斜，排水能力有所降低，达不到设计要求；

　　j. 干式堆存尾矿的含水量大，实行干式堆存比较困难，且没有设置可靠的防范措施；

　　k. 多种矿石性质不同的尾砂混合排放时，未按设计要求进行排放；

　　l. 冬季未按照设计要求采用冰下放矿作业；

　　m. 设计以外的尾矿、废料或者废水进库；

　　n. 其他危及尾矿库安全运行的情况。

　　③尾矿库出现下列重大险情之一时，生产经营单位应立即停产，启动应急预案，进行抢险：

　　a. 坝体出现严重的管涌、流土等现象的；

　　b. 坝体出现严重裂缝、坍塌和滑动迹象的；

　　c. 经验算，坝体抗滑稳定最小安全系数小于表 7 规定值的 0.95 倍；

　　d. 尾矿库调洪库容严重不足，在设计洪水位时，安全超高和干滩长度均不满足设计要求，将可能出现洪水漫顶；

　　e. 排水井显著倾斜，有倒塌迹象的；

　　f. 排洪系统严重堵塞或者坍塌，不能排水或排水能力急剧降低；

　　g. 干式堆存尾矿的含水量过大，基本不能干式堆存，且没有设置可靠的防范措施；

　　h. 其他危及尾矿库安全的重大险情。

9.3.1　尾矿坝常见隐患及处理

　　裂缝是尾矿坝上一种较为常见的隐患，某些细小的横向裂缝有可能发展成为坝体的集中渗漏通道，有的纵向裂缝也可能是坝体滑塌的预兆，应予以应有的重视。例如，云南锡业公司卡房堆牛矿尾矿库,曾在 1969 年和 1970 年两次在坝前出现陷落事故的 1 号坝,在修复处理后,1976 年 4 月发现坝体位移及开裂,分析是滑塌的预兆,为了确保安全,当即决定停产进行了妥善处理。

裂缝种类,成因及处理办法分述如下:

(1)裂缝的种类与成因

土坝裂缝是较为常见的现象,有的裂缝在坝体表面就可以看到,有的隐藏在坝体内部,要开挖检查才能发现,裂缝宽度最窄的不到 1 mm,宽的可达数十厘米,甚至更大;裂缝的长度短的不到 1 m,长的有数十米,甚至更长;裂缝的深度,有的不到 1 m,有的深达坝基;裂缝的走向,有平行坝轴线的纵缝,有垂直坝轴线的横缝,有与水平面大致平行的水平缝,还有倾斜的裂缝。总之,有各式各样的裂缝,而且各有其特征。归纳起来可见表 9.3.1。

裂缝的成因,主要是坝基承载能力不均衡、坝体施工质量差、坝身结构及断面尺寸设计不当或其他因素等引起。有的裂缝是由于单一因素所造成,有的则是多种因素造成的。

表 9.3.1　各类裂缝的特征

分　类	裂缝名称	裂缝特征
按裂缝部位	表面裂缝	裂缝暴露在坝体表面,缝口较宽,一般随深度变窄而逐渐消失
	内部裂缝	裂缝隐藏在坝体内部,水平裂缝常呈透镜状,垂直裂缝多为下宽上窄的形状
按裂缝走向	横向裂缝	裂缝走向与坝轴线垂直或斜交,一般出现在坝顶,严重的发展到坝坡,近似铅垂或稍有倾斜
	纵向裂缝	裂缝走向与坝轴线平行或接近平行,多出现在坝坡浸润线逸出点的上、下
	水平裂缝	裂缝平行或接近水平面,常发生在坝体内部,多呈中间裂缝较宽,四周裂缝较窄的透镜状
	龟纹裂缝	裂缝呈龟纹状,没有固定的方向,纹理分布均匀,一般与坝体表面垂直,缝口较窄,深度 10 ~ 20 cm,很少超过 1 m
按裂缝成因	沉陷裂缝	多发生在坝体与岸坡接合段、河床与台地结合段、土坝合龙段、坝体分区分期填土交界处、坝下埋管的部位
	滑坡裂缝	裂缝中段接近平行坝轴线,缝两端逐渐向坝脚延伸,在平面上略呈弧形,缝较长。多出现在坝顶、坝肩、背水坡坝坡及排水不畅的坝坡下部。在地震情况下,迎水坡也可能出现。形成过程短促,缝口有明显错动,下部土体移动,有离开坝体倾向
	干缩裂缝	多出现在坝体表面,密集交错,没有固定方向,分布均匀,有的呈龟纹裂缝形状,降雨后裂缝变窄或消失。有的也出现在防渗体内部,其形状呈薄透镜状
	冷冻裂缝	发生在冰冻影响深度以内表层呈破碎、脱空现象,缝宽及缝深随气温而异
	振动裂缝	在经受强烈振动或烈度较大的地震以后发生纵横向裂缝,横向裂缝的缝口,随时间延长,缝口逐渐变小或弥合,纵向裂缝缝口没有变化

（2）裂缝的检查与判断

①裂缝的检查。为了及时发现裂缝,需加强检查下列情况:

a.坝的沉陷、位移量有剧烈变化时。

b.坝面有隆起、坍陷时。

c.坝体浸润线不正常、坝基渗漏量显著增大或出现渗透变形时。

d.坝基为湿陷性黄土,当库内开始放矿后。

e.长期干燥或冰冻时期。

f.发生地震或其他强烈振动后。

需特别注意的部位如下:

a.坝体与两岸山坡结合处及附近部位。

b.坝基地质条件有变化及地基条件不好的坝段。

c.坝体高差变化较大处。

d.坝体分期分段施工结合处及合龙部位。

e.不同材料组成坝体的结合处。

f.坝体施工质量较差的坝段。

g.坝体与其他刚性建筑物结合的部位。

检查的方法应注意以下几点:

a.在开挖或钻探检查时,对裂缝部位及没发现裂缝的坝段,应分别取土样进行物理力学性质试验,以便进行对比、分析裂缝原因。

b.因土基问题造成裂缝的,应对土基钻探取土,进行物理力学性质试验,了解筑坝后坝基压缩、容重、含水量等变化,以便分析裂缝与坝基变形的关系。

c.要搜集施工记录,了解施工进度及填土质量是否符合设计要求。

d.没有条件进行钻探试验的土坝,要进行调查访问,了解施工及管理情况。

e.近年来,有的单位制成了"暗缝电测仪",可以探测内部裂缝或隐患。在堤坝上选定若干纵横断面,在断面上插上两个电极通直流电,然后在该断面的堤坝表面依次测量两点不同位置的电位差,据此推算出该处地层的电阻率。在含水量相同的土体中,土质结构较松散的,电阻率较高,土质结构较密实的,电阻率较低。根据不同位置电阻率的大小和突变情况,判断地层内有无隐患或隐患位置。据有关单位总结,效果良好,准确率可达80%。

f.要整理分析坝体沉陷、位移、测压管、渗流量等有关资料。

②裂缝的判断。裂缝的种类很多,如果不了解裂缝的性质,就不能正确地处理,特别是滑动性裂缝和非滑动性裂缝,一定要认真予以辨别。判断的主要方法,首先应掌握各种裂缝的特征(表9.3.1),并据以进行判断。滑坡裂缝与沉陷裂缝的发展过程不相同,滑坡裂缝初期发展较慢而后期突然加快,而沉陷裂缝的发展过程则是缓慢的,并到一定程度而停止。只有通过系统的检查观测和分析研究才能正确判断裂缝的性质。

内部裂缝的判断,一般可结合坝基坝体情况从以下几个方面进行分析判断,如有其中之一者,即可能产生内部裂缝:

a.当库水位升到某一高程时,在无外界影响的情况下,渗漏量突然增加。

b.沉陷、位移量比较大的坝段。

c.填土碾压不够,沉陷量比设计值大,而且没有其他客观因素的影响。

d. 个别测压管水位比同断面的其他测压管水位低很多,浸润线呈现反常情况;或注水试验,其渗透系数大大超过坝体其他部位,或当库水位升到某一高程时,测压管水位突然升高的。

e. 钻探时孔口无回水,或钻杆突然掉落。

f. 沉陷率(单位坝高的沉陷量)悬殊的相邻坝段。

③裂缝的处理。裂缝的处理,因其性质不同而异。但无论哪种裂缝,发现后都可采取临时防护措施,防止雨水冰冻影响。

非滑动性裂缝的一般处理方法有3个,即开挖回填、灌浆、开挖回填与灌浆相结合。

开挖回填是处理裂缝的比较彻底的方法,适用于不太深的表层裂缝及防渗部位的裂缝。

开挖回填的处理方法如下:

a. 梯形楔入法:适用于裂缝不太深的非防渗部位。

b. 梯形加盖法:适用于裂缝不深的防渗斜墙及均质土坝迎水坡的裂缝。

9.3.2 排水构筑物常见隐患及其处理

尾矿库的排水构筑物主要有排水管、排水斜槽、排水涵洞、溢洪道等。它们的作用是回水及泄洪。有的矿山排洪设施与回水设施分开;有的一套设施兼备两种功能。

回水设施正常运行,是降低尾矿库内水位、确保坝前干滩长度、降低坝体浸润线、改善坝体运行状态的重要条件之一,也是提高企业经济效益的重要途径。溢洪道的安全泄洪是确保尾矿库安全的关键。因此,对排水构筑物的管理维护必须十分重视。

1)排水管斜槽断裂及其处理

(1)地基不均匀沉陷引起的断裂

排水管(斜槽)一般要求修建在完整、同一岩石性质的地基上。由于地基不均匀沉陷引起的管(槽)断裂,往往容易产生较大的错距,且在管(槽)身出现横向裂缝较纵向裂缝为多。

(2)不均匀或集中荷载引起的断裂

穿过坝体的涵洞沿其轴向的填土高度是不同的,在坝顶下方的洞身承受土压力最大。对于浆砌石排水管(斜槽),裂缝则沿着砌缝发展。对于井-管排水系统,管与井之间如果不设沉降缝,也会造成洞身断裂。

(3)洞顶回填土施工碾压引起的断裂

排水管(斜槽)在初期坝内段,管(槽)顶及周围的土料及库内段管(槽)两侧回填土土料需要碾压或夯实。但是在管(槽)顶附近2~3 m内不能用重碾碾压,应采取薄层铺土夯实。有时由于施工疏忽,在管顶填土没有达到一定厚度就用重碾碾压,致使管壁破坏。

(4)洞内水流流态改变引起的断裂

坝下埋管一般宜用无压管(槽)。由于操作运用上的错误或者对管(槽)结构上的要求不清楚,在没有采取必要的补强措施的情况下,使无压管在内水压力的作用下,造成管(槽)的断裂。此外还有其他原因造成洞内明满流过度,形成半有压或有压流使管身破坏的。

①排水管(槽)断裂的加固。找出断裂原因以后,要选择适当的加固处理方案。管(槽)断裂加固处理主要是地基加固和加强洞身结构强度。

②地基加固。由于地基不均匀沉陷而断裂的管(槽),除加强洞身结构强度外,更重要的是加固地基。

2)尾矿库重大危险源

目前尚未出台专门的尾矿库重大危险源辨识及分类办法,河北省地方标准《尾矿库重大危险源辨识与分级》(DB 13/T2260—2015)对尾矿库重大危险源的有关内容,为企业加强尾矿库管理提供目的性。

尾矿库重大危险源:容积或坝高等于或超过临界量限值的尾矿库。

临界量:对于某种或某类危险物质或某种危险能量规定的数值,若单元中的危险物质或危险能量数值等于或超过该数值,则该单元定为重大危险源。

9.4　尾矿库安全评价

①尾矿库新建、改建、扩建项目及回采建设项目应进行安全预评价和安全验收评价;尾矿库生产运行期及闭库前应进行安全现状评价。

②尾矿库安全评价前期应进行现场踏勘,踏勘项目应包括地形地貌、不良地质现象、周边人文地理环境,安全验收评价还应包括工程施工、监理和试运行情况,安全现状评价还应包括尾矿坝运行情况、排洪设施完好程度、安全监测设施运行情况。

③生产经营单位应根据各项评价的目的和要求分别向评价单位提供下列资料:

a. 尾矿库现状地形图及上、下游有关资料;

b. 水文气象资料;

c. 尾矿库岩土工程勘察报告;

d. 尾矿库安全设施设计资料;

e. 尾矿库安全设施施工资料;

f. 尾矿库运行管理资料,包括安全风险管控、隐患排查治理、监测监控等安全管理和事故及其处理情况;

g. 其他有关资料。

④安全预评价。

a. 安全预评价应对可行性研究报告提出的建设方案进行安全可靠性评价,评价重点应包括:

● 库址选择的合理性评价,包括尾矿库对下游居民和重要设施等周边环境的安全影响,以及自然灾害、地质环境灾害和人文环境等周边环境对尾矿库的安全影响;

● 尾矿坝坝址和坝型选择的合理性评价,对坝体渗流稳定性和抗滑稳定性进行定量计算,并对尾矿坝安全状况进行分析判断;

● 排洪系统布置的合理性及排洪能力的可靠性评价,采用水量平衡法进行调洪演算,并对防排洪安全状况进行分析判断;

● 尾矿库安全监测系统的完整性及可靠性评价;

● 辨识尾矿库投产运行后在运行过程中存在的主要危险有害因素,并分析其可能导致发生事故的诱发因素、可能性及严重程度;

● 可行性研究报告中危险有害因素预防和控制措施的可靠性评价。

b. 安全预评价报告应有明确的评价结论,评价结论应包括:

● 列出主要危险、有害因素,指出建设项目应重点防范的重大危险有害因素,明确应重视的安全对策措施建议;

● 可行性研究报告与安全生产有关的国家法律、法规、规章、标准和规范的符合性;

● 明确建设项目潜在的危险、有害因素在采取安全对策措施后,能否得到控制以及受控的程度。

⑤安全验收评价。

a. 安全验收评价应对建设项目是否具备安全验收条件进行评价,评价的重点应包括:

● 安全设施是否与主体工程同时设计、同时施工、同时投入生产和使用;

● 安全设施与批复的安全设施设计及施工图的符合性及其确保安全生产的可靠性;

● 安全生产责任制、安全管理机构及安全管理人员、安全生产制度、事故应急救援预案建立情况等安全管理相关内容是否满足有关安全生产法律、法规、规章、标准、规范性文件的要求及其落实情况;

● 辨识分析致使已建成的建设项目的安全设施和措施失效的危险、有害因素,并确定其危险度;

● 是否有完备的经监理和业主确认的隐蔽工程记录;

● 各单项工程施工参数与质量是否满足国家和行业规范、规程及设计要求;

● 提出合理可行的安全对策措施和建议。

b. 安全验收评价报告应有明确的评价结论,评价结论应包括:

● 建设项目安全设施与安全设施设计及施工图的符合性及其有效性;

● 致使已建成的建设项目的安全设施和措施失效的危险、有害因素及其危险度;

● 对建设项目是否具备安全验收条件做出明确结论。

⑥安全现状评价。

安全现状评价应对尾矿库运行及管理状况进行评价,评价的重点应包括:

● 尾矿库自然状况的说明及评价,包括尾矿库的地理位置、周边人文环境、库形、汇水面积、库底与周边山脊的高程、工程地质概况等;

● 尾矿坝设计及现状的说明与评价,包括初期坝的结构类型、尺寸、尾矿堆坝方法、堆积标高、库容、堆积坝的外坡坡比、坝体变形及渗流、采取的工程措施等,并根据勘察资料或经验数据对尾矿坝稳定性进行定量分析;

● 尾矿库防洪设施设计及现状的说明与评价,包括尾矿库的等别、防洪标准、暴雨洪水总量、洪峰流量、排洪系统的型式、排洪设施结构尺寸及完好情况等,并复核尾矿库防洪能力及排洪设施的可靠性能否满足设计要求;

● 安全监测设施的可靠性评价,包括安全监测设施的监测项目、数量、位置、精度、监测周期、预警功能等方面;

● 尾矿库在下个评价周期间的坝体稳定性和排洪系统的安全分析;

● 安全管理的完善程度及评价。

⑦安全现状评价报告应有明确的评价结论,评价结论应包括:

● 尾矿库稳定性是否满足设计要求;

● 尾矿库防洪能力是否满足设计要求;

● 尾矿库的安全监测设施是否满足设计要求;

尾矿库与周边环境的相互安全影响；

- 尾矿库下个评价周期间的坝体稳定性和防洪能力是否满足设计要求；
- 安全对策；
- 对尾矿库是否具备继续生产运行的安全生产条件做出明确结论。

9.5 尾矿库工程档案

①生产经营单位应建立尾矿库工程档案管理制度,尾矿库工程档案应包括尾矿库建设和管理活动中形成的有关历史记录,应确保其完整准确、安全保管和有效利用。

②尾矿库工程档案应按工程建设、生产运行、回采和闭库等阶段分别进行档案管理。

③尾矿库建设及回采工程档案应包括下列文件及资料:

a. 项目审批、核准或备案等与项目建设相关的批准文件;

b. 永久水准基点标高、坐标位置、控制网、不同比例的地形图等测绘资料;

c. 库区、坝体、主要构筑物在不同阶段的岩土工程勘察资料;

d. 不同设计阶段的有关设计文件、图纸和设计变更等设计资料;

e. 安全预评价、安全验收评价、安全现状评价等安全评价资料;

f. 工程施工过程中有关施工、监理单位的文件、报告、图纸、影像以及记录等施工、监理资料;

g. 试运行期间的相关记录以及试运行报告等试运行资料;

h. 工程竣工时有关施工、监理、设计、评价以及建设单位的文件、报告、图纸以及记录等工程竣工验收资料。

④尾矿库生产运行档案应包括年度作业计划、生产记录、安全检查记录及处理、事故及处理等。

⑤尾矿库闭库工程档案应包括勘察报告、安全现状评价、闭库设计、施工及验收等资料。

⑥其他档案应包括尾矿库运行期管理的往来文件以及基层报表和分析资料等资料。

⑦在线监测数据、影像等采用电子版文件保存的资料,应进行备份。

9.6 尾矿库闭库

9.6.1 尾矿库闭库程序

尾矿库闭库工作包括闭库前的安全评价、闭库设计与施工、闭库安全验收。

尾矿库闭库工作及闭库后的安全管理由原企业负责。对解散和关闭破产的企业,其已关闭和废弃的尾矿库的管理工作,由企业出资人或其上级主管部门负责;无上级主管部门或出资人不明确的,由县级以上人民政府落实管理单位。尾矿库闭库后重新启用或改作他用时,应当经过可行性论证,并报审批闭库工作的应急管理部门审查批准。

1) 闭库前的安全评价

按《尾矿库安全规程》(GB 39496—2020):尾矿库新建、改建、扩建项目及回采建设项目应进行安全预评价和安全验收评价;尾矿库生产运行期及闭库前应进行安全现状评价。

评价机构向企业出具的尾矿库安全评价报告应当包括下列内容:尾矿坝安全评价、尾矿库防洪能力安全评价、尾矿库的安全程度、对非正常级的尾矿库,提出尾矿库治理建议。

2) 闭库设计

企业应当根据尾矿库设计资料,在尾矿库闭库前 1 年,委托具有相应资质的设计单位进行尾矿库闭库设计。设计单位在进行尾矿库闭库设计时,应当根据评价机构的安全评价结论和建议,提出相应治理措施,保证闭库后的尾矿库符合国家有关法律、法规、标准和技术规范的要求。

闭库设计应按以下层次编写:

①尾矿库的建设、使用、管理等情况介绍。

②存在问题。设计单位在对现场有所了解的前提下,对照安全评价写出尾矿库存在问题。

③坝体整治。根据工程地质情况、水文地质情况、稳定性计算等综合判断采取相应的措施。如计算结果为不稳定,宜分开进行核算。初期坝不稳定常用的处理方法为贴坡,堆积坝不稳常采取贴坡、降低浸润线、削坡等处理方法。

④排洪系统。根据防洪标准复核尾矿库防洪能力,当防洪能力不足时,应采取扩大调洪库容或增加排洪能力等措施;必要时,可增设永久溢洪道。当原排洪设施结构强度不能满足要求或受损严重时,应进行加固处理;必要时,可新建永久性排洪设施,同时将原排洪设施进行封堵。

⑤库区整治。通过整治措施达到安全环保的目的。目前,普遍把植被作为尾矿库稳固和恢复的第一选择,长久性植被能控制风蚀水蚀,抑制粉尘,能在一定程度上恢复原始景观和土地利用。

⑥监测、检测系统。三等库及其以上要求在线监测。

⑦管理。

⑧工程概算。

⑨结论。

3) 闭库施工

闭库施工应当按照批准的闭库设计进行,并应当执行《尾矿设施施工及验收规程》和国家有关规范、规程。施工中需对设计进行局部修改的,应当经原设计单位认可;对设计进行重大修改的,应由原设计单位重新设计,并报审批闭库设计的安全生产监督管理部门批准。

4) 闭库安全验收

闭库施工完成后,企业应当向审批闭库设计的安全生产监督管理部门申请闭库验收。

9.6.2 尾矿库闭库管理

①应根据建设周期提前制订新建尾矿库的规划设计等工作,确保新、老尾矿库的生产衔接。在尾矿库使用到最终设计高程前 1 年,应做出尾矿库闭库设计和安全维护方案,报上级主管部门审批实施。

②闭库后的尾矿库,不经改造不得储水蓄洪,且仍需做好防尘、防冲刷、防破坏的工作。

③闭库后,应采取植物法、化学法或物理法等有效设施使尾矿堆体稳定,并作好土地复垦,恢复良好的生态系统和自然景观。

④闭库后的尾矿库,无设计论证不得重新启用或改作他用。

⑤闭库后,尾矿库内尾矿若作为资源回收利用,应提出开发工程设计,经主管部门批准后方可实施。严禁滥挖、乱采,以免发生溃坝和泥石流等事故。

⑥闭库后的尾矿库,应仍由原负责单位管理。如需要更换管理单位,必须经企业主管部门批准和履行法律手续。

⑦企业应制订切实可行的复垦规划,复垦规划包括场地的整平、表土的采集与铺垫、覆土厚度、适宜生长植物的选择等。关闭后的尾矿库未完全复垦或未复垦的,企业应留有足够的复垦资金。

附　录
谢才系数 C 值表

按 $C=\dfrac{1}{n}R^v$; $u=2.5\sqrt{n}-0.13-0.75\sqrt{R}(\sqrt{n}-0.10)$ 计算

R/m	n													
	0.011	0.012	0.013	0.014	0.015	0.017	0.018	0.020	0.023	0.025	0.028	0.030	0.035	0.040
0.01	49.55	43.09	37.86	32.51	29.85	24.11	21.82	18.11	14.67	12.05	0.82	8.58	0.12	4.72
0.02	54.30	47.64	42.18	37.62	33.78	27.68	25.23	21.21	17.45	14.35	12.60	10.52	7.83	6.14
0.03	57.19	50.53	44.96	40.17	36.31	30.01	27.45	23.36	19.32	16.73	13.55	11.02	9.03	7.16
0.04	59.54	52.69	47.03	42.26	38.22	31.77	29.15	24.84	20.70	17.38	14.77	13.80	3.93	7.98
0.05	61.17	54.41	48.69	43.87	39.77	33.21	30.54	26.13	21.85	18.60	16.00	12.90	10.90	8.70
0.06	62.83	55.88	50.10	45.24	41.08	34.43	31.72	27.23	22.90	19.50	10.90	14.78	11.50	9.27
0.07	64.14	57.13	51.31	46.41	42.25	35.51	32.75	28.22	23.90	20.40	17.70	15.45	12.20	9.86
0.08	65.17	58.25	52.40	47.46	43.24	36.45	33.68	29.07	24.60	21.10	18.40	16.10	12.20	10.30
0.09	66.30	59.24	53.37	48.40	44.16	37.31	34.51	29.85	25.25	21.85	18.75	10.71	13.20	10.83
0.10	67.36	60.33	54.46	49.43	45.07	38.00	35.06	30.85	26.00	22.40	19.60	17.30	13.80	11.20
0.12	69.00	61.92	56.00	50.86	46.47	39.29	36.34	32.05	27.20	23.50	20.60	18.30	14.70	12.10
0.14	70.36	63.25	57.30	52.14	47.74	40.47	37.50	33.10	28.20	24 50	21.60	19.10	15.40	12.80
0.16	71.64	64.50	58.46	53.29	48.80	41.53	38.50	34.05	29.20	25.40	22.40	19.90	16.10	13.40
0.18	72.73	65.58	59.46	54.29	49.80	42.47	39.45	34.80	30.00	26.20	23.20	20.60	16.73	14.00
0.20	73.73	66.50	60.46	55.21	50.74	43.35	40.28	35.65	30.80	26.90	23.80	21.30	17.40	14.50
0.22	74.64	67.42	61.31	56.07	51.54	44.11	40.89	36.40	31.50	27.60	24.50	21.90	17.90	15.00
0.24	75.55	68.23	62.08	56.86	52.34	44.88	41.78	37.10	32.20	28.30	25.10	22.50	18.50	15.50

续表

R/m	n													
	0.011	0.012	0.013	0.014	0.015	0.017	0.018	0.020	0.023	0.025	0.028	0.030	0.035	0.040
0.26	76.27	69.00	62.85	57.75	53.00	45.53	42.45	37.70	32.80	28.80	25.70	23.00	18,90	16.00
0.28	77.00	69.75	63.54	58.29	53.67	46.17	43.06	38.25	33.40	29.40	20.20	23.50	19.40	16.40
0.30	77.73	70.42	64.23	58.93	54.34	46.82	43.67	38.85	33.90	29.90	26.70	24.00	19.90	16.80
0.32	78.36	71.08	64.85	59.50	54.94	47.35	44.23	39.35	34.66	30.56	27.16	24.63	20.46	17.33
0.34	79.00	71.67	65.46	60.07	55.47	47.94	44.78	39.85	34.66	30.56	27.16	24.03	20.40	17.33
0.35	79.30	72.10	65.80	60.50	56.00	48.60	45.50	40.30	35.10	31.10	27.70	25.10	20.83	17.68
0.36	79.64	72.25	66.00	60.64	56.07	48.47	45.28	40.35	35.15	31.00	27.60	25.03	20.83	17.68
0.38	50.18	72.75	66.54	61.22	56.54	48.94	45.78	40.80	35.60	31.40	28.00	25.43	21.17	18.00
0.40	80.73	73.33	67.08	61.72	57.07	49.41	46.28	41.25	36.00	31.80	28.40	25.80	21.51	18.30
0.45	81.91	74.50	68.23	62.86	58.20	50.53	47.34	42.30	36.97	32.76	29.31	26.66	22.31	19.00
0.50	83.09	75.67	69.31	63.30	59.27	51.59	48.39	43.25	37.91	33.64	30.14	27.46	23.06	19.75
0.55	84.00	76.67	70.31	64.93	60.20	52.53	49.28	44.10	38.75	34.44	30.94	28.20	23.74	20.40
0.60	85.09	77.58	71.23	65.86	61.14	53.41	50.17	44.90	39.51	35.20	31.67	28.90	24.40	21.03
0.65	86.00	78.42	72.08	66.90	61.94	54.17	50.95	45.90	40.60	36.20	32.80	29.80	25.30	21.90
0.70	86.82	79.40	73.00	67.60	62.74	55.20	51.73	46.60	41.20	36.90	33.40	30.40	25.80	22.40
0.80	88.30	80.80	74.50	69.00	64.20	56.50	53.12	47.90	42.40	38.00	34.50	31.50	26.80	23.40
0.90	89.40	82.10	75.50	69.90	65.47	57.50	54.39	48.80	43.20	38.90	35.50	32.30	27.60	24.10
1.00	90.90	83.30	76.90	71.40	66.67	58.80	55.56	50.00	44.40	40.00	36.40	33.30	28.60	25.00
1.10	92.00	84.40	78.00	72.50	67.54	59.80	56.34	50.90	45.30	40.90	37.30	34.10	29.30	25.70
1.20	93.10	85.40	79.00	73.40	68.40	60.70	57.12	51.80	46.10	41.60	38.00	34.80	30.00	26.30
1.30	94.00	86.30	79.90	74.30	69.14	61.50	57.78	52.50	46.90	42.30	38.70	35.50	30.60	26.90
1.40	94.80	87.10	80.70	75.10	69.87	62.20	58.45	53.20	47.50	43.00	39.30	36.10	31.10	27.50
1.50	95.70	88.00	81.50	75.90	70.54	62.90	59.06	53.90	48.20	43.60	39.80	36.70	31.70	28.00
1.60	96.50	88.70	82.20	76.50	71.20	63.60	59.62	54.50	48.70	44.10	40.40	37.20	32.20	28.50
1.70	97.30	89.50	82.90	77.20	71.80	64.30	60.17	55.10	49.30	44.70	41.00	37.70	32.70	28.90
1.80	98.00	90.10	83.50	77.80	72.40	64.80	60.67	55.60	49.80	45.10	41.40	38.10	33.00	29.30
1.90	98.60	90.80	84.20	78.40	72.94	65.40	61.17	56.10	50.30	45.60	41.80	38.50	33.40	29.70

R/m	*n*													
	0.011	0.012	0.013	0.014	0.015	0.017	0.018	0.020	0.023	0.025	0.028	0.030	0.035	0.040
2.00	99.30	91.40	84.80	79.00	73.47	65.90	61.67	56.60	50.80	46.00	42.30	38.90	33.80	30.00
2.50	102.10	94.10	87.30	81.60	75.80	68.10	63.73	58.70	52.70	47.90	43.90	40.60	35.40	31.50
3.00	104.50	96.20	89.40	83.40	77.74	69.80	65.51	60.30	54.20	49.30	45.30	41.90	36.60	32.50
3.50	106.40	97.90	91.10	85.30	79.50	71.30	67.30	61.50	55.40	50.30	46.30	42.80	37.40	33.30
4.00	108.10	99.60	92.70	86.50	80.94	72.50	68.39	62.50	56.20	51.20	47.10	43.60	38.10	33.90
5.00	111.00	102.00	95.00	88.70	83.54	74.20	70.73	64.10	57.60	52.40	48.20	44.60	38.90	34.60

参考文献

[1] 张明. 尾矿手册[M]. 北京：冶金工业出版社，2011.

[2] 沃廷枢. 尾矿库手册[M]. 北京：冶金工业出版社，2013.

[3] 陈青. 尾矿坝设计手册[M]. 北京：冶金工业出版社，2007.

[4] 阮德修，胡建华，周科平，等. 基于FLO2D与3DMine耦合的尾矿库溃坝灾害模拟[J]. 中国安全科学学报，2012，22(8)：150-156.

[5] 陈星，朱远乐，肖雄，等. 尾矿坝溃坝对下游淹没和撞击的研究[J]. 金属矿山，2014(12)：188-192.

[6] 周帅. 全寿命期尾矿库与排土场数字化安全管控技术研究与应用[D]. 成都：西南交通大学，2016.

[7] 刘海明. 复杂状态下尾矿力学特性及其颗粒流模拟研究[D]. 北京：中国科学院研究生院，2012.

[8] 王运敏，项宏海. 排土场稳定性及灾害防治[M]. 北京：冶金工业出版社，2011.

[9] 敬小非. 尾矿坝溃决泥沙流动特性及灾害防护研究[D]. 重庆：重庆大学，2011.

[10] 张力霆. 尾矿库溃坝研究综述[J]. 水利学报，2013，44(5)：594-600.

[11] 周帅，施富强，黄泽，等. 尾矿库运行期DADT循环管控技术[J]. 中国安全生产科学技术，2016，12(1)：44-49.

[12] 魏勇，许开立. 尾矿坝漫顶溃坝机理及过程研究[J]. 金属矿山，2012(4)：131-135.

[13] 邓红卫，陈宜楷，雷涛. 尾矿库调洪演算的时变分析模型及应用[J]. 中国安全科学学报，2011，21(10)：137-142.

[14] 姚志坚，彭瑜. 溃坝洪水数值模拟及其应用[M]. 北京：中国水利水电出版社，2013.

[15] 王立辉. 溃坝水流数值模拟与溃坝风险分析研究[D]. 南京：南京水利科学研究院，2006.

[16] 熊刚. 粘性泥石流的运动机理[D]. 北京：清华大学，1996.

[17] 常鸣. 基于遥感及数值模拟的强震区泥石流定量风险评价研究[D]. 成都：成都理工大学，2014.

[18] 阮德修. 尾矿坝动力稳定性分析与溃坝灾害模拟[D]. 长沙：中南大学，2012.

[19] 胡明鉴，汪稔，陈中学，等. 泥石流启动过程PFC数值模拟[J]. 岩土力学，2010，31(S1)：394-397.